高等技术应用型人才"十二五"规划教材
CAD/CAM 技术应用系列规划丛书

Pro/ENGINEER 5.0 产品造型与典型注塑模具设计

陈晓勇　王　谦　主　编
王敬艳　贾　磊　副主编

電子工業出版社
Publishing House of Electronics Industry
北京·BEIJING

内 容 提 要

本书从工程应用实际出发,以典型零件的产品造型或注塑模具设计过程为主线,深入浅出地讲解了 Pro/ENGINEER 5.0 软件的草绘、建模、装配和模具设计等模块的基础应用。全书由 6 个项目组成,项目 1 介绍简单零件的三维建模,项目 2 介绍复杂零件的三维建模,项目 3 至 5 分别介绍两板模、三板模及带有侧向抽芯机构的注塑模具的设计过程,项目 6 介绍基于 EMX6.0 的注塑模具设计过程。

本书由 16 个典型工作任务组成。这些典型任务均是在综合分析相关操作技能和典型生产实例的基础上提炼出来的,每一个工作任务均提出明确的学习目标并配有完整的操作视频。通过对这些典型任务的学习,读者可切实掌握 Pro/ENGINEER 5.0 软件的操作流程,积累宝贵的产品设计经验。本书含有素材文件、练习文件、实例文件和操作视频等教学资源。

本书可作为本科、高职高专及成人院校机械类专业的模具 CAD/CAM(Pro/ENGINEER)课程教材,也可供从事模具 CAD/CAM 技术研究和应用的工程技术人员以及模具设计爱好者参考使用。

未经许可,不得以任何方式复制或抄袭本书之部分或全部内容。
版权所有,侵权必究。

图书在版编目(CIP)数据

Pro/ENGINEER 5.0 产品造型与典型注塑模具设计/陈晓勇,王谦主编.—北京:电子工业出版社,2015.1
ISBN 978-7-121-25011-8

Ⅰ.①P… Ⅱ.①陈… ②王… Ⅲ.①塑料模具—计算机辅助设计—应用软件—高等学校—教材 Ⅳ.①TQ320.5-39

中国版本图书馆 CIP 数据核字(2014)第 280481 号

责任编辑:贺志洪　　特约编辑:张晓雪　薛　阳
印　　刷:北京京师印务有限公司
装　　订:北京京师印务有限公司
出版发行:电子工业出版社
　　　　　北京市海淀区万寿路 173 信箱　邮编　100036
开　　本:787×1092　1/16　印张:19.75　字数:506 千字
版　　次:2015 年 1 月第 1 版
印　　次:2015 年 1 月第 1 次印刷
印　　数:3 000 册　定价:39.50 元

凡所购买电子工业出版社图书有缺损问题,请向购买书店调换。若书店售缺,请与本社发行部联系,联系及邮购电话:(010)88254888。

质量投诉请发邮件至 zlts@phei.com.cn,盗版侵权举报请发邮件至 dbqq@phei.com.cn。
服务热线:(010)88258888。

前　言

随着 CAD/CAM 技术的不断推广，Pro/ENGINEER（简称 Pro/E）软件已被广泛地应用于注塑模具的设计与制造之中并越来越显示出其优越性。利用该软件的模具设计模块和模架专家系统（EMX），技术人员可以在较短的时间内完成模具产品的设计，从而极大地提高工作效率。但由于模具技术实践性较强、模具结构复杂且设计原理抽象，如何尽快掌握注塑模具设计的基础知识和设计技巧已成为初入模具行业的技术人员和在校模具专业学生所面临的一个急待解决的问题。

为此，笔者在分析了注塑模具设计员岗位所需要的知识及技能的基础上编写了本书。以 Pro/E5.0 软件中的产品建模和模具设计这两个核心模块的操作知识为重点，将其与 16 个典型工作任务融合在一起进行介绍，以帮助读者切实掌握注塑模具设计的相关技能。本书由 6 个项目组成，项目 1 介绍了简单零件的三维建模，项目 2 介绍了复杂零件的三维建模，项目 3 至 5 分别介绍了两板模、三板模及带有侧向抽芯机构的注塑模具的设计过程，项目 6 介绍了基于 EMX6.0 的注塑模具设计过程。

本书具有以下主要特色：

1．项目化。笔者结合多年使用 Pro/E 软件进行注塑模具设计以及教学的经验，以典型零件的产品造型或注塑模具设计过程为主线，采用项目形式组织内容，将软件的理论知识与实际的操作过程进行有机整合，构建了新型的知识体系，以切实帮助读者掌握 Pro/E5.0 软件的运用技巧。

2．实用性。本书由 16 个典型工作任务组成，涵盖了 Pro/E5.0 软件的草绘、建模、装配、模具设计和 EMX 等模块的关键内容。这些典型任务均是在综合分析了相关操作技能和典型生产实例的基础上提炼出来的，每一个工作任务均提出了明确的学习目标并配有完整的操作视频。通过对这些典型任务的学习，读者可切实掌握 Pro/E5.0 软件的操作流程，积累宝贵的产品设计经验。

3．规范化。本书所采用的模具术语是以国家标准（GB/T12555—2006）为基础并适当考虑行业内专业人士的习惯用法后确定的，这样也便于读者的学习与提高。

本书中 16 个工作任务的操作视频以及全书的素材文件、练习文件和实例文件等可到华信教育资源网（www.hxedu.com.cn）下载或向出版社编辑（hzh@phei.com.cn）索取。建议读者在学习本书之前，将教学资源中的所有文件复制到计算机的硬盘中。需要说明的是，教材实例中的 G 盘指光盘，D 盘指硬盘。

本书可作为本科、高职高专及成人院校机械类专业的《模具 CAD/CAM》课程教材，也可供从事模具 CAD/CAM 技术研究和应用的工程技术人员以及模具设计爱好者参考使用。

本书由杭州科技职业技术学院陈晓勇和王谦主编，王敬艳、贾磊副主编。其中陈晓勇编写项目 1 和项目 2 的任务 2.1、2.2；王谦编写任务 2.3，2.4 和项目 3；王敬艳编写项目 4 和项目 5 的任务 5.1；贾磊编写任务 5.2 和项目 6，同时感谢电子工业出版社编辑和老师们的大力协助。

由于编者水平有限，书中难免有错误与不妥之处，恳请广大读者批评指正。

编　者
2014 年 8 月

目　录

项目 1　简单零件的三维建模 ·· 1

　任务 1.1　异形体模型的建模 ·· 1

　　（一）Pro/E 5.0 操作界面 ··· 2

　　（二）Pro/E 5.0 的基本操作 ·· 2

　　（三）草图的绘制 ·· 4

　　（四）绘制文本 ··· 8

　　（五）约束失败的解决 ·· 9

　　（六）零件建模的一般过程 ··· 9

　　（七）拉伸特征 ·· 10

　　（八）使用、偏移和加厚等草绘命令的使用 ·· 12

　任务 1.2　底座模型的建模 ·· 18

　　（一）倒圆角特征 ··· 19

　　（二）倒角特征 ·· 20

　　（三）旋转特征 ·· 21

　　（四）孔特征 ··· 23

　　（五）模型树的操作 ·· 26

　　（六）层的操作 ·· 27

　　（七）模型的显示与控制 ··· 28

　任务 1.3　罩壳模型的建模 ·· 34

　　（一）基准特征 ·· 35

　　（二）扫描特征 ·· 39

　　（三）壳特征 ··· 39

　　（四）筋特征 ··· 41

　　（五）镜像特征 ·· 41

　　（六）特征的复制 ··· 42

　任务 1.4　外壳模型的建模 ·· 55

　　（一）混合特征 ·· 56

　　（二）拔模特征 ·· 57

　　（三）阵列特征 ·· 59

项目 2　复杂零件的三维建模 ·· 70

　任务 2.1　组合体模型的建模 ·· 70

　　（一）基本曲面特征的创建 ·· 71

　　（二）曲面的编辑 ··· 72

（三）曲面实体化 ·· 77
　（四）曲面加厚 ·· 78

任务 2.2　灯罩模型的建模 ·· 88
　（一）填充曲面的创建 ·· 89
　（二）边界混合曲面的创建 ·· 90
　（三）曲面的修剪 ·· 91
　（四）曲面的延伸 ·· 93

任务 2.3　摇臂模型的建模 ·· 112
　（一）扫描混合曲面的创建 ·· 113
　（二）螺旋扫描曲面的创建 ·· 114
　（三）可变截面扫描曲面的创建 ··· 116
　（四）曲线编辑 ··· 118

任务 2.4　微型机器人模型的装配建模 ··· 127
　（一）Pro/E 5.0 装配环境概述 ·· 128
　（二）"装配"操控面板介绍 ··· 128
　（三）元件装配的基本过程 ·· 130
　（四）分解视图 ··· 132
　（五）装配体中元件的编辑 ·· 134
　（六）元件阵列装配 ··· 135

项目 3　两板式注塑模具设计 ·· 143
任务 3.1　塑料壳体注塑模具设计 ··· 143
　（一）注塑模具设计基础知识 ·· 144
　（二）Pro/E 5.0 模具设计模块 ·· 146
　（三）模具设计模块界面 ··· 146
　（四）Pro/E 模具设计术语 ··· 149
　（五）Pro/E 5.0 模具设计流程 ·· 150
　（六）浇注系统的设计 ·· 151

任务 3.2　鼠标盖注塑模具设计 ·· 161
　（一）注塑模具的设计步骤 ·· 162
　（二）遮蔽与隐藏 ·· 163
　（三）定位参照零件 ··· 164
　（四）裙边曲面 ··· 166
　（五）顶杆孔的创建 ··· 169

项目 4　三板式注塑模具设计 ·· 181
任务 4.1　果品盒注塑模设计 ··· 181
　（一）三板式模具的结构特点 ·· 182

  （二）冷却系统的创建 ··· 183
  （三）自动法创建工件模型 ··· 184
  （四）产品布局的设计 ··· 185
  （五）镶件上紧固螺钉位置的确定 ································· 186
  （六）模板上避空角的确定 ··· 187
 任务 4.2 导光板外框注塑模具设计 ······································ 201
  （一）手动法创建模具体积块 ······································· 202
  （二）排气系统的创建 ··· 203
  （三）定位装置的设计 ··· 204

项目 5 带侧向抽芯的注塑模具设计 ·· 216
 任务 5.1 矩形罩壳注塑模设计 ·· 216
  （一）侧向分型与抽芯机构的原理 ································· 217
  （二）斜导柱侧向分型与抽芯机构的设计 ······················ 217
  （三）分型面检查 ··· 219
  （四）干涉检查 ··· 220
  （五）设置绝对精度 ·· 221
 任务 5.2 盖板注塑模设计 ··· 240
  （一）组件模式下的模具设计方法 ································ 241
  （二）斜滑块侧向分型与抽芯机构 ································ 241
  （三）斜顶机构的结构设计 ·· 242
  （四）斜顶机构的创建 ··· 242
  （五）电极的设计 ··· 243

项目 6 基于 EMX6.0 的注塑模具设计 ·· 260
 任务 6.1 节能灯罩注塑模具设计 ··· 260
  （一）EMX6.0 简介 ·· 261
  （二）EMX6.0 的主要设计流程 ···································· 261
  （三）设计冷却系统 ·· 266
  （四）螺钉的定义 ··· 268
  （五）注塑模标准模架简介 ·· 269
 任务 6.2 塑料罩注塑模具设计 ··· 285
  （一）侧向抽芯机构的设计 ·· 286
  （二）碰锁机构的定义 ··· 290
  （三）定位销的定义 ·· 291
  （四）模具元件的后期处理 ·· 292

参考文献 ··· 306

项目 1　简单零件的三维建模

 学习目标

1. 了解 Pro/ENGINEER 中文野火版 5.0（简称 Pro/E 5.0）软件工作界面。
2. 掌握 Pro/E 5.0 软件的基本操作方法。
3. 掌握草图绘制的基本方法。
4. 了解零件建模的一般过程。
5. 了解使用、偏移和加厚等草绘命令的使用方法。
6. 掌握拉伸、旋转、扫描、混合等基础特征的创建方法。
7. 掌握孔、倒角、倒圆角、抽壳、拔模和筋等工程特征的创建方法。
8. 掌握基准点、基准平面、基准轴和基准曲线等基准特征的创建方法。
9. 掌握特征的编辑与重定义方法。
10. 掌握特征的成组、复制和阵列的创建方法。

工作任务

在 Pro/E 5.0 软件零件模块中，完成简单零件的三维建模。

任务 1.1　异形体模型的建模

 学习目标

1. 了解 Pro/ENGINEER 中文野火版 5.0 软件工作界面。
2. 掌握 Pro/E 5.0 软件的基本操作方法。
3. 掌握草图绘制的基本方法。
4. 了解零件建模的一般过程。
5. 掌握"拉伸"特征的创建方法。
6. 了解"使用"、"偏移"和"加厚"等草绘命令的使用方法。

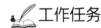 工作任务

在 Pro/E 5.0 软件零件模块中完成如图 1-1-1 所示异形体模型的创建。

图 1-1-1　异形件

任务分析

该异形体模型外轮廓为一不规则的曲面形状，分别由样条曲线、圆弧、直线及圆角等基本图元组成。模型的表面上分布有两个沉头孔、一个圆柱孔、一个椭圆孔和文字"异形体"等。该模型的结构很简单，采用拉伸方法即可完成创建。表 1-1-1 所示为该模型的创建思路。

表 1-1-1　异形体模型的创建思路

任　　务	1. 草绘轮廓线	2. 镜像曲线	3. 拉伸基本体
应用功能	草绘	草绘	拉伸
完成结果			
任　　务	4. 创建椭圆孔和沉头孔	5. 创建文字	
应用功能	草绘、拉伸	草绘、拉伸	
完成结果			

 知识准备

（一）Pro/E 5.0 操作界面

启动 Pro/E 5.0 软件后，用户即进入如图 1-1-2 所示的初始界面。初始界面主要由标题栏、菜单栏、工具栏、信息区、导航区、网页区及图形区等部分组成。导航区包含三个选项卡，从左至右分别是 ▦（模型树）、▦（文件夹浏览器）和 ▦（收藏夹）。若点选导航区中的文件夹或工作目录，则网页区会转换成信息区，显示出文件夹或工作目录内的文件。

当新建或打开零件时，系统则进入如图 1-1-3 所示的工作界面。界面上又增加了过滤器、操控面板和特征图标区等区域。

（二）Pro/E 5.0 的基本操作

1. 文件的基本操作

在 Pro/E 5.0 中，文件的基本操作包括"新建"文件、"打开"文件、"保存"文件、"拭除"文件、"删除"文件和"关闭"文件等。

2. 鼠标的基本操作

（1）三键鼠标。使用三键鼠标可以在 Pro/E 5.0 软件中完成如表 1-1-2 所示的多种操作。

图 1-1-2 初始界面

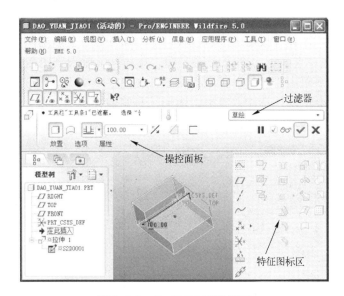

图 1-1-3 Pro/E 5.0 工作界面

表 1-1-2 三键鼠标的基本操作

鼠标功能键	操 作	效 果 说 明
左键	单击	选取对象
	双击	草绘环境下编辑尺寸或标注直径尺寸
中键（滚轮）	滚动	缩放对象
	按下并移动鼠标	翻转对象
	按下	结束或完成操作
右键	单击	弹出快捷菜单或辅助选择对象

（2）快捷键。除了可从菜单、工具栏中调用命令外，还可利用快捷键的方式来调用命令。命令后列出的 Ctrl+D、Ctrl+G 等就是快捷键符号。合理使用快捷键能极大地提高软件操作的速度。表 1-1-3 所示为常用的快捷键。

表 1-1-3 常用的快捷键

快 捷 键	效果说明	快 捷 键	效果说明
Ctrl+中键并移动鼠标	缩放对象	Ctrl+D	恢复三维默认视角
Shift+中键	平移对象	Ctrl+G	再生对象

3．设置工作目录

在创建或开启某一个项目文件前应对该项目设置工作目录。设置工作目录后可以轻松地操作及管理目录上的相关文件。执行"文件"→"设置工作目录"命令后，系统将弹出"选取工作目录"对话框。在对话框中指定工作目录并单击"确定"按钮即可完成工作目录的设置。

（三）草图的绘制

在 Pro/E 5.0 软件中，所有三维图形都是由二维图形经过适当变化得到的。因此，二维草图的绘制是软件最基本的操作技能。

单击工具栏上的"新建"按钮（或执行命令"文件"→"新建"），在弹出的"新建"对话框中选中 草绘 单选按钮，在"名称"后的文本框中输入草图名并去掉"使用缺省模板"选项前的钩，然后单击"确定"按钮，即进入如图 1-1-4 所示的草绘环境。进入草绘环境后，屏幕主菜单上会出现"草绘"菜单，图形区右侧则会出现如图 1-1-5 所示的"草绘"工具栏。其中包含常用的草绘命令，如点、直线、圆弧、圆、样条曲线、修改和删除段等。

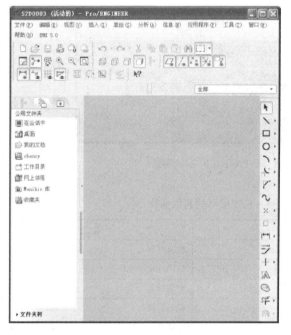

图 1-1-4 草绘环境

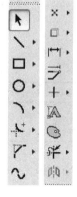

图 1-1-5 "草绘"工具栏

直接单击工具栏中的相关按钮即可绘制相应的图元。各按钮的具体使用方法参见表 1-1-4。

表 1-1-4　基本图元的绘制方法

序号	图元	按钮图标	绘制方法
1	直线	\	以鼠标左键点选两点
2	公切线	\	以鼠标左键点选两个圆或圆弧
3	中心线	┆	以鼠标左键点选两点
4	几何中心线	┆	以鼠标左键点选两点
5	矩形	□	以鼠标左键点选两个顶点
6	斜矩形	◇	以鼠标左键点选三个顶点
7	平行四边形	▱	以鼠标左键点选三个顶点
8	圆	○	以鼠标左键先定圆心，再移动光标定出圆周上的点
9	同心圆	◎	以鼠标左键点选现有圆或圆弧以确定圆心，再移动光标定出圆周上的点。按鼠标滚轮终止绘制
10	三点圆	○	以鼠标左键点选三个圆周上的点
11	公切圆	○	以鼠标左键点选三个图元（可为直线、圆或圆弧）
12	椭圆（轴端点）	⌀	以鼠标左键点选主轴的两个端点，再移动光标定出次要轴上的一个端点
13	椭圆（中心及轴端点）	⌀	以鼠标左键点选中心点，再移动光标选出主要轴上的一个端点，再移动光标选取椭圆上的一点
14	三点圆弧	⌒	以鼠标左键点选圆弧的起点及终点，再移动光标定出圆弧上的点
15	同心圆弧	⌒	以鼠标左键点选现有圆或圆弧以确定圆心，再移动光标定出圆弧上的点。按鼠标滚轮终止绘制
16	圆弧（圆心及端点）	⌒	以鼠标左键点选圆弧的圆心，再移动光标定出圆弧的起点和终点
17	公切圆弧	⌒	以鼠标左键点选三个图元（可为直线、圆或圆弧）
18	圆锥弧	⌒	以鼠标左键点选圆弧的起点及终点，再移动光标定出圆锥弧上的点
19	圆弧倒角	⌐	以鼠标左键点选两个图元（可为直线、圆、圆弧或曲线）
20	椭圆倒角	⌐	以鼠标左键点选两个图元（可为直线、圆、圆弧或曲线）
21	倒角	╱	以鼠标左键点选两个图元（可为直线、圆或圆弧）
22	倒角修剪	╱	以鼠标左键点选两个图元（可为直线、圆或圆弧）
23	样条曲线	∿	以鼠标左键点选数个点
24	点	×	以鼠标左键点选位置
25	几何点	×	以鼠标左键点选位置
26	坐标系	⊦	以鼠标左键点选位置
27	几何坐标系	⊦	以鼠标左键点选位置

注：中心线和几何中心线的区别在于后者会显示在三维模型中，而前者不显示。点和几何点，坐标系和几何坐标系等亦有相同的特性。

1. 草图的编辑

基本的二维图形绘制完成后，需要对其进行适当修改以得到符合要求的图形，这时就需要使用系统提供的图形编辑功能。

（1）修剪。Pro/E 5.0 软件中的修剪方式有 3 种，即删除段、拐角和分割。

① 删除段。也称为动态修剪。单击工具栏中的"删除段"按钮，再单击需要删除的图元即可动态修剪剖面图元。如果待删除的图元段较多，可以拖动鼠标光标，画出轨迹线，

凡是与轨迹线相交的线条都会被修剪,示例如图 1-1-6 所示。

② 拐角。单击"删除段"按钮 旁边的黑色小三角,在展开的子工具栏中单击 按钮,选取要形成拐角的两图元即可自动修剪或延伸两条线段,示例如图 1-1-7 所示。

图 1-1-6 动态修剪　　　　　　　　　　图 1-1-7 拐角修剪

③ 分割。单击"删除段"按钮 旁边的黑色小三角,在展开的子工具栏中单击 按钮,再在几何图元上单击要分割的位置即可分割图元。示例如图 1-1-8 所示,圆被分割成了三段,图中出现了 3 个小黑点。

(2) 删除。首先激活"选取项目"按钮 ,然后选择需删除的几何图形,再直接按键盘上的 Delete 键即可删除所选图形。也可右击需删除的几何图形后,在弹出的快捷菜单上选择"删除"命令或通过执行"编辑"→"删除"命令将其删除。

(3) 镜像。利用"镜像"命令可以大大提高具有对称属性图形的绘制效率。需要注意的是,只有当草绘图形中存在中心线时,才能够执行"镜像"命令。"镜像"命令的操作步骤为:①选择要镜像的原始图形。②单击"镜像"按钮 ,系统弹出"镜像"操控面板。③根据系统提示选取作为镜像基准的中心线。最后单击操控面板中的"完成"按钮 ,结果如图 1-1-9 所示。

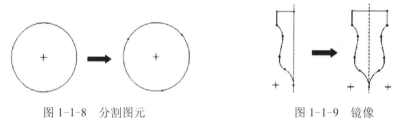

图 1-1-8 分割图元　　　　　　　　　　图 1-1-9 镜像

(4) 缩放与旋转。可直接利用工具栏上的"移动和调整"按钮 来实现图元的缩放与旋转。操作步骤如下:①选取图元。②单击按钮 ,系统弹出"移动和调整大小"对话框并在图形外围出现操纵框。在操纵框的右上角、中心和右下角处分别出现旋转标记、缩放标记和移动标记。③拉动操纵标记或在文本框中输入数值进行调整。④单击对话框的"完成"图标 ,如图 1-1-10 所示。

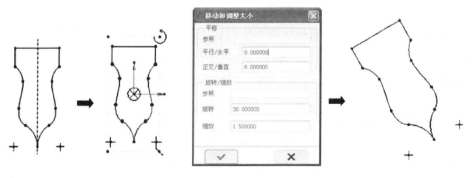

图 1-1-10 缩放与旋转

（5）复制后缩放及旋转。在 Pro/E 5.0 软件中，可以在草绘模式下使用复制和粘贴命令来创建新的图形。操作步骤如下：①在草绘区域中选择要复制的图形。②单击"复制"按钮，此时系统自动激活"粘贴"按钮。③单击按钮，并在草绘区域的指定位置处单击，此时在单击处形成要复制粘贴的图形，弹出"移动和调整大小"对话框并在图形外围出现操纵框。④拉动操纵标记或在文本框中输入数值进行调整。⑤单击对话框的"完成"图标。示例如图 1-1-11 所示。

（6）使用鼠标拖动改变草绘图形。直接在图形区用鼠标拖动草图对象，也可以改变草图对象的大小和空间位置。可以直接拖动的图元有直线、圆、圆弧和样条曲线等。这种方法操作比较简便，但不够准确。

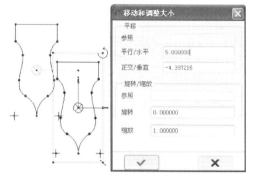

图 1-1-11　复制后缩放及旋转

2．标注尺寸

绘制草图时，系统会自动标注尺寸，这种尺寸称为弱尺寸。弱尺寸显示为灰色，弱尺寸的增加和删除都是自动的。而通过单击"标注"按钮（或执行"草绘"→"尺寸"→"法向"命令）标注的尺寸称为强尺寸。在标注强尺寸时，系统自动删除多余的弱尺寸和约束，以保证二维草图的完全约束。用户可以把有用的弱尺寸转换为强尺寸。

标注尺寸的一般过程是：先选择草绘工具栏上的"标注"按钮，再选择标注对象，然后使用鼠标中键确定尺寸标注位置，生成尺寸标注。

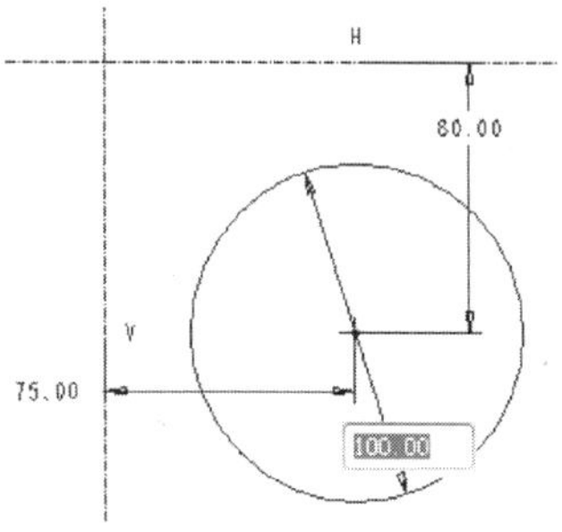

3．修改尺寸

（1）单个尺寸修改。单击工具栏中"选取项目"按钮，再双击需要修改的尺寸值，系统将弹出如图 1-1-12 所示的小编辑框。在框中输入新的尺寸值后，按回车键或单击鼠标中键完成尺寸修改。

（2）多个尺寸修改。先用鼠标框选多个需要修改的尺寸（或按住 Ctrl 键，依次选取多个尺寸），然后单击工具栏中的"修改"按钮，系统将弹出如图 1-1-13 所示的"修改尺寸"对话框，选中的尺寸将出现在尺寸列表框中。在列表框中逐个修改尺寸，完成后单击按钮退出。修改时应去除"再生"复选框前的钩，防止图形随时变化。

图 1-1-12　单个尺寸修改

4．几何约束

基本图元创建完成后，Pro/E 5.0 软件系统会自动设置几何约束条件。几何约束不仅可以替代图形中的某些尺寸标注，起到净化图面的效果，还能更好地体现设计意图。

（1）约束的显示。在草绘工具栏中单击"显示约束"按钮，即可控制约束符号的显示或关闭。

（2）约束符号颜色的含义（默认系统颜色下）。

当前约束为红色；弱约束为浅灰色；强约束为默认为白色；锁定约束为将约束符号放在一个圆内；禁用约束为一条直线穿过约束符号。

（3）各种约束的名称与符号。系统在约束工具栏中为设计者提供了如图 1-1-14 所示的 9 种常用约束工具。各种约束工具的含义见表 1-1-5。

表 1-1-5 约束工具的含义

序号	按钮名称	按钮图标	约束含义	显示符号
1	竖直约束	╪	使直线竖直或两点位于同一竖直线上	V
2	水平约束	┿	使直线水平或两点位于同一水平线上	H
3	垂直约束	⊥	使两个选定图元处于垂直（正交）状态	⊥
4	相切约束	❀	使两个选定图元处于相切状态	T
5	居中约束	╲	使选定点处于选定直线的中央	※
6	重合约束	⊙	将两选定图元共线对齐	-=-
7	对称约束	→┆←	使两个选定顶点关于指定中心线对称布置	→←
8	相等约束	=	创建相等长度、相等半径或相等曲率	L 或 R
9	平行约束	∥	使两直线平行	∥₁

（4）创建约束。以创建平行约束为例，创建约束的基本步骤如下。

① 单击工具栏按钮 ⊙ 中的黑三角，系统将弹出"约束"工具栏。

② 从"约束"工具栏中选择需要添加的"平行约束"按钮 ∥。此时，系统在信息区提示"选取两图元使它们平行"并弹出"选取"对话框。

③ 按照系统提示，分别选取直线 1 和 2。

④ 单击"选取"对话框中的"确定"按钮，系统即按创建的约束更新截面并显示约束符号∥。最终结果如图 1-1-15 所示。

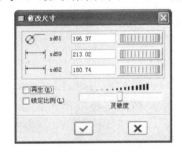   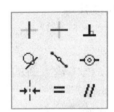   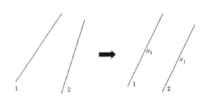

图 1-1-13 "修改尺寸"对话框　　图 1-1-14 "约束"工具栏　　图 1-1-15 创建"平行"约束

（5）删除约束。其操作步骤如下。

① 单击要删除的约束符号。

② 右击，在弹出的快捷菜单中选择"删除"命令，系统自动删除所选取的约束。

注意：删除约束后，系统会自动增加一个约束或尺寸来使二维草图保持全约束状态。

（四）绘制文本

绘制文本的操作步骤如下：

（1）单击"文本"按钮 A 或执行"草绘"→"文本"命令，系统将在信息区提示"选择行的起点，确定文本高度和方向"。

（2）在绘图区单击分别选取两点，系统会生成一条直线并弹出如图 1-1-16 所示的"文本"对话框。

（3）在"文本"对话框中输入所需要的文字。如果是特殊符号则需要单击对话框中的

"文本符号"按钮,并在弹出的如图 1-1-17 所示的"文本符号"对话框中选取需要的符号。

图 1-1-16 "文本"对话框

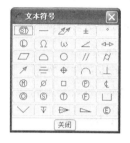

图 1-1-17 "文本符号"对话框

(4)在"文本"对话框中设定字体格式。通过设置字体、长宽比和斜角等选项可以控制文本的外形,如选择"font3d"字体等。

(5)最后单击"确定"按钮,系统将自动生成文本。双击生成的文本可重新进行编辑。

此外,在"文本"对话框中勾选"沿曲线放置"选项,可使绘制的文本沿着曲线放置。而单击对话框中的 按钮则可以调整文字沿曲线放置的方向。最后调整"字体"、"长宽比"和"斜角"等选项可以使文字符合曲线位置。

(五)约束失败的解决

在绘制草图时,若加入的尺寸或约束条件过多,则会出现如图 1-1-18 所示的"解决草绘"对话框。利用该对话框,用户可以删除多余的尺寸或约束。该对话框中的各按钮含义说明如下:

撤消(U):单击此按钮,可撤销刚刚导致截面尺寸或约束冲突的那步操作。

删除(D):从列表框中选择某个多余的尺寸或约束,再单击此按钮即可将其删除。

尺寸>参照(R):选取一个多余的尺寸,将其转换为一个参照尺寸。

解释(E):选择一个约束,获取约束说明,草绘器将加亮与该约束有关的图元。

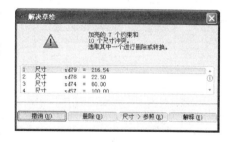

图 1-1-18 "解决草绘"对话框

(六)零件建模的一般过程

三维模型是物体的三维多边形表示,是指具有长、宽(或直径、半径等)和高的三维几何体。用 Pro/E 5.0 软件创建三维模型的一般过程如下:

(1)选取或定义一个用于定位的三维坐标系或三个垂直的空间平面。

(2)选定一个面作为二维平面几何图形的绘制平面。

(3)在草绘面上创建形成三维模型所需的截面和轨迹线等二维平面几何图形。

(4)运用"拉伸"、"扫描"等特征操作命令生成三维立体模型。

在 Pro/E 5.0 软件中，一般采用以下几种方法创建三维模型。

1．搭积木法

这是最常用的机械零件三维模型创建方法。这种方法是先创建一个反映零件主体形状的基础特征，然后在这个基础特征上逐步添加其他的特征，直至完成全部特征的创建。

2．曲面实体化法

利用曲面造型较自由的特点先创建零件的曲面特征，然后将其实体化成实体模型。

3．装配体环境法

先创建装配体文件，然后在装配体中逐步创建每一个零件。此法可以充分利用自上而下的装配设计思想，高效率地完成产品设计。

（七）拉伸特征

拉伸特征是指将草绘截面沿着草绘平面方向拉伸指定的长度。使用"拉伸"命令可以创建实体、薄壁和曲面，也可以用"拉伸"方式添加或移除材料。

1．拉伸特征的创建流程

（1）单击工具栏的"拉伸"按钮 或执行"插入"→"拉伸"命令，系统将弹出如图 1-1-19 所示的"拉伸"操控面板。

图 1-1-19 "拉伸"操控面板

（2）单击操控面板中的"放置"按钮，在展开的如图 1-1-20 所示的"放置"对话框中单击"定义"按钮，系统将弹出如图 1-1-21 所示的"草绘"对话框。也可直接右击绘图区，在弹出的如图 1-1-22 所示的快捷菜单中选择"定义内部草绘"命令，从而打开"草绘"对话框。

图 1-1-20 "放置"对话框　　图 1-1-21 "草绘"对话框　　图 1-1-22 快捷菜单

（3）在工作窗口中分别选择合适的草绘平面和参照平面后，单击对话框中的"草绘"按钮进入草绘环境。

（4）在草绘环境下绘制二维草绘图形，完成后单击 ✓ 按钮退出草绘环境。

（5）在"拉伸"操控面板中进行适当的设置，如选择拉伸方式、输入拉伸值等。完成后单击"预览"按钮 观察效果，最后单击 ✓ 按钮退出。

2．"拉伸"操控面板介绍

拉伸特征的主要操作命令都集中在"拉伸"操控面板上，具体的含义介绍如下。

（1）▢：以实体的方式创建拉伸特征。

（2）▢：以曲面的方式创建拉伸特征。

（3）▢：按选定的拉伸深度类型进行拉伸。单击按钮后的黑三角可以选择 6 种拉伸深度类型，各选项的含义如下。

① ▢：盲孔或定值。从草绘平面以指定的深度值来创建拉伸特征。

② ▢：对称。从草绘平面两侧以对称的深度值来创建拉伸特征。

③ ▢：至下一曲面。在拉伸方向上，拉伸特征到达第一个曲面时终止。

④ ▢：穿透。拉伸截面与所有曲面相交，拉伸特征到达最后一个曲面时终止。

⑤ ▢：穿至。将截面拉伸至与选定的曲面或平面相交。

⑥ ▢：至选定的。将截面拉伸至选定的点、曲线、平面或曲面。

（4）文本框 216.51 ：用于设置拉伸值。

（5）▢：更改拉伸深度方向。在工作窗口空白处右击，在弹出的快捷菜单中选择"反向深度方向"命令也可以改变拉伸方向。

（6）▢：去除材料或修剪实体。

（7）▢：创建薄壁实体。在工作窗口空白处右击，在弹出的快捷菜单中选择"加厚草绘"命令也可以创建薄壁实体。

（8）放置：单击此项，可展开如图 1-1-20 所示的"放置"对话框。单击其"定义"按钮可进入"草绘"对话框。

（9）选项：单击此项，可展开如图 1-1-23 所示的"选项"对话框。可以选择"侧 1"和"侧 2"的拉伸类型以及设置拉伸值。创建拉伸曲面时可以勾选"封闭端"选项，以将曲面两端未闭合区域封闭起来。实体拉伸时"封闭端"选项不可用。

图 1-1-23 "选项"对话框

（10）属性：单击此项，可展开如图 1-1-24 所示的"属性"对话框。可以修改"名称"文本框中的默认名称。

图 1-1-24 "属性"对话框

3．草绘平面、参照平面和草绘方向

在进入草绘界面之前，系统总会打开如图 1-1-21 所示的"草绘"对话框，要求用户选取草绘平面、草绘方向、参照和方向。

（1）草绘平面，即二维草绘的绘制平面。有 3 种平面可用做草绘平面：系统提供的 3 个基准平面（TOP、FRONT、RIGHT）、现有模型的某个平面和用户创建的辅助基准平面。

（2）草绘方向。草绘平面有正面（朝向实体外侧）和负面（朝向实体内侧）之分，与此相对应，草绘方向也有正负之分。草绘方向用来确定二维草绘图在草绘平面的正面还是负面。可通过单击 反向 按钮来切换草绘方向。

（3）参照。参照为一个与草绘平面相垂直的面，即参照平面。二维草绘时，可使草绘平面与屏幕平行，通过给定参照决定草绘平面的放置方位。

（4）方向，即参照方向。参照平面与草绘平面相互垂直，它们之间根据观察方向的不同可有 4 种方向供选择，即顶、底部、左和右。图 1-1-25 所示为"草绘"对话框的选择实例，图 1-1-26 所示为设定的结果。

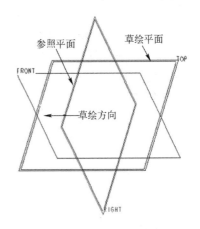

图 1-1-25 "草绘"对话框的设定　　　图 1-1-26 "草绘"设定的结果

（八）使用、偏移和加厚等草绘命令的使用

这组草绘命令只能在零件模块下的草绘环境中使用，目的是抓取零件上现有的线条后进行适当编辑。

当单击图标▣、▣ 和▣时，系统会出现如图 1-1-27 所示的"类型"对话框，该对话框中列出了三种选取线条的方式：单一、链及环，其含义解释如下。

① 单一：一次选取一条线。

② 链：选取连续线。如图 1-1-28 所示，先选取两条线，系统将以粗红线显示连续线，然后用户在"类型"对话框中选择"下一个"→"接受"命令，最终系统将选取四条边线。

图 1-1-27 "类型"对话框

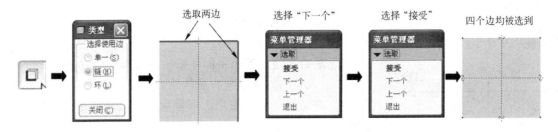

图 1-1-28 "链"的选取过程

③ 环：选取一个环的边界线。如图 1-1-29 所示，选取正方形所在的平面，系统将直接抓取该环的边线。如果此平面或曲面上含有多个环，则系统以绿色线条显现出环的边界线，用户持续选择"类型"对话框中的"下一个"命令即可选择所需的环，然后再选择"接受"命令抓取环的边界线。

此外，当单击▣图标时系统还会出现如图 1-1-30 所示的"类型"对话框，除了前面介绍的三种线条选取方式外，还有线条封闭的三种方式："开放"、"平整"及"圆形"，其含义如图 1-1-31 所示。

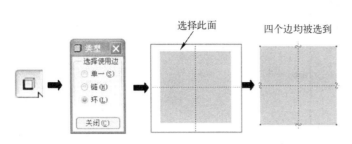

图 1-1-29 "环"的选取过程　　　　图 1-1-30 "类型"对话框

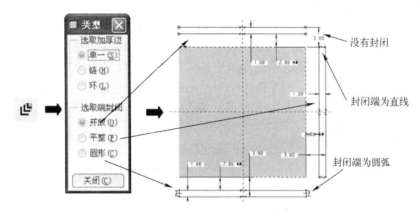

图 1-1-31 三种"端封闭"方式

（1）"使用" 。执行该命令后将直接抓取现有三维零件上的线条。如图 1-1-32 所示，单击按钮 后，选取正方形的四条边后即可将整个正方形复制下来。

（2）"偏移" 。执行该命令后将抓取现有三维零件上的线条后进行偏移，偏移量的大小由输入值决定。如图 1-1-33 所示，单击 按钮后，选取正方形的一条边后输入偏移量 1 即可得到一个偏移的线条。

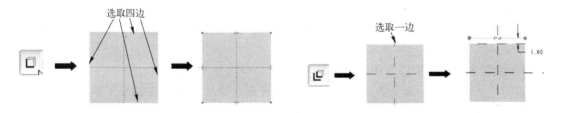

图 1-1-32 "使用"命令的操作步骤　　　　图 1-1-33 "偏移"命令的操作步骤

（3）"加厚" 。执行该命令后将抓取现有三维零件上的线条后进行偏移且加厚，偏移量及加厚量由输入值决定。如图 1-1-34 所示，单击 按钮后，选取正方形的一条边后输入厚度值 1、偏移量 3 后即可得到一个偏移的线条。

任务实施

本实例完成文件：G:\Proe5.0\work\result\ch1\ch1.1\yi_xing_jian.prt。
本实例视频文件：G:\Proe5.0\video\ch1\1_1.exe。

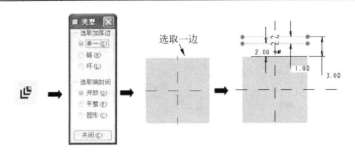

图 1-1-34 "加厚"命令的操作步骤

1．设置工作目录、新建文件

（1）将工作目录设置至 D:\ Proe5.0\work\original\ch1\ch1.1。

（2）单击工具栏中的"新建"按钮，在弹出的"新建"对话框中选中"类型"选项组中的 零件 选项和"子类型"选项组中的 实体 单选项。去掉"使用缺省模板"复选框前的钩，在"名称"栏输入文件名 yi_xing_jian。单击"确定"按钮，打开"新文件选项"对话框。选择"mmns_part_solid"模板，单击"确定"按钮，进入零件的创建环境。

2．新建草绘图形文件

（1）单击"新建"按钮，系统弹出"新建"对话框。

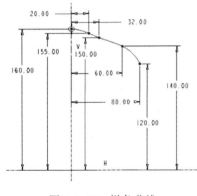

图 1-1-35 样条曲线

（2）在该对话框中选中 草绘 单选按钮，接受"名称"后文本框中的默认草图名称 s2d0001；单击"确定"按钮进入草绘环境。

3．绘制样条曲线

（1）在"草绘器"工具栏中单击"几何中心线"按钮，绘制两条垂直中心线。

（2）单击"样条"按钮，在图形区按图 1-1-35 所示的样条曲线形状绘制由 5 个点组成的样条曲线。然后，单击"修改"按钮，框选图形中的尺寸进行修改。分别修改各点的坐标数值为 0、160、20、155、32、150、60、140、80 和 120。为便于后续图形的绘制，将所有尺寸均锁定。

4．绘制水平直线和过渡圆弧线

（1）单击"直线"按钮，以两根中心线的交点为起点向右绘制水平直线，双击尺寸后，在弹出的文本框中输入 40 并锁定尺寸。

（2）单击"圆"按钮，在水平线上方的空白位置处绘制圆。修改圆的直径为 40 并锁定尺寸。

（3）单击"相切约束"按钮，然后分别单击水平线和ϕ40 圆使两者相切。

（4）单击"重合约束"按钮，然后再分别单击水平线的右端点和ϕ40 圆使两者在端点处相切。此时的图形如图 1-1-36 所示。

（5）单击"三点圆弧"按钮，然后以样条曲线的右端点为起点绘制与样条曲线相切的圆弧，修改圆弧的半径为 40，修改圆弧圆心的水平定位尺寸为 120 并锁定修改后的尺寸，如图 1-1-37 所示。

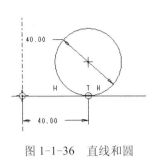 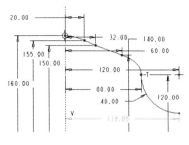

图 1-1-36　直线和圆　　　　　图 1-1-37　样条曲线和圆弧

（6）单击"圆"按钮○，在图形右下方的空白处绘制两个圆。分别修改各圆的直径为 50 和 80。完成后锁定尺寸。

（7）单击"相切"按钮，然后分别单击φ40 和φ50 圆，使两者相切并使两圆的圆心位于同一水平线上。再分别单击φ50 和φ80 圆，使两者相切。最后分别单击φ80 圆和 R40 圆弧，使两者相切。

（8）单击"删除段"按钮，删除多余的线条并编辑图形。完成后的图形如图 1-1-38 所示。

5. 绘制小圆并镜像曲线

（1）单击"圆"按钮○，然后以图形右下方 R20 圆弧的圆心为中心绘制圆，修改圆的直径为 15。

（2）鼠标框选所有已绘制的图形，然后单击"镜像"按钮，再单击垂直中心线。图 1-1-39 为完成镜像后的图形。

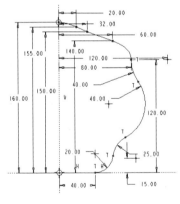 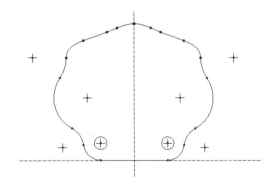

图 1-1-38　右侧图形　　　　　图 1-1-39　镜像后的图形

（3）单击"圆"按钮○，在图形的正上方绘制φ30 的圆，圆形离水平中心线的距离为 130。

（4）最后，单击主工具栏的"保存"按钮，完成草绘图形的保存。

6. 拉伸草绘图形

（1）执行"窗口"→"YI_XING_JIAN.PRT"命令返回到零件界面。单击工具栏上的"拉伸"按钮。

（2）在弹出的"拉伸"操控面板中按下"实体类型"按钮（默认选项）。

（3）在操控面板中单击"位置"按钮，然后在弹出的界面中单击 定义... 按钮，系统弹出"草绘"对话框。

（4）选取 TOP 基准平面为草绘平面，采用系统中默认的方向为草绘视图方向。选取

RIGHT 基准平面为参照平面，方向为"右"。单击对话框中的"草绘"按钮，进入草绘环境。

（5）在草绘环境下，单击"草绘器"工具栏中的"调色板"按钮，系统弹出"草绘器调色板"对话框。在对话框中的"CH1.1"选项卡下单击选取文件 s2d0001，然后将鼠标移动至图形区中心后松开鼠标左键，系统弹出"移动和调整大小"对话框并在图形区显示出前面已绘制的草图。

（6）在对话框中设置旋转角度为 0，缩放比例为 1 后单击"完成"按钮，再单击"草绘器调色板"对话框中的"关闭"按钮以完成草绘图形的调取。最后，单击"草绘器"工具栏中的"完成"按钮 退出草绘环境。

（7）在操控面板中单击"对称"按钮，再在"长度"文本框中输入深度值 30。

（8）单击操控面板中的"预览"按钮，观察所创建特征的效果。

（9）最后，在操控面板中单击"完成"按钮，完成拉伸特征的创建。图 1-1-40 所示为完成的拉伸特征。

7．拉伸切剪椭圆孔

（1）单击工具栏上的"拉伸"按钮，在弹出的"拉伸"操控面板中单击"实体类型"按钮（默认选项）和"移除材料"按钮。

（2）右击，在弹出的快捷菜单中选择"定义内部草绘"命令，系统弹出"草绘"对话框。

（3）选取图 1-1-40 所示模型的上表面为草绘平面，采用系统中默认的方向为草绘视图方向。选取 RIGHT 基准平面为参照平面，方向为"右"。单击对话框中的"草绘"按钮，进入草绘环境。

（4）在草绘环境下，单击"草绘器"工具栏中的"调色板"按钮，系统弹出"草绘器调色板"对话框。在对话框中的"形状"选项卡下选取"椭圆形"，然后将鼠标移动至图形区中心后松开鼠标左键，系统弹出"移动和调整大小"对话框并在图形区显示椭圆形。

（5）在对话框中设置旋转角度为 30，缩放比例为 8 后单击"完成"按钮，再单击"草绘器调色板"对话框中的"关闭"按钮以完成椭圆形的绘制。

（6）修改椭圆的有关尺寸，完成后的图形如图 1-1-41 所示。最后，单击"草绘器"工具栏中的"完成"按钮 退出草绘环境。

（7）在操控面板中单击"穿透"按钮，然后单击"预览"按钮，观察所创建特征的效果。

（8）在操控面板中单击"完成"按钮，完成如图 1-1-42 所示椭圆孔的创建。

图 1-1-40　拉伸特征

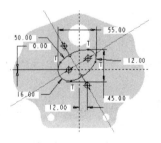
图 1-1-41　椭圆图形

图 1-1-42　椭圆孔特征

8．拉伸切剪沉头孔

（1）单击工具栏上的"拉伸"按钮，在弹出的"拉伸"操控面板中单击"移除材料"按钮 。

（2）右击，在弹出的快捷菜单中选择"定义内部草绘"命令，系统弹出"草绘"对话框。

（3）选取图 1-1-42 所示模型的上表面为草绘平面，采用系统中默认的方向为草绘视图方向。选取 RIGHT 基准平面为参照平面，方向为"右"。单击对话框中的"草绘"按钮，进入草绘环境。

（4）在草绘环境下，选取下部的两个圆柱孔为参照，然后单击"圆"按钮 绘制如图 1-1-43 所示的两个φ20 圆孔。然后单击"草绘器"工具栏中的"完成"按钮 退出草绘环境。

（5）在操控面板中单击"盲孔"按钮 ，再在"长度"文本框中输入深度值 5。然后单击操控面板中的"预览"按钮，观察所创建特征的效果。

（6）在操控面板中单击"完成"按钮，完成如图 1-1-44 所示沉头孔的创建。

9．拉伸文字

（1）单击工具栏上的"拉伸"按钮 。

（2）右击，在弹出的快捷菜单中选择"定义内部草绘"命令，系统弹出"草绘"对话框。

（3）选取图 1-1-44 所示模型的上表面为草绘平面，采用系统中默认的方向为草绘视图方向。选取 RIGHT 基准平面为参照平面，方向为"右"。单击对话框中的"草绘"按钮，进入草绘环境。

（4）在草绘环境下，单击"文本"按钮 ，再在图形下方空白处自下向上单击鼠标绘制一斜直线，系统弹出"文本"对话框。在"文本行"文本框中输入文字"异形体"并单击"确定"按钮完成文本绘制。

（5）修改文本的水平坐标尺寸为 15、垂直坐标尺寸为 60、高度尺寸为 26、倾斜角为 145 度。

（6）双击文字"异形体"，在弹出的"文本"对话框中修改"长宽比"和"斜角"等选项，取长宽比 1.2，斜角 10。图 1-1-45 所示为最终完成的图形。

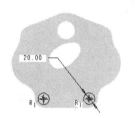
图 1-1-43 草绘截面

图 1-1-44 创建沉头孔

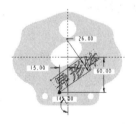
图 1-1-45 文本图形

（7）单击"草绘器"工具栏中的"完成"按钮 退出草绘环境。

（8）在操控面板中单击"盲孔"按钮 ，再在"长度"文本框中输入深度值 3，然后单击操控面板中的"预览"按钮，观察所创建特征的效果。

（9）在操控面板中单击"完成"按钮，完成如图 1-1-46 所示文本的创建。

图 1-1-46 拉伸文本

10．保存文件

单击工具栏中的"保存"按钮 ，系统弹出"保存对象"对话框，采用默认名称并单击

"确定"按钮完成文件的保存。

 拓展任务

在 Pro/E 5.0 的零件模块中,完成如图 1-1-47 所示样板模型的创建(右图为二维截面图)。

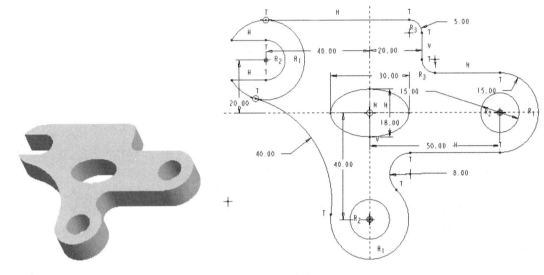

图 1-1-47 样板

任务 1.2 底座模型的建模

 学习目标

1. 掌握倒圆角、倒角、旋转和孔等特征的创建方法。
2. 了解模型树、层等概念的含义及使用方法。
3. 掌握模型显示的相关命令。
4. 掌握设置模型外观的方法。

 工作任务

在 Pro/E 5.0 软件零件模块中完成如图 1-2-1 所示底座模型的创建。

图 1-2-1 底座

 任务分析

该底座模型主要由底部圆形固定座和上部圆锥形外壳组成。圆形固定座上分布有 4 个沉头孔和大的圆柱孔,圆锥形外壳顶部有一通孔,侧面则分布有矩形通孔。此外,模型上还分布有圆角和倒角等工程特征。创建中需要综合运用旋转、拉伸、孔、倒角和倒圆角等特征操作方法。表 1-2-1 所示为该模型的创建思路。

表 1-2-1 底座模型的创建思路

任　务	1. 创建基本体	2. 创建凸台	3. 创建矩形孔
应用功能	旋转	拉伸、倒圆角	拉伸
完成结果			
任　务	4. 创建大孔	5. 创建沉头孔	6. 倒角、倒圆角并设置外观
应用功能	孔	孔	倒角、倒圆角、外观库
完成结果			

知识准备

（一）倒圆角特征

1. 倒圆角特征简介

倒圆角是工程设计与制造中不可缺少的一个环节。将零件的实体边线圆角化，可提高产品的加工工艺性和使用过程中的安全性并美化了外观。Pro/E 5.0 中的倒圆角工具内容丰富、功能强大，可分为以下 4 种类型。

（1）"等半径圆角"：具有单一半径参数，所创建圆角尺寸均匀一致。

（2）"可变半径圆角"：具有多种半径参数，所创建圆角尺寸按指定要求变化。

（3）"由曲线驱动的倒圆角"：即曲线倒圆角，圆角的半径由曲线驱动，尺寸的变化更加丰富。

（4）"完全倒圆角"：使用倒圆角特征替换选定曲面，圆角尺寸与该曲面自动适应。

图 1-2-2 所示为各种倒圆角特征的示例，具体创建方法将在后面介绍。

在创建倒圆角特征时，可以根据设计需要选用不同的圆角截面形状。

（1）"圆形"：圆角的截面为标准圆形。

（2）"圆锥"：圆角的截面为圆锥形曲线，可以通过设置控制圆锥锐角的圆锥参数来进一步调整圆角的截面形状。

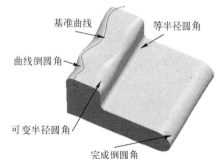

图 1-2-2 各种倒圆角特征示例

（3）"C2 连续"：圆角的截面为 C2 连续曲线，其形状可由形状系数 C2 和参数 D 的数值确定。

（4）"D1×D2 圆锥"：圆角的截面为锥形曲线，通过指定参数 D1 和 D2 来创建非对称的锥形圆角。

（5）"D1×D2C2"：圆角的截面为复杂曲线，其形状可由形状系数 C2 和参数 D1、D2 的数值确定。

2．倒圆角特征的创建

现以等半径圆角特征为例介绍圆角特征的创建方法。

① 将工作目录设置至 D:\Proe5.0\work\original\ch1\ch1.2，打开如图 1-2-3 所示的文件 dao_yuan_jiao.prt。

② 单击"倒圆角"按钮或执行"插入"→"倒圆角"命令，系统弹出如图 1-2-4 所示的"圆角"特征操控面板并在信息区提示"选取一条边或边链，或选取一个曲面以创建倒圆角集"。

图 1-2-3 模型 dao_yuan_jiao　　　　　图 1-2-4 "圆角"特征操控面板

③ 选取圆角放置参照。在图 1-2-3 所示的模型上选取要倒圆角的边线，此时被选中的边线加亮显示。

④ 在操控面板的文本框中输入圆角半径 6，然后单击 ✔ 按钮或按下鼠标中键完成圆角特征的创建。图 1-2-5 所示为等半径圆角特征的创建过程。

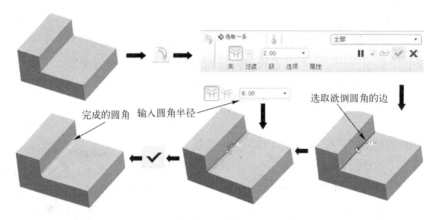

图 1-2-5 等半径圆角特征的创建过程

注：选取多条边的技巧有①按住 Ctrl 键 + 鼠标点选。②点选一条边，然后按住 Shift 键并点选这条边所在的面，可以选中这个环形链。

⑤ 执行命令"文件"→"保存副本"，系统弹出"保存副本"对话框，在"新名称"文本框中输入 dao_yuan_jiao_deng，然后单击对话框中的"确定"按钮完成文件的保存。

（二）倒角特征

倒角也是一类应用比较广泛的工艺特征。它是指在零件模型的边角棱线上建立平滑过渡平面的特征。在 Pro/E 5.0 中可以创建边倒角和拐角倒角两类倒角。

（1）边倒角，是指在零件模型的边线上进行的倒角。边倒角特征需要设置其两边定位的方式、倒角的尺寸、倒角的位置及特征参照等。

（2）拐角倒角，是在零件模型的拐角处（三条边的交汇处）进行倒角处理。拐角倒角需要设置倒角的位置和倒角的尺寸。

1．倒角特征的创建过程

（1）将工作目录设置至 D:\ Proe5.0\work\original\ch1\ch1.2，打开文件 dao_jiao.prt。

（2）单击"倒角"按钮 或执行"插入"→"倒角"→"边倒角"命令，系统弹出如图 1-2-6 所示"倒角"特征操控面板。

（3）在模型上选取要倒角的边。

（4）在操控面板上确定倒角的尺寸标注方式并修改倒角的数值，如图 1-2-7 所示。

图 1-2-6　"倒角"特征操控面板　　　　图 1-2-7　倒角类型及数值

（5）预览倒角效果后，单击 ✔ 按钮完成倒角特征的创建。图 1-2-8 所示为倒角特征的创建过程。

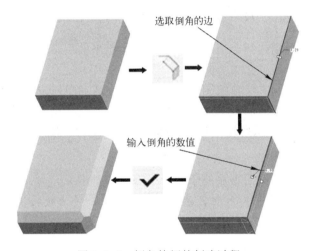

图 1-2-8　倒角特征的创建过程

（6）执行命令"文件"→"保存副本"，系统弹出"保存副本"对话框，在"新名称"文本框中输入 DAO_JIAO1，然后单击对话框中的"确定"按钮完成文件的保存。

单击工具栏"保存"按钮 ，系统弹出"保存对象"对话框，采用默认名称并单击"确定"按钮完成文件的保存。

（三）旋转特征

旋转特征是草绘截面绕中心线旋转而形成的特征。使用"旋转"命令可以创建实体、薄壁和曲面，也可以添加或移除材料。

1．旋转特征的创建过程

（1）单击工具栏的"旋转"按钮 或执行"插入"→"旋转"命令，系统将弹出如图 1-2-9 所示的"旋转"特征操控面板。

图 1-2-9 "旋转"特征操控面板

（2）单击操控面板中的"放置"选项，在弹出的如图 1-2-10 所示的"放置"操控面板中单击"定义"按钮，系统将弹出如图 1-2-11 所示的"草绘"对话框。也可直接右击绘图区，在弹出的如图 1-2-12 所示的快捷菜单中选择"定义内部草绘"命令，从而打开"草绘"对话框。

图 1-2-10 "放置"操控面板　　图 1-2-11 "草绘"对话框　　图 1-2-12 快捷菜单

（3）在工作窗口中分别选择合适的草绘平面和参照平面后，单击"草绘"按钮进入草绘环境。

（4）在草绘环境下绘制二维草绘图形和中心线，完成后单击 ✓ 按钮退出草绘环境。

（5）在"旋转"特征操控面板中进行适当的设置，如选择旋转方式、输入旋转角度等。完成后单击"预览"按钮 ∞ 观察效果，最后单击 ✓ 按钮退出。图 1-2-13 所示为"旋转"特征的创建过程。

注：① 旋转轴与截面图形应处于同一平面内。
② 当草绘中有两条以上中心线时，系统自动选取第一条为旋转轴。
③ 草绘图形应位于旋转中心轴的单侧，且不能自相交。

2．"旋转"操控面板介绍

与"拉伸"操控面板相类似，创建旋转特征的主要操作命令都在操控面板上，其含义介绍如下。

（1）□。以实体的方式创建旋转特征。

（2）□。以曲面的方式创建旋转特征。

（3）⊥。按选定的旋转方式进行旋转。单击按钮后的黑三角可以选择三种旋转方式，各选项的含义如下。

① ⊥：定值。从草绘平面以指定的角度值来创建旋转特征。
② 日：对称。从草绘平面两侧以对称的角度值来创建旋转特征。
③ ⊥：至选定的。将截面旋转至选定的点、曲线、平面或曲面。

（4）文本框 360.00 ▼。用于设置旋转角度值。

（5）%。更改旋转方向。在工作窗口空白处右击，在弹出的快捷菜单中选择"反向角度方向"命令也可以改变旋转方向。

（6）⬚。去除材料或修剪实体。

（7）⬚。创建薄壁实体。在工作窗口空白处右击，在弹出的快捷菜单中选择"加厚草绘"命令也可以创建薄壁实体。

（8）"放置"。单击此项，可展开如图 1-2-14 所示的"放置"对话框。单击"定义"按钮可进入"草绘"对话框。完成草绘后，单击"轴"下方的文本框可以激活旋转轴收集器，可以选择内部旋转轴。

（9）选项。单击此项，可展开如图 1-2-15 所示的"选项"对话框。可以选择"侧 1"和"侧 2"的旋转方式以及旋转角度值。创建旋转曲面时可以勾选"封闭端"选项，以将曲面两端未闭合区域封闭起来。实体旋转时"封闭端"选项不可用。

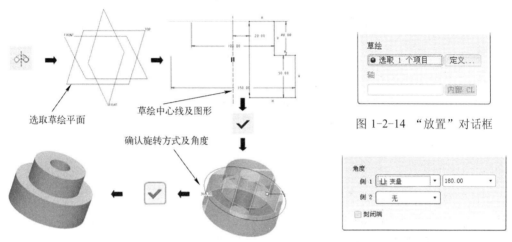

图 1-2-13 "旋转"特征的创建过程　　　图 1-2-14 "放置"对话框

图 1-2-15 "选项"对话框

（10）属性，单击此项，可展开"属性"对话框。可以修改"名称"文本框中的默认名称。

（四）孔特征

孔特征是产品设计中使用最多的特征之一。在 Pro/E 5.0 中可以利用"孔"工具创建简单孔、草绘孔和标准孔三类。在创建孔特征时，一方面需要准确地确定孔的直径和深度、孔的样式（如沉头孔、矩形孔等）等定形条件，另一方面还需要准确地确定孔在实体上的位置，主要是其轴线位置。

1. 孔特征的创建流程

选取一个平面作为钻孔平面，定出圆孔中心轴的位置，再指定圆孔的直径与深度，即可创建出一个圆孔。其详细操作步骤如下：

（1）单击"孔"按钮或执行"插入"→"孔"命令，系统将弹出如图 1-2-16 所示的"孔"特征操控面板并提示"选取曲面、轴或点来放置孔"。

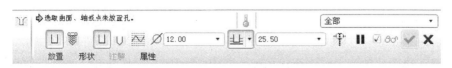

图 1-2-16 "孔"特征操控面板

（2）单击选取现有零件的一个平面为放置平面，此时在模型上将出现圆孔轮廓以及 5 个控制小方块。

（3）将两个控制方块移动到零件的边或平面上，以确定圆孔的位置。

（4）在图形上修改圆孔的尺寸，包括孔的定位尺寸、直径及深度。

（5）单击操控面板上的按钮✓，完成孔特征的创建。图 1-2-17 所示为孔特征的创建过程。

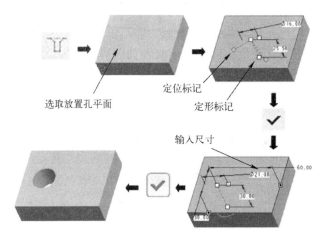

图 1-2-17　孔特征的创建过程

2．"孔"特征操控面板介绍

（1）⌑：创建简单孔，即圆形直孔。

（2）⌑：创建标准孔，即具有基本形状的螺孔。单击此命令后，系统将弹出如图 1-2-18 所示的"螺纹孔"特征操控面板。该操控面板上各按钮的含义如下。

图 1-2-18　"螺纹孔"特征操控面板

① ⌑，对标准孔进行攻丝加工，即在螺纹孔中显示内螺纹，否则将创建一个间隙孔，没有内螺纹。

② ⌑，创建锥孔。在选中 ⌑ 按钮的情况下，再选中 ⌑ 按钮，将创建锥孔。

③ ⌑ ISO，螺纹类型，包括三种螺纹类型，分别为 ISO、UNC 和 UNF。其中，ISO 为我国通用的标准螺纹，UNC 为粗牙螺纹，UNF 为细牙螺纹。

④ ⌑ M1.6x.35，螺钉尺寸。可选择或输入与螺纹孔配合的螺钉大小。

⑤ ⌑，螺孔深度类型。除了不允许设置孔的双侧深度以外，其余与创建直孔时的用法一样。

⑥ ⌑，钻孔肩部深度。

⑦ ⌑，增加埋头孔。

⑧ ⌑，增加沉头孔。

⑨ 形状，单击此项，系统将弹出如图 1-2-19 所示的标准螺纹孔"形状"对话框，可对具体参数进行设置。

（3）⬚：使用预定义的矩形作为钻孔轮廓。选中此按钮后，再单击"形状"选项，系统将弹出如图 1-2-20 所示的矩形孔"形状"对话框，可对矩形孔的具体参数进行设置。

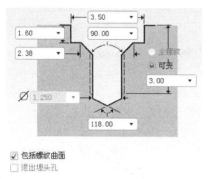

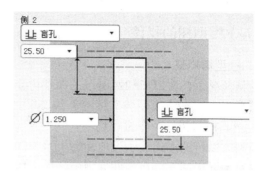

图 1-2-19　标准螺纹孔"形状"对话框　　　　图 1-2-20　矩形孔"形状"对话框

（4）⬚：使用标准孔轮廓作为钻孔轮廓。选中此按钮后，系统将在操控面板右侧出现 ⬚ 图标，以供对标准孔进行具体设置。如再单击"形状"选项，系统将弹出如图 1-2-19 所示的标准螺纹孔"形状"对话框，可对标准孔的具体参数进行设置。

（5）⬚：使用草绘定义钻孔轮廓。单击此按钮后，系统将在操控面板右侧出现 ⬚ 图标。单击 ⬚ 按钮，可打开已有的草绘轮廓，而单击 ⬚ 按钮可激活草绘器以创建剖面。草绘孔可具有比较复杂的截面结构。创建时需通过草绘方法绘制出孔的截面来确定孔的形状和尺寸，然后选取恰当的定位参照来正确放置孔特征。

（6）⬚：设定孔的直径值。可在文本框中直接输入数值，也可从最近使用的数值中选取或拖动控制滑块调整数值。

（7）⬚：按选定的钻孔方式进行钻孔。单击按钮后的黑三角可以选择 6 种钻孔方式，各选项的含义如下。

① ⬚，定值。从放置参照以指定的深度值来创建孔特征。

② ⬚，对称。以指定深度值的一半，在放置参照的每一侧进行钻孔。

③ ⬚，至下一曲面。在钻孔方向上，孔特征到达第一个曲面时终止。

④ ⬚，穿透。孔特征与所有曲面相交。

⑤ ⬚，穿至。钻孔至与选定的曲面或平面相交。

⑥ ⬚，至选定的。钻孔至选定的点、曲线、平面或曲面。

（8）放置：单击该按钮，系统将弹出如图 1-2-21 所示的"放置"对话框。在该对话框中，单击"放置"选项下的文本框可激活该命令，并可在模型上选取孔的放置平面，单击"反向"按钮可改变孔的创建方向。单击"类型"选项右侧的黑三角，可以选择 3 种孔的放置类型：线性、径向和直径。

图 1-2-21　"放置"对话框

① 线性。参照两边或两平面放置孔（标注两线性尺寸）。如果选择此放置类型，则必须选择（可按住 Ctrl 键连续选择）两个参照边或平面并输入距参照的距离。也可直接拖动控制滑块至所选取的边或平面并输入距参照的距离。

② 径向。绕一中心轴及参照一个平面放置孔（需输入半径距离）。如果选择此放置类

型,则必须选择中心轴及角度参照的平面。

③ 直径。绕一中心轴及参照一个平面放置孔(需输入直径距离)。如果选择此放置类型,则必须选择中心轴及角度参照的平面。

(五) 模型树的操作

1. 模型树概述

默认情况下,图1-2-22所示的模型树会显示在主窗口的左侧。如果未显示,可在"导航"选项卡中单击"模型树"标签 。如果显示的是"层树",可依次执行"导航"选项卡中的 →"模型树"命令进行切换。

模型树以树的形式显示当前活动模型中的所有特征或零件,在树的顶部显示根对象,并将从属对象置于其下。在零件模型中,模型树列表的顶部是零件名称,零件名称下方是每个特征的名称。在装配体模型中,模型树列表的顶部是总装配,总装配下是各子装配和零件。每个子装配下方则是该子装配中的每个零件的名称,每个零件名的下方是零件的各个特征的名称。模型树只列出当前活动的零件或装配模型的特征级与零件级对象,不列出组成特征的截面几何要素(如边、曲面、曲线等)。如果打开了多个软件窗口,则模型树内容只反映当前活动文件。

2. 模型树的作用与操作

(1)控制模型树中项目的显示。在模型树操作界面中,执行 →"树过滤器"命令,系统弹出如图1-2-23所示的"模型树项目"对话框,通过该对话框可控制模型中各类项目是否在模型树中显示。

图1-2-22 模型树

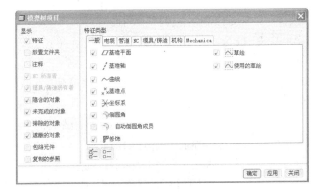

图1-2-23 "模型树项目"对话框

(2)在模型树中选取对象。可以从模型树中选取要编辑的特征或零件对象。当要选取的特征或零件在图形区的模型中不可见时,此方法尤为有用。当要选取的特征和零件在模型中禁用选取时,仍可在模型树中进行选取操作。

(3)在模型树中使用快捷命令。右击模型树中的特征或零件名,在打开的快捷菜单中选择相对于选定对象的特定操作命令。

(4)在模型树中插入定位符。默认情况下,模型树所有项目的最后有一个带红色箭头的标志。该标志指明在创建特征时特征的插入位置。可以在模型树中将其上下拖动,将特征插入到模型中的其他特征之间。将插入符移动到新位置时,插入符后面的项目将被隐含,这些项目将不在图形区的模型上显示。

（六）层的操作

Pro/E 5.0 提供了一种有效组织模型和管理诸如基准线、基准面、特征和装配中的零件等要素的手段，这就是层。通过层，可以对同一个层中的所有共同的要素进行显示、隐藏和选择等操作。用户可以通过以下几种方式访问层树。

方式一：单击"层"按钮 。

方式二：在"视图"菜单中选择"层"命令。

方式三：在导航区的模型树上方单击"显示"按钮 ，接着从打开的下拉菜单中选择"层树"命令。

用户需要熟悉 3 个重要的按钮，即显示、层和设置。它们的功能和含义如下。

- "显示"按钮 ：使用该按钮的下拉菜单，可以切换显示返回到模型树，也可以展开或收缩层树的全部节点，还可以查找层树中的对象。
- "层"按钮 ：单击该按钮，可以从中选择隐藏、删除层、重命名等命令。
- "设置"按钮 ：主要用于向当前定义的层或子模型中添加非本地项目。

1．创建新层

（1）在层的操作界面中，执行命令 →"新建层"。系统弹出如图 1-2-24 所示的"层属性"对话框。

（2）在"名称"后面的文本框内输入新层的名称 CENG（也可以接受默认名）。

（3）在"层 ID"后面的文本框内输入"层标志"号。"层标志"的作用是当将文件输出到不同格式（如 IGES）时，利用其标志可以识别一个层。一般情况下可以不输入标志。

（4）单击"确定"按钮。图 1-2-25 中"CENG"为创建的新层。

2．添加项目到层中

层中的内容，如基准线、基准面等，称为层的项目。向一个层中添加项目的操作方法如下：

（1）在层树中，选中一个欲向其中添加项目的层，再右击，系统弹出如图 1-2-26 所示的快捷菜单。选取该菜单中的"层属性"命令，此时系统弹出如图 1-2-27 所示的"层属性"对话框。

图 1-2-24　"层属性"对话框

图 1-2-25　创建新层　　图 1-2-26　层的快捷菜单

（2）确认对话框中的"包括"按钮已被按下，然后将鼠标指针移至图形区的模型上，当鼠标指针接触到基准面、基准轴、坐标系和伸出项特征等项目时，相应的项目变成天蓝色，此时单击，相应的项目就会添加到该层中（参见图 1-2-28）。

如果要将项目从层中排除，可单击对话框中的"排除"按钮，再选取项目列表中的相应项目。

如果要完全删除所选项目，单击"移除"按钮即可。

（3）单击"确定"按钮，关闭"层属性"对话框。

（七）模型的显示与控制

1．模型的显示

在 Pro/E 5.0 中，为了看清楚所画物体，操作者必须随时视需要来切换模型的各种显示方式，控制模型显示的开关项就位于顶工具栏的右侧。如图 1-2-29 所示，共有线框、隐藏线、消隐、着色和渲染等 5 种显示方式。

图 1-2-27 "层属性"对话框　　图 1-2-28 添加项目　　图 1-2-29 "模型显示"工具栏

（1）线框 ：模型以线框形式显示，模型所有的边线显示为深颜色的实线。

（2）隐藏线 ：模型以线框形式显示，可见的边线显示为深颜色的实线，不可见的边线显示为虚线（在软件中显示为灰色的实线）。

（3）消隐 ：模型以线框形式显示，可见的边线显示为深颜色的实线，不可见的边线被隐藏起来（即不显示）。

（4）着色 ：模型表面为灰色，部分表面有阴影感，所有边线均不可见。

（5）渲染 ：实时快速地显示模型的外观。必须预先定义模型投射到壁上的反射和阴影以及模型的外观反射。该选项适用于设计中的预先观察，其效果会比着色直观一些，但比真实渲染粗糙一些。

2．"视图"工具栏

图 1-2-30 所示为"视图"工具栏，其上集中了常用的"视图控制"按钮。各按钮的功能说明如下。

图 1-2-30 "视图"工具栏

：重画当前视图； ：显示或关闭旋转中心； ：打开或关闭定向模式；

：外观库，可对模型外观进行编辑； ：放大或缩小模型；

：重新调整对象，使其完整地显示在屏幕上； ：重新定位视图方向；

：已保存的模型视图列表； ："层"工具； ：启动视图管理器。

任务实施

本实例完成文件：G:\Proe5.0\work\result\ch1\ch1.2\di_zuo.prt。

本实例视频文件：G:\Proe5.0\video\ch1\1_2.exe。

1. 设置工作目录、新建文件

（1）将工作目录设置至 D:\Proe5.0\work\original\ch1\ch1.2。

（2）单击工具栏中的"新建"按钮，在弹出的"新建"对话框中选中"类型"选项组中的 零件，再选中"子类型"选项组中的 实体 单选项。单击"使用缺省模板"复选框取消使用默认模板，在"名称"栏输入文件名 di_zuo。单击"确定"按钮，打开"新文件选项"对话框。选择"mmns_part_solid"模板，单击"确定"按钮，进入零件的创建环境。

2. 旋转基本体

（1）单击工具栏"旋转"按钮 ，系统弹出"旋转"操控面板。

（2）直接右击绘图区，在弹出的快捷菜单中选择"定义内部草绘"命令，打开"草绘"对话框。

（3）选择 FRONT 基准平面为草绘平面，RIGHT 基准平面为参照平面，参照方向取"右"后，单击"草绘"按钮进入草绘环境。

（4）在草绘环境下绘制如图 1-2-31 所示的草绘图形和中心线，完成后单击 按钮退出草绘环境。

（5）在"旋转"操控面板中单击"从草绘平面以指定的角度值旋转"按钮 后，在"角度"文本框中输入数值 360。

（6）单击"预览"按钮 观察效果，最后单击 按钮完成如图 1-2-32 所示旋转特征的创建。

3. 定向模型

（1）用鼠标中键单击模型并移动鼠标旋转模型至如图 1-2-33 所示位置。

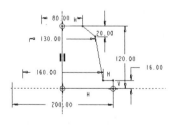  

图 1-2-31　草绘截面　　　　图 1-2-32　旋转特征　　　　图 1-2-33　定向模型

（2）单击"重定向"按钮 ，系统弹出"方向"对话框。

（3）在"方向"对话框下方的"名称"文本框中输入 111 后单击"保存"按钮。此时的模型位置即被保存下来。

4．拉伸底部凸台

（1）单击工具栏上的"拉伸"按钮，在弹出的"拉伸"操控面板中单击"实体类型"按钮（默认选项）。

（2）直接右击绘图区，在弹出的快捷菜单中选择"定义内部草绘"命令，打开"草绘"对话框。

（3）选取模型底部圆环上表面为草绘平面，采用系统中默认的方向为草绘视图方向。选取 RIGHT 基准平面为参照平面，方向为"右"。单击对话框中的"草绘"按钮，进入草绘环境。

（4）在草绘环境下绘制如图 1-2-34 所示的截面草图。完成后，单击按钮退出。

（5）在操控面板中单击"拉伸至选定的点、曲线、平面或曲面"按钮，再单击模型的底部平面。

（6）单击操控面板中的"预览"按钮，观察所创建的特征效果。最后在操控面板中单击"完成"按钮，完成如图 1-2-35 所示拉伸特征的创建。

5．创建倒圆角

（1）单击工具栏上的"倒圆角"按钮，系统弹出"倒圆角"操控面板。

（2）在操控面板的文本框中输入圆角半径 5。再在模型上选取要倒圆角的八条边线，此时的模型如图 1-2-36 所示。

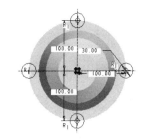

图 1-2-34　截面草图　　　图 1-2-35　拉伸特征　　　图 1-2-36　选取八条倒圆角边线

（3）单击操控面板中的"预览"按钮，观察所创建特征的效果。

（4）在操控面板中单击"完成"按钮，完成如图 1-2-37 所示倒圆角特征的创建。

6．拉伸切剪矩形孔

（1）单击工具栏上的"拉伸"按钮，在弹出的"拉伸"操控面板中单击"实体类型"按钮（默认选项）和"移除材料"按钮。

图 1-2-37　倒圆角特征

（2）在操控面板中单击"位置"按钮，然后在弹出的界面中单击 定义 按钮，系统弹出"草绘"对话框。

（3）选取 FRONT 基准平面为草绘平面，采用系统中默认的方向为草绘视图方向。选取 RIGHT 基准平面为参照平面，方向为"右"。单击对话框中的"草绘"按钮，进入草绘环境。

（4）在草绘环境下绘制如图 1-2-38 所示的截面草图。完成后，单击按钮退出。

（5）在操控面板中单击"对称"按钮，再在"长度"文本框中输入深度值 160，然后单击操控面板中的"预览"按钮，观察所创建的特征效果。

（6）在操控面板中单击"完成"按钮，完成如图 1-2-39 所示矩形孔特征的创建。

7. 创建顶部孔

（1）单击"孔"按钮，系统弹出"孔"特征操控面板并提示"选取曲面、轴或点来放置孔"。

（2）在"孔"特征操控面板中单击"放置"按钮，系统弹出"放置"对话框，单击激活"放置"收集器。

（3）单击选取如图 1-2-39 所示模型的顶部表面和轴线 A_1（按住 Ctrl 键）。此时，"类型"后的文本框显示为"同轴"模式。

（4）在"孔"特征操控面板中单击"创建简单孔"按钮（默认选项），在操控面板"Φ"后的文本框中输入数值 60，然后单击"定值"按钮并在其后的文本框中输入数值 100。

（5）单击操控面板中的"预览"按钮，观察所创建孔特征的效果。最后单击操控面板上的"完成"按钮，完成如图 1-2-40 所示孔特征的创建。

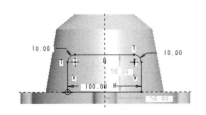
图 1-2-38　截面草图

图 1-2-39　矩形孔特征

图 1-2-40　完成的孔特征

8. 创建底部孔

（1）单击"孔"按钮，系统弹出"孔"特征操控面板。

（2）在"孔"特征操控面板中单击"放置"按钮，系统弹出"放置"对话框。在对话框中单击激活"放置"收集器，然后选取如图 1-2-40 所示模型的底平面为放置平面。

（3）选取默认的"线性"放置类型，然后在对话框中单击激活"偏移参照"收集器，再选取 RIGHT 和 FRONT 基准平面为放置参照并按图 1-2-41 所示参数进行设置。

（4）在操控面板"Φ"后的文本框中输入数值 80，然后单击"定值"按钮并在其后的文本框中输入数值 20。此时的模型如图 1-2-42 所示。

（5）单击操控面板中的"预览"按钮，观察所创建的孔特征效果。最后单击操控面板上的"完成"按钮，完成如图 1-2-43 所示孔特征的创建。

图 1-2-41　"放置"对话框

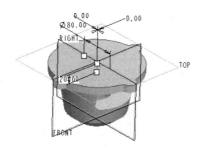
图 1-2-42　选取并设置放置参照图

图 1-2-43　底部孔特征

（6）单击"孔"按钮，系统弹出"孔"特征操控面板并提示"选取曲面、轴或点来放置孔"。

(7)在"孔"特征操控面板中单击"放置"按钮,系统弹出"放置"对话框,单击激活"放置"收集器。

(8)单击选取如图 1-2-40 所示模型底座上表面和轴线 A_2(按住 Ctrl 键)。此时,"类型"后的文本框显示为"同轴"模式。

(9)在"孔"特征操控面板中单击"创建简单孔"按钮⊔,在操控面板"Φ"后的文本框中输入数值 12,然后单击"穿透"按钮⊥⊨。

(10)单击操控面板中的"预览"按钮,观察所创建孔特征的效果。最后单击操控面板上的"完成"按钮✓,完成如图 1-2-44 所示小孔特征的创建。

(11)重复步骤(6)~(10),完成如图 1-2-45 所示其余 3 个小孔的创建。

(12)单击"孔"按钮,系统弹出"孔"特征操控面板并提示"选取曲面、轴或点来放置孔"。

(13)在"孔"特征操控面板中单击"放置"按钮,系统弹出"放置"对话框,单击激活"放置"收集器。

(14)单击选取如图 1-2-44 所示模型底座上表面和轴线 A_2(按住 Ctrl 键)。此时,"类型"后的文本框显示为"同轴"模式。

(15)在"孔"特征操控面板中单击"创建简单孔"按钮⊔(默认选项),在操控面板"Φ"后的文本框中输入数值 20,然后单击"定值"按钮⊥并在其后的文本框中输入数值 3。

(16)单击操控面板中的"预览"按钮,观察所创建孔特征的效果。最后单击操控面板上的"完成"按钮✓,完成如图 1-2-46 所示沉头孔特征的创建。

图 1-2-44 完成的孔特征　　　图 1-2-45 4 个小孔特征　　　图 1-2-46 沉头孔特征

(17)重复步骤(12)~(16),完成如图 1-2-47 所示其余 3 个沉头孔特征的创建。

9. 创建倒圆角

(1)单击工具栏上的"倒圆角"按钮，在弹出的"倒圆角"操控面板的文本框中输入圆角半径 5。然后按住 Ctrl 键在图 1-2-47 所示模型上选取要倒圆角的边线,此时的模型如图 1-2-48 所示。

(2)单击操控面板中的"预览"按钮,观察所创建特征的效果。

(3)在操控面板中单击"完成"按钮,完成如图 1-2-49 所示倒圆角特征的创建。

 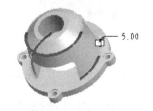 

图 1-2-47 4 个沉头孔特征　　　图 1-2-48 选取倒圆角边线　　　图 1-2-49 倒圆角特征

10. 创建倒角

（1）单击"倒角"按钮，系统弹出"倒角"特征操控面板。

（2）在模型上选取如图 1-2-50 所示要倒角的边线并在"D"后的文本框中输入倒角数值 3。

（3）预览倒角效果后，单击 ✓ 按钮完成如图 1-2-51 所示倒角特征的创建。

11. 隐藏基准特征

（1）在模型树中单击"显示"按钮，在弹出的对话框中选择"层树"命令，进入层状态。

（2）在层的操作界面中，右击，在弹出的快捷菜单中选择"新建层"命令。系统弹出"层属性"对话框。接受默认的层名称 LAY001。

（3）确认对话框中的"包括"按钮已被按下，然后将鼠标指针移至图形区的模型上，单击选取模型上的基准面、基准轴和坐标系等特征，相应的项目就会添加到该层中。

（4）单击"确定"按钮，关闭"层属性"对话框。

（5）在层操作界面中右击 LAY001，在弹出的快捷菜单中选择"隐藏"命令，此时的基准特征均已被隐藏。

12. 设置外观

（1）单击"外观库"图标后的黑三角，系统弹出"外观库"对话框。

（2）在"外观库"对话框中选择准备添加的颜色缩略图，此时鼠标将变为画笔的形状并弹出"选取"对话框。

（3）将"过滤器"的类型设置为"零件"，然后单击选取完成的模型，再单击"选取"对话框中的"确定"按钮。此时的模型如图 1-2-52 所示。

图 1-2-50　选取倒角边　　　图 1-2-51　完成的倒角特征　　　图 1-2-52　底座模型

（4）单击工具栏"保存"按钮，系统弹出"保存对象"对话框，采用默认名称并单击"确定"按钮完成文件的保存。

拓展任务

在 Pro/E 5.0 零件模块中完成如图 1-2-53 所示带轮模型的创建。

图 1-2-53　带轮

任务 1.3 罩壳模型的建模

 学习目标

1．掌握基准特征的创建方法；
2．掌握扫描特征的创建方法；
3．掌握壳特征的创建方法；
4．掌握筋特征的创建方法；
5．掌握特征镜像的操作方法；
6．掌握特征复制的操作方法。

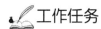 工作任务

在 Pro/E 5.0 零件模块中完成如图 1-3-1 所示罩壳模型的创建。

图 1-3-1 罩壳模型

 任务分析

该模型为不规则零件，外表面上有一斜圆柱孔和两条装饰纹，内表面上则分布有 4 根用于连接的圆柱孔以及加强筋等。创建中需要综合运用拉伸、扫描、抽壳、倒圆角、孔、筋和镜像等多种成型方法。表 1-3-1 所示为该模型的创建思路。

表 1-3-1 罩壳模型的创建思路

任　务	1. 拉伸基本体	2. 扫描切剪表面	3. 创建壳体
应用功能	拉伸	扫描	倒圆角、抽壳
完成结果			
任　务	4. 创建斜圆柱孔	5. 扫描止口	6. 创建表面装饰纹
应用功能	拉伸、孔、倒圆角	扫描	扫描、镜像
完成结果			
任　务	7. 切剪方槽	8. 拉伸圆柱	9. 创建筋
应用功能	拉伸、倒圆角	拉伸	筋、镜像
完成结果			

知识准备

（一）基准特征

在 Pro/E 5.0 中，基准特征（又称辅助特征）包括基准平面、基准轴、基准点、基准坐标系和基准曲线。基准特征是创建其他特征的基础，通常用来为其他特征提供定位参照或者为零部件装配提供必要的约束参照。

图 1-3-2 所示为"基准显示"工具栏，用来控制各基准特征符号在图形中的显示与关闭。图 1-3-3 所示为"基准"工具栏，主要用来创建各种基准特征。

1．基准平面

基准平面是二维无限延伸、没有质量和体积的 Pro/E 基准特征，在建模时基准平面常被作为其他特征的放置参照。在 Pro/E 5.0 设计环境中，系统提供了 3 个正交的标准基准平面 TOP、RIGHT 和 FRONT，坐标系 PRT_CSYS_DEF 和特征的旋转中心。对于新的基准平面，系统将以默认的 DTM#格式命名，如 DTM1、DTM2、DTM3 等。

创建基准平面的操作过程如下：

（1）单击"基准平面"按钮 □ 或选取"插入"→"模型基准"→ □ "平面"命令，系统将打开如图 1-3-4 所示的"基准平面"对话框。该对话框中包含 3 个选项卡，即放置、显示和属性。

图 1-3-2 "基准显示"工具栏　　图 1-3-3 "基准"工具栏　　图 1-3-4 "基准平面"对话框

（2）选择参照。通过选取轴、边、曲线、基准点、端点、已经建立或存在的平面或圆锥曲面等几何图形作为建立新的基准平面的参照。在选取参照时，按住 Ctrl 键可以连续选取多个参照。

（3）设置约束。约束用来控制新建基准平面和其参照之间的关系，系统提供了 6 种约束供用户选择，它们分别是通过、法向、平行、偏移、角度、相切。

综合采用以上约束方法可以灵活地创建出多种形式的基准平面。当约束满足要求时，"基准平面"对话框中的"确定"按钮才会凸显出来，表示基准平面创建成功。

依据三点可以确定一个平面的原理，可以衍生出多种创建基准平面的方法，如：①通过三点；②通过一点和一条直线；③通过两条直线；④通过一个面；⑤通过一点一面；⑥通过一条直线和一个平面等。图 1-3-5 所示为基准平面的创建过程。

2．基准轴

基准轴也常用做特征创建的参照，尤其在创建圆孔、径向阵列和旋转特征时是一个重要的辅助基准特征。基准轴的产生分两种情况：一是基准轴作为一个单独的特征来创建；二是在创建带有圆弧的特征期间，系统会自动产生一个基准轴。通过"基准轴"工具创建的基准轴，用户可对其进行重定义、隐含、隐藏或删除等操作，系统对新轴自动命名为 A_1、A_2、A_3 等。

创建基准轴的方法与创建基准平面类似，其基本创建过程如下：

（1）单击"基准轴"按钮 / 或选取"插入"→"模型基准"→ / "轴"命令，系统将打开如图 1-3-6 所示的"基准轴"对话框。

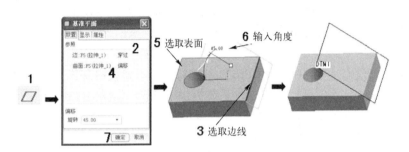

图 1-3-5　基准平面的创建过程　　　　　　　　图 1-3-6　"基准轴"对话框

（2）选择参照。通过选取边、基准点、端点、已经建立或存在的轴等几何图形作为建立新的基准轴的参照。在选取参照时，按住 Ctrl 键可以连续选取多个参照。

（3）设置约束。约束用来控制新建基准轴和其参照之间的关系，系统提供了以下几种约束供用户选择。

① 过边界：通过模型上的一个直边创建基准轴。

② 垂直平面：要创建的基准轴垂直于某个平面。需先选取要与其垂直的参照平面，然后分别选取两条定位的参照边，并定义基准轴到参照边的距离。

③ 过点且垂直于平面：要创建的基准轴通过一个基准点并与一个平面垂直。

④ 过圆柱：要创建的基准轴通过模型上的一个旋转曲面的中心轴。选择一个圆柱面或圆锥面即可。

⑤ 两平面：在两个指定平面（基准平面或模型的表面）的相交处创建基准轴。两平面不能平行。

⑥ 两个点/顶点：要创建的基准轴通过两个点，点可以是基准点或模型上的顶点。

综合采用以上约束方法可以灵活地创建出多种形式的基准轴。当约束满足要求时，"基准轴"对话框中的"确定"按钮才会凸显出来，表示基准轴创建成功。图 1-3-7 所示为基准轴的创建过程。

3. 基准点

基准点也是作为创建其他特征的参照。只是基准点一般只能作为创建基准曲线或基准平面的参照，而不能单独作为创建其他实体特征的参照。默认状态下，基准点以 X 显示，依次命名为 PNT0、PNT1、PNT2 等。

图 1-3-8 所示为"基准点"工具，右侧为其展开图标。从图中可以看出基准点分为以下三种类型。

① 点 ：在图元上、图元相交处或者由某一图元偏移所创建的基准点，其位置可以通过拖动滑块或输入数值确定。

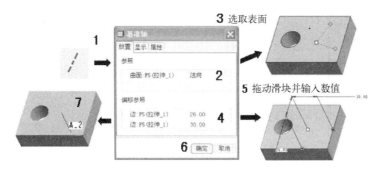

图 1-3-7 基准轴的创建过程

图 1-3-8 "基准点"工具

② 偏移坐标系 ：通过选定坐标系偏移所创建的基准点。

③ 域 ：标志一个几何域的域点。域点是行为建模中用于分析的点。

一般采用"点"工具创建基准点，其创建过程如图 1-3-9 所示。

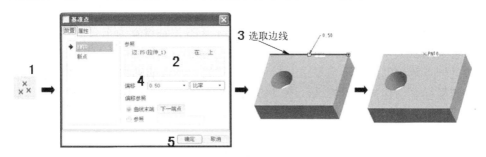

图 1-3-9 利用"点"工具创建基准点的过程

4．基准坐标系

在 Pro/E 5.0 中，基准坐标系包括笛卡儿、圆柱和球坐标三种类型，其中笛卡儿坐标系最为常用。坐标系一般由一个原点和 3 个坐标轴构成，且 3 个坐标轴之间遵循右手定则，只需要确定两个坐标轴就可以自动推断出第三个坐标轴。默认情况下，所创建的坐标系自动被依次命名为 CS0、CS1、CS2 等。

单击"基准"工具栏中的"坐标系"按钮 或执行"插入"→"模型基准"→"坐标系" 命令，系统将弹出如图 1-3-10 所示的"坐标系"对话框。该对话框中包含三个选项卡，即原点、方向和属性。

（1）原点。该选项卡用于显示选取的参照、坐标系偏移类型等。

① 参照：该选项框被激活后，可以用于设定或更改参照及约束类型。这些参照可以是平面、边、轴、曲线、基准点或坐标系等。

② 偏移类型：在该下拉列表框中显示了偏移坐标系的几种方式。

笛卡尔——选择该选项，表示允许通过设置 X、Y 和 Z 值偏移坐标系。

圆柱——选择该选项，表示允许通过设置半径、θ 和 Z 值偏移坐标系。

球坐标——选择该选项，表示允许通过设置半径、θ 和 φ 值偏移坐标系。

自文件——选择该选项，表示允许从转换文件输入坐标系的位置。

（2）方向。该选项卡用于确定新建坐标系的方向，如图 1-3-11 所示。"方向"选项卡中的选项随着"原点"选项卡的变化而变化。该选项卡中各选项的含义说明如下。

参考选取——选择该选项，允许通过选取坐标系中任意两根轴的方向参照定向坐标系。

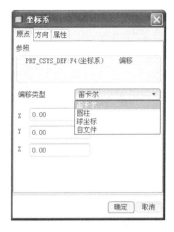

图 1-3-10 "坐标系"对话框　　　　图 1-3-11 "方向"选项卡

所选坐标轴——选择该选项，以相对于所选坐标系选择一定角度的方式定向坐标系。

设置 Z 垂直于屏幕——单击该按钮即可将坐标系的 Z 轴设置为垂直于屏幕。

一般可采用以下 4 种方法来创建基准坐标系：①通过 3 个互相垂直的平面创建基准坐标系；②通过一点两轴创建基准坐标系；③通过 3 根相互垂直的轴线创建基准坐标系；④通过偏移或旋转坐标系创建基准坐标系。图 1-3-12 所示为采用第一种方法创建基准坐标系的操作过程。

5. 基准曲线

在 Pro/E 5.0 中，基准曲线常用做创建扫描、混合、扫描混合等特征的轨迹路线以构建复杂的曲面轮廓。创建曲线的命令包括草绘 和曲线 两种。其中"草绘"命令是直接进入草绘环境后绘制曲线。单击"曲线"按钮 后，系统将弹出如图 1-3-13 所示的"曲线选项"对话框。对话框中包含了 4 种创建曲线的命令：通过点、自文件、使用剖截面和从方程。

① "通过点"：通过一系列参考点建立基准曲线。

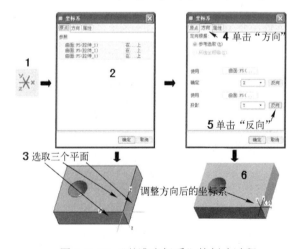

图 1-3-12 "基准坐标系"的创建过程　　　　图 1-3-13 "曲线选项"对话框

② "自文件"：通过编辑 ibl、iges、set 等格式文件绘制基准曲线。

③"使用剖截面":用截面的边界来建立基准曲线。
④"从方程":通过输入方程式来建立基准曲线。

一般情况下,基准曲线的自由度较大,常表现为空间任意位置点组成的三维曲线,如螺旋线、规则曲线等。因此,其创建方法也很多,常见的有以下9种:①通过草绘方式;②通过曲面相交;③通过多个空间点;④利用数据文件;⑤利用几条相连的曲线或边线;⑥使用剖面的边线;⑦用投影创建位于指定曲面上的曲线;⑧偏移已有的曲线或曲面;⑨利用公式。其中最为常用的方法是"通过一系列参考点建立基准曲线"。

(二)扫描特征

扫描特征是通过草绘或者选取扫描轨迹,然后使草绘截面沿该轨迹移动而形成的一类特征。要创建或重新定义一个扫描特征,必须给定两大特征要素,即扫描轨迹和扫描截面。可以使用草绘的轨迹,也可以选用由选定基准曲线或边组成的轨迹。

当单击"插入"命令,并将鼠标移动到"扫描"子菜单上时,系统将弹出如图 1-3-14 所示的"扫描"子菜单。由此子菜单可以看出,运用"扫描"命令可以完成伸出项、薄板伸出项、切口、薄板切口以及曲面等多种特征的创建,而各种扫描特征的创建过程基本一样。

下面介绍扫描特征的创建过程。

(1) 将工作目录设置至 D:\ Proe5.0\work\original\ch1\ch1.3,新建文件 sao_miao.prt。
(2) 执行"插入"→"扫描"→"伸出项"命令,系统将弹出如图 1-3-15 所示的"伸出项:扫描"对话框和"扫描轨迹"菜单。

图 1-3-14 "扫描"子菜单　　图 1-3-15 "伸出项:扫描"对话框和"扫描轨迹"菜单

(3) 在"扫描轨迹"菜单中选择"草绘轨迹"命令,系统将弹出如图 1-3-16 所示的"设置草绘平面"菜单和"选取"对话框。
(4) 依据系统提示,选取扫描轨迹的草绘平面及其参照平面并进入草绘环境。
(5) 绘制草绘轨迹,完成后单击✓按钮。
(6) 系统自动进入扫描截面的草绘环境。绘制草绘截面,完成后单击✓按钮退出草绘环境。
(7) 在返回的"伸出项:扫描"对话框中单击"确定"按钮,完成扫描实体特征的创建。图 1-3-17 所示为实体扫描特征的创建过程。
(8) 单击工具栏"保存"按钮,系统弹出"保存对象"对话框,采用默认名称并单击"确定"按钮完成文件的保存。

(三)壳特征

壳特征是将已有实体改变为薄壁结构的实体造型方法。该特征工具主要用于塑料或铸造零件的设计过程中,它可以把形成的零件内部掏空,并且可以使零件的壁厚均匀,从而使零件具有质轻、价廉等优点。

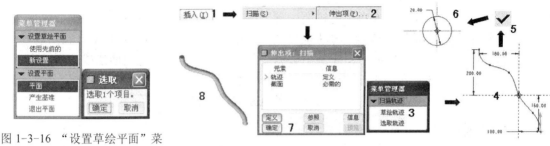

图 1-3-16 "设置草绘平面"菜单和"选取"对话框

图 1-3-17 扫描伸出项特征的创建过程

单击工具栏中的"壳"按钮 或选择"插入"→"壳"命令,系统将弹出如图 1-3-18 所示的"壳"特征操控面板。该操控面板中的主要选项含义说明如下。

图 1-3-18 "壳"特征操控面板

（1）参照。在"壳"操控面板中单击"参照"按钮,系统弹出如图 1-3-19 所示的"参照"对话框。该对话框中包括两个用于指定参照对象的收集器：移除的曲面和非缺省厚度。

① 移除的曲面。用来选取创建壳特征时在实体上需要移除的面,按住 Ctrl 键可以选取多个表面。

② 非缺省厚度。用于选取要为其指定不同壁厚的曲面,然后分别为这些曲面单独指定厚度值。其余曲面将统一使用缺省厚度,缺省厚度值在操控面板上的"厚度"文本框中设定。

（2）选项。在"壳"操控面板中单击"选项"按钮,系统弹出如图 1-3-20 所示的"选项"对话框。该对话框可对抽壳对象中的排除曲面、曲面延伸以及抽壳操作与其他凹角、凸角特征之间切削穿透的预防进行设置。

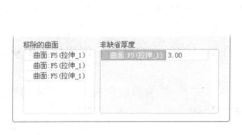

图 1-3-19 "参照"对话框　　　　图 1-3-20 "选项"对话框

（3）厚度与方向。在操控面板"厚度"文本框中可指定所创建壳体的厚度。一般情况下,输入正值表示挖空实体内部的材料形成壳；输入负值表示在实体外部加上指定厚度的壳。单击"反向"按钮 ,可在参照的另一侧创建壳体,其效果与改变输入厚度值的正负号相同。

（4）属性。在"壳"操控面板中单击"属性"按钮，系统弹出"属性"对话框。在该对话框中可以查看壳特征的删除曲面、厚度、方向以及排除曲面等参数信息，并可对该壳特征进行重命名操作。

（四）筋特征

筋特征也称为肋板，是机械设计中为了增加产品刚度而添加的一种辅助性实体特征。筋通常用来加固设计中的零件，也常用来防止零件出现不需要的折弯。

1. 筋特征分类

在 Pro/E 5.0 中，筋特征按照其创建方式分为两类：轨迹筋和轮廓筋。其中轮廓筋是常用的一种筋特征。而轨迹筋是 Pro/E 5.0 新增的功能，常用于塑料制品中。两者的区别在于，"轨迹筋"是由筋板的侧面造型线长出筋板，而轮廓筋是由筋板的正面造型线长出筋板。

按照其依附特征的类型，轮廓筋又可以分为以下两种类型。

① 平直筋，是指筋特征连接到平直的平面上，特征既可以向草绘平面的一侧拉伸生成，也可以关于草绘平面对称拉伸生成，如图 1-3-21 所示。

② 旋转筋，是指筋特征连接到旋转的平面上，筋特征连接到曲面的部分不是平面，如图 1-3-22 所示。

图 1-3-21　平直筋

图 1-3-22　旋转筋

这两种筋特征的创建方法基本一样，需要完成以下四个主要步骤：
① 选取筋设计工具，系统将弹出相应的操控面板。
② 绘制筋截面，用于确定筋特征的轮廓。
③ 确定筋特征相对于草绘平面的生成侧。
④ 设置筋特征的厚度尺寸。

（五）镜像特征

① 将工作目录设置至 D:\Proe5.0\work\original\ch1\ch1.3，打开如图 1-3-23 所示的零件 jing_xiang.prt。

② 单击选取小圆柱特征，然后单击工具栏中的"镜像"按钮，打开如图 1-3-24 所示的"镜像"特征操控面板。

③ 选取 RIGHT 基准平面作为镜像平面，然后单击操控面板"完成"按钮 ✔，完成如图 1-3-25 所示的镜像特征。

④ 执行"文件"→"保存副本"命令，系统弹出"保存副本"对话框。在"新名称"文本框中输入 jing_xiang1.prt，然后单击对话框中的"确定"按钮完成文件的保存。

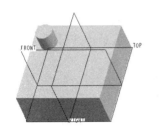

图 1-3-23 零件 jing_xiang.prt　　　图 1-3-24 "镜像"特征操控面板

（六）特征的复制

特征的复制命令用于创建一个或多个特征的副本。Pro/E 5.0 的特征复制包括镜像复制、平移复制、旋转复制和新参考复制。

1. 镜像复制特征

特征的镜像复制就是将源特征相对于一个平面（这个平面称为镜像中心平面）进行镜像，从而得到源特征的一个副本。现以具体实例说明其操作过程。

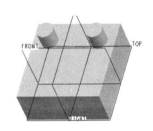

图 1-3-25 镜像特征

（1）将工作目录设置至 D:\Proe5.0\work\original\ch1\ch1.3，打开图 1-3-26 所示的文件 copy.prt。

（2）选择下拉菜单"编辑"→"特征操作"命令，系统弹出如图 1-3-27 所示的"特征"菜单，在菜单中选择"复制"命令。

（3）系统弹出如图 1-3-28 所示的"复制特征"菜单，在菜单管理器中选择"镜像"→"选取"→"独立"→"完成"命令。

图 1-3-26 copy 模型　　　图 1-3-27 "特征"菜单　　图 1-3-28 "复制特征"菜单

注："复制特征"菜单分为 A、B、C 三个部分，下面分别对各部分的功能进行介绍。

① A 部分用于定义复制的类型。

新参考：创建特征的新参考复制。　　　相同参考：创建特征的相同参考复制。
镜像：创建特征的镜像复制。　　　　　移动：创建特征的移动复制。

② B 部分用于定义复制的来源。

不同模型：从不同的三维模型中选取特征进行复制。只有选择了"新参考"命令时，该命令才有效。

不同版本：从同一三维模型不同的版本中选取特征进行复制。只有选择了"新参考"或"相同参考"命令时，该命令才有效。

③ C 部分用于定义复制的特性。

独立：复制特征的尺寸独立于源特征的尺寸。从不同模型或版本中复制的特征自动独立。

从属：复制特征的尺寸从属于源特征尺寸。当重定义从属复制特征的截面时，所有的尺寸都显示在源特征上。当修改源特征的截面时，系统同时更新从属复制。该命令只涉及截面和尺寸，所有其他参照和属性都不是从属的。

（4）系统提示"选择要镜像的特征"并弹出如图 1-3-29 所示的"选取特征"菜单，选择"选取"命令。再选取图 1-3-30 所示 copy 模型上的小圆柱特征，单击"选取特征"菜单的"完成"命令。

注："选取特征"菜单中各命令的含义如下。
① 选取：在模型中选取要镜像的特征。
② 层：按层选取要镜像的特征。
③ 范围：按特征序号的范围选取要镜像的特征。

（5）系统弹出如图 1-3-31 所示"设置平面"菜单，并提示"选择一个平面或创建一个基准以其作镜像"。选取图 1-3-30 所示 copy 模型上的 DTM1 基准平面为镜像中心平面。单击"选取"菜单中的"完成"命令，图 1-3-32 所示为完成的镜像特征。

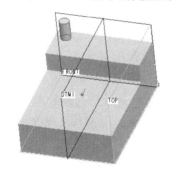

图 1-3-29 "选取特征"菜单　　图 1-3-30　选取小圆柱特征　　图 1-3-31 "设置平面"菜单

（6）执行"文件"→"保存副本"命令，系统弹出"保存副本"对话框。在"新名称"文本框中输入 copy_jing_xiang.prt，然后单击对话框中的"确定"按钮完成文件的保存。

2．平移复制特征

（1）将工作目录设置至 D:\ Proe5.0\work\ original\ch1\ch1.3，打开文件 copy.prt。

（2）选择"编辑"→"特征操作"命令，系统弹出"特征"菜单，在菜单中选择"复制"命令。

（3）系统弹出"复制特征"菜单，在菜单中选择"移动"→"选取"→"独立"→"完成"命令。

图 1-3-32　镜像后的特征

（4）系统提示"选择要平移的特征"并弹出"选取特征"菜单，选择"选取"命令，再选取图 1-3-30 所示 copy 模型上的小圆柱特征。系统弹出如图 1-3-33 所示"移动特征"

菜单。

（5）在"移动特征"菜单中，选择"平移"命令。系统在"移动菜单"下弹出如图 1-3-34 所示"一般选取方向"菜单，选取"平面"命令，系统提示"选取将垂直于此方向的平面"并弹出"选取"菜单。选取图 1-3-35 所示模型的前端面，系统用红色箭头显示平移方向并弹出"方向"菜单，单击"反向"命令再单击"确定"命令完成方向选择。

  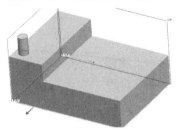

图 1-3-33 "移动特征"菜单　图 1-3-34 "一般选取方向"菜单　图 1-3-35 移动方向

注："一般选取方向"菜单中各命令的含义如下。

① 平面：选择一个平面，或创建一个新基准平面为平移方向参考面，平移方向为该平面或基准平面的垂直方向。

② 曲线/边/轴：选取边、曲线或轴作为其平移方向，如果选择非线性边或曲线，则系统提示选择该边或曲线上的一个现有基准点来指定切向。

③ 坐标系：选择坐标系的一个轴作为其平移方向。

（6）系统弹出"输入偏移距离"文本框，输入距离 30 并单击✓按钮，在"移动特征"菜单中单击"完成移动"命令。系统弹出如图 1-3-36 所示的"组元素"对话框和图 1-3-37 所示的"组可变尺寸"菜单并在模型上显示源特征的所有尺寸。

注：如果在移动复制的同时要改变特征的某个尺寸，可从屏幕选取该尺寸或在"组可变尺寸"菜单的尺寸前面放置选中标记，然后选择"完成"命令，此时系统会提示输入新值，输入具体数值并按回车键即可完成尺寸的修改。

（7）不改变特征尺寸，直接选择"完成"命令。再单击"组元素"对话框中的"确定"按钮，完成平移特征的创建。图 1-3-38 所示为创建完成的平移复制特征。

  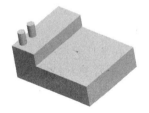

图 1-3-36 "组元素"对话框　图 1-3-37 "组可变尺寸"菜单　图 1-3-38 完成的平移复制特征

（8）执行"文件"→"保存副本"命令，系统弹出"保存副本"对话框。在"新名称"文本框中输入 copy_ping_yi.prt，然后单击对话框中的"确定"按钮完成文件的保存。

任务实施

本实例完成文件：G:\Proe5.0\work\result\ch1\ch1.3\ zhao_ke.prt。

本实例视频文件：G:\Proe5.0\video\ch1\1_3.exe。
1．设置工作目录、新建文件
（1）将工作目录设置至 D:\Proe5.0\work\original\ch1\ch1.3。
（2）单击工具栏中的"新建"按钮，在弹出的"新建"对话框中选中"类型"选项组中的 ◎ □ 零件，选中"子类型"选项组中的 ◎ 实体 单选项。单击"使用缺省模板"复选框取消使用默认模板，在"名称"栏输入文件名 zhao_ke。单击"确定"按钮，打开"新文件选项"对话框。选择"mmns_part_solid"模板，单击"确定"按钮，进入零件的创建环境。

2．创建拉伸特征
（1）单击工具栏"拉伸"按钮，在弹出的"拉伸"操控面板中单击"实体类型"按钮 □（默认选项）。
（2）直接右击绘图区，在弹出的快捷菜单中选择"定义内部草绘"命令，打开"草绘"对话框。
（3）选取 TOP 基准平面为草绘平面，采用系统中默认的方向为草绘视图方向。选取 RIGHT 基准平面为参照平面，方向为"右"。单击对话框中的"草绘"按钮，进入草绘环境。
（4）在草绘环境下绘制如图 1-3-39 所示的截面草图。完成后，单击 ✓ 按钮退出。
（5）在操控面板中单击"盲孔"按钮，再在"长度"文本框中输入深度值 30。
（6）单击操控面板中的"预览"按钮，观察所创建的特征效果。最后在操控面板中单击"完成"按钮，完成如图 1-3-40 所示拉伸特征的创建。

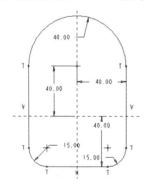

图 1-3-39　草绘截面　　　　　图 1-3-40　拉伸特征

3．扫描切剪
（1）选择"插入"→"扫描"→"切口"命令，系统弹出"切剪：扫描"对话框和"扫描轨迹"菜单。
（2）在"扫描轨迹"菜单中选择"草绘轨迹"命令，系统弹出"设置草绘平面"菜单和"选取"对话框。
（3）依据系统提示，选取 RIGHT 基准平面为草绘平面，TOP 基准平面为参照平面，参照方向为"顶"并进入草绘环境。
（4）绘制如图 1-3-41 所示的草绘轨迹，完成后单击 ✓ 按钮。
（5）系统自动进入扫描截面的草绘环境。绘制如图 1-3-42 所示的草绘截面后单击 ✓ 按钮退出草绘环境。

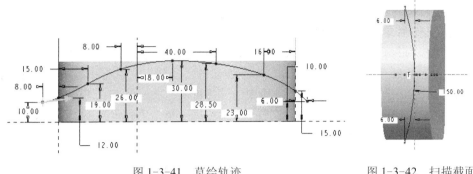

图 1-3-41 草绘轨迹　　　　　　　　图 1-3-42 扫描截面

（6）在返回的"切剪：扫描"对话框中单击"确定"按钮，完成如图 1-3-43 所示扫描特征的创建。

4．倒圆角

（1）单击工具栏上的"倒圆角"按钮 。

（2）在弹出的"倒圆角"操控面板的文本框中输入圆角半径 5。再在图 1-3-43 所示的模型上选取要倒圆角的边线，此时的模型如图 1-3-44 所示。

（3）单击操控面板中的"预览"按钮，观察所创建的特征效果。

（4）在操控面板中单击"完成"按钮，完成如图 1-3-45 所示倒圆角特征的创建。

图 1-3-43 扫描特征　　　　图 1-3-44 选取倒圆角边线　　　　图 1-3-45 倒圆角特征

5．抽壳

（1）单击工具栏中的"壳"按钮，系统弹出"壳"特征操控面板，并且在信息区提示"选取要从零件删除的曲面"。

（2）在零件上选取如图 1-3-46 所示的需要移除的表面。

（3）在"壳"特征操控面板的"厚度"文本框中，输入抽壳的壁厚值 2。

（4）在操控面板中单击"完成"按钮，完成如图 1-3-47 所示壳特征的创建。

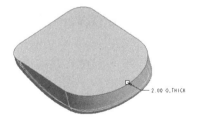 

图 1-3-46 选取移除表面　　　　图 1-3-47 壳特征

6. 创建辅助平面

（1）单击"基准轴"按钮，系统弹出"基准轴"对话框。

（2）按住 Ctrl 键选取如图 1-3-48 所示的 TOP 基准平面和 FRONT 基准平面。此时的"基准轴"对话框如图 1-3-49 所示。

（3）单击"基准轴"对话框中的"确定"按钮完成如图 1-3-50 所示基准轴 A_1 的创建。

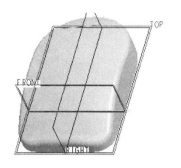  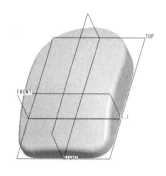

图 1-3-48　选取参照　　图 1-3-49　"基准轴"对话框　　图 1-3-50　基准轴 A_1

（4）单击"基准平面"按钮，系统打开"基准平面"对话框。

（5）按住 Ctrl 键选取如图 1-3-51 所示的 A_1 基准轴和 FRONT 基准平面并在"旋转"文本框中输入角度 30。此时的"基准平面"对话框如图 1-3-52 所示。

（6）单击"基准平面"对话框中的"确定"按钮完成如图 1-3-53 所示基准平面 DTM1 的创建。

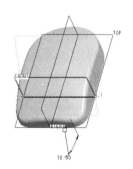  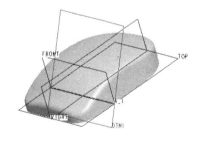

图 1-3-51　选取参照　　图 1-3-52　"基准平面"对话框　　图 1-3-53　基准平面 DTM1

（7）再次单击"基准平面"按钮，系统打开"基准平面"对话框。

（8）选取基准平面 DTM1 并选择"偏移"选项，然后在"平移"文本框中输入数值 22。

（9）单击"基准平面"对话框中的"确定"按钮完成如图 1-3-54 所示基准平面 DTM2 的创建。

7. 拉伸斜圆柱

（1）单击工具栏上的"拉伸"按钮，在弹出的"拉伸"操控面板中单击"实体类型"按钮（默认选项）。

（2）直接右击绘图区，在弹出的快捷菜单中选择"定义内部草绘"命令，打开"草绘"对话框。

（3）选取 DTM2 基准平面为草绘平面，采用系统中默认的方向为草绘视图方向。选取 RIGHT 基准平面为参照平面,方向为"右"。单击对话框中的"草绘"按钮,进入草绘环境。

(4)在草绘环境下绘制如图 1-3-55 所示的截面草图。完成后,单击☑按钮退出。

(5)在操控面板中单击"拉伸至选定的点、曲线、平面或曲面"按钮┻,再单击选取壳体内表面。

(6)单击操控面板中的"预览"按钮,观察所创建的特征效果。最后在操控面板中单击"完成"按钮,完成如图 1-3-56 所示拉伸特征的创建。

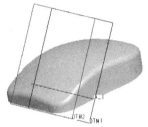
图 1-3-54 基准平面 DTM2

图 1-3-55 截面草图

图 1-3-56 拉伸特征

8. 切孔、倒圆角

(1)单击"孔"按钮 ,系统弹出"孔"特征操控面板并提示"选取曲面、轴或点来放置孔"。

(2)在"孔"特征操控面板中单击"放置"按钮,系统弹出"放置"对话框,单击激活"放置"收集器。

(3)单击选取如图 1-3-57 所示的模型表面和轴线 A-2。此时,"类型"后的文本框显示为"同轴"模式。

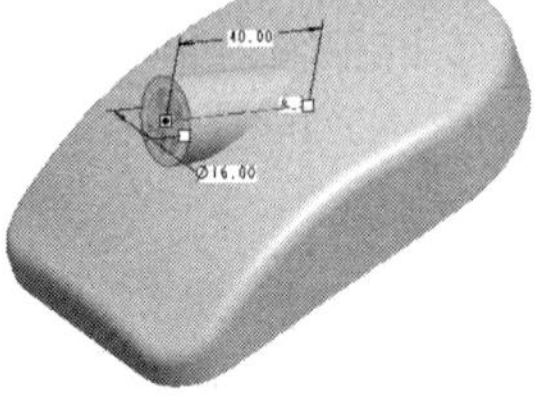

(4)在"孔"特征操控面板中单击"从放置参照以指定的深度钻孔"按钮 并在其后的文本框中输入数值 40,然后在"Φ"后的文本框中输入数值 16,如图 1-3-57 所示。

图 1-3-57 选取放置参照

(5)单击操控面板中的"预览"按钮,观察所创建的孔特征效果。最后单击操控面板上的☑按钮,完成如图 1-3-58 所示孔特征的创建。

(6)单击工具栏上的"倒圆角"按钮 。

(7)在弹出的"倒圆角"操控面板的文本框中输入圆角半径 1.5。再在模型上选取要倒圆角的两条边线,此时的模型如图 1-3-59 所示。

(8)单击操控面板中的"预览"按钮,观察所创建的特征效果。

(9)在操控面板中单击"完成"按钮,完成如图 1-3-60 所示倒圆角特征的创建。

图 1-3-58 孔特征

图 1-3-59 选取倒圆角边线

图 1-3-60 倒圆角特征

9．扫描特征

（1）选择"插入"→"扫描"→"伸出项"命令，系统弹出"伸出项：扫描"对话框和"扫描轨迹"菜单。

（2）在"扫描轨迹"菜单中选择"选取轨迹"命令，系统弹出如图 1-3-61 所示的"链"菜单和"选取"对话框。

（3）按住 Ctrl 键选取如图 1-3-62 所示的模型底部曲线链。

（4）单击"选取"对话框中的"确定"按钮完成如图 1-3-63 所示扫描轨迹的选取。

图 1-3-61　"链"菜单和"选取"对话框　　图 1-3-62　选取曲线链　　图 1-3-63　扫描轨迹

（5）单击"链"菜单中的"完成"命令，然后在弹出的"选取"对话框中单击"确定"按钮，再在弹出的"方向"菜单中选择"确定"命令，系统自动进入扫描截面的草绘环境。

（6）绘制如图 1-3-64 所示的草绘截面后单击 ✓ 按钮退出草绘环境。

（7）在返回的"伸出项：扫描"对话框中单击"确定"按钮，完成如图 1-3-65 所示扫描特征的创建。

10．创建辅助曲线

（1）单击"点"按钮，系统弹出"基准点"对话框。

（2）单击选取如图 1-3-66 所示模型的上表面，然后按照图 1-3-67 所示创建基准点 PNT0。

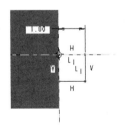

图 1-3-64　草绘截面　　　　图 1-3-65　扫描特征　　　　图 1-3-66　选取模型上表面

（3）在"基准点"对话框中单击"新点"按钮，然后单击模型的上表面创建如图 1-3-68 所示的基准点 PNT1。

（4）重复步骤（3）再次创建基准点 PNT2。完成后的 3 个基准点如图 1-3-69 所示。

（5）单击工具栏中的"曲线"按钮 ～，在弹出的"曲线选项"对话框中选择"经过点"→"完成"命令，系统弹出"曲线：通过点"对话框、"连接类型"菜单和"选取"对话框。

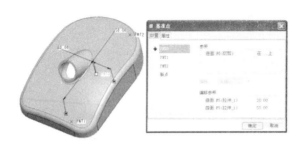 

图 1-3-67 创建点 PNT0　　　　　　　图 1-3-68 创建点 PNT1

（6）在图形区依次选取刚创建的 3 个基准点（PNT0、PNT1、PNT2）。系统自动以选取的第一点为起点，起始处带有箭头标志，并与第二点、第三点连接成一条直线。

（7）选择"连接类型"菜单中的"完成"命令，再单击"曲线：通过点"对话框中的"确定"按钮完成基准曲线的绘制。图 1-3-70 所示为创建的基准曲线。

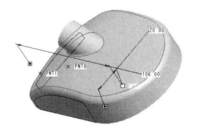 

图 1-3-69 完成的基准点　　　　　　　图 1-3-70 创建的基准曲线

11．创建装饰纹

（1）单击"基准平面"按钮 ，系统打开"基准平面"对话框。

（2）按住 Ctrl 键，单击选取基准平面 RIGHT 和基准点 PNT1。

（3）单击"基准平面"对话框中的"确定"按钮完成如图 1-3-71 所示基准平面 DTM3 的创建。

（4）单击"草绘"按钮 ，系统弹出"草绘"对话框。选取 DTM3 为草绘平面，TOP 平面为参照平面，参照方向为"顶"，单击"草绘"按钮进入草绘环境。

（5）绘制如图 1-3-72 所示的草绘曲线，完成后单击✔按钮退出草绘环境。完成后的曲线如图 1-3-73 所示。

 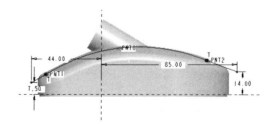

图 1-3-71 创建基准平面 DTM3　　　　　图 1-3-72 草绘曲线

(6) 选择"插入"→"扫描"→"切口"命令,系统弹出"切剪:扫描"对话框和"扫描轨迹"菜单。

(7) 在"扫描轨迹"菜单中选择"选取轨迹"命令,系统弹出"链"菜单和"选取"对话框。

(8) 按住 Ctrl 键选取如图 1-3-73 所示的曲线链。单击"选取"对话框中的"确定"按钮完成扫描轨迹的选取。

图 1-3-73 草绘曲线链

(9) 选择"链"菜单中的"完成"命令,然后在弹出的"选取"对话框中单击"确定"命令,再在弹出的"方向"菜单中单击"确定"命令,系统自动进入扫描截面的草绘环境。

(10) 绘制如图 1-3-74 所示的草绘截面后单击 ✔ 按钮退出草绘环境。

(11) 在返回的"切剪:扫描"对话框中单击"确定"按钮,完成如图 1-3-75 所示扫描特征装饰纹的创建。

(12) 单击选取刚创建的装饰纹特征,然后单击工具栏中的"镜像"按钮,打开"镜像"特征操控面板。

(13) 选取 RIGHT 基准平面作为镜像平面,然后单击操控面板"完成"按钮 ✔ ,完成如图 1-3-76 所示的镜像特征。

图 1-3-74 草绘截面　　　　图 1-3-75 装饰纹　　　　图 1-3-76 镜像装饰纹

12.切剪方槽、倒圆角

(1) 单击工具栏上的"拉伸"按钮 。

(2) 在弹出的"拉伸"操控面板中单击"实体类型"按钮 (默认选项)和"移除材料"按钮 。

(3) 在操控面板中单击"位置"按钮,然后在弹出的界面中单击 定义... 按钮,系统弹出"草绘"对话框。

(4) 选取壳体端部前表面为草绘平面,采用系统中默认的方向为草绘视图方向。选取壳体底部平面为参照平面,方向为"底部"。单击对话框中的"草绘"按钮,进入草绘环境。

(5) 在草绘环境下绘制如图 1-3-77 所示的截面草图。完成后,单击 ✔ 按钮退出。

(6) 在操控面板中单击"从草绘平面以指定的深度值拉伸"按钮 ,再在"长度"文本框中输入深度值 8,然后单击操控面板中的"预览"按钮,观察所创建的特征效果。

(7) 在操控面板中单击"完成"按钮,完成方槽特征的创建。

(8) 单击工具栏上的"倒圆角"按钮 ,在弹出的"倒圆角"操控面板的文本框中输入圆角半径 1.5,再在模型上选取要倒圆角的两条边线,此时的模型如图 1-3-78 所示。

(9) 单击操控面板中的"预览"按钮,观察所创建的特征效果。然后单击"完成"按钮,完成如图 1-3-79 所示方槽特征的创建。

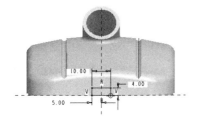 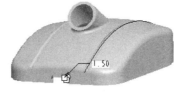 

图 1-3-77　截面草图　　　　图 1-3-78　选取倒圆角边线　　　　图 1-3-79　方槽特征

13．拉伸圆柱

（1）单击工具栏上的"拉伸"按钮，在弹出的"拉伸"操控面板中按下"实体类型"按钮（默认选项）。

（2）直接右击绘图区，在弹出的快捷菜单中选择"定义内部草绘"命令，打开"草绘"对话框。

（3）选取模型底部表面为草绘平面，采用系统中默认的方向为草绘视图方向。选取 RIGHT 基准平面为参照平面，方向为"右"。单击对话框中的"草绘"按钮，进入草绘环境。

（4）在草绘环境下绘制如图 1-3-80 所示的截面草图。完成后，单击按钮退出。

（5）在操控面板中单击"拉伸至选定的点、曲线、平面或曲面"按钮，再单击模型的内部曲面。

（6）单击操控面板中的"预览"按钮，观察所创建的特征效果。最后在操控面板中单击"完成"按钮，完成如图 1-3-81 所示拉伸特征的创建。

14．创建辅助基准

（1）单击"基准平面"按钮，系统弹出"基准平面"对话框。

（2）按住 Ctrl 键选取如图 1-3-82 所示的 A_6 基准轴和 RIGHT 基准平面并选取约束类型为"平行"和"穿过"。

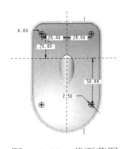  

图 1-3-80　截面草图　　　　图 1-3-81　拉伸特征　　　　图 1-3-82　选取参照

（3）单击"基准平面"对话框中的"确定"按钮完成如图 1-3-83 所示基准平面 DTM4 的创建。

（4）同理，创建如图 1-3-84 所示的基准平面 DTM5。

（5）单击"基准平面"按钮，系统弹出"基准平面"对话框。

（6）选取 TOP 基准平面并选择"偏移"选项，然后在"平移"文本框中输入数值 8。

（7）单击"基准平面"对话框中的"确定"按钮完成如图 1-3-85 所示基准平面 DTM6 的创建。

（8）同理，分别过两圆柱的轴心线且与 FRONT 平面平行创建如图 1-3-86 所示的基准平面 DTM7 和 DTM8。

图 1-3-83　基准平面 DTM4　　　图 1-3-84　基准平面 DTM5　　　图 1-3-85　基准平面 DTM6

（9）单击"点"按钮，系统弹出"基准点"对话框。

（10）选取模型的内表面，然后按照图 1-3-87 所示创建基准点 PNT3。

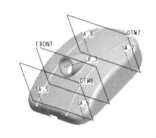 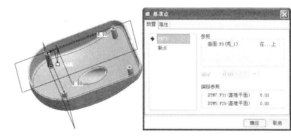

图 1-3-86　基准平面 DTM7、DTM8　　　　图 1-3-87　创建点 PNT3

（11）在"基准点"对话框中单击"新点"按钮，然后单击模型的内表面创建如图 1-3-88 所示的基准点 PNT4。

（12）重复步骤（3）再次创建基准点 PNT5 和 PNT6。完成后的 4 个基准点如图 1-3-89 所示。

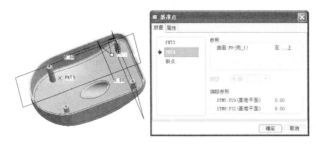 

图 1-3-88　创建点 PNT4　　　　　　　　图 1-3-89　完成的基准点

15．创建轨迹筋和轮廓筋

（1）单击"轮廓筋"按钮，系统将弹出"轮廓筋"操控面板。

（2）在图形区右击，然后在弹出的快捷菜单中选择"草绘"命令从而打开"草绘"对话框。

（3）选择 DTM6 基准平面为草绘平面，RIGHT 基准平面为参照平面，方向为"顶"。进入草绘环境并绘制如图 1-3-90 所示的草绘截面，完成后单击✔按钮退出草绘环境。

（4）在"轮廓筋"操控面板的"厚度"文本框中输入参数值 2。并单击和按钮，接受系统的默认设置。同时，在图形中单击黄色箭头使筋板可见。

（5）在操控面板中单击"完成"按钮，完成如图 1-3-91 所示轨迹筋的创建。

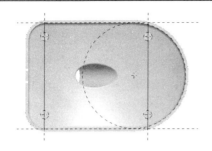
图 1-3-90　草绘截面

图 1-3-91　完成的轨迹筋

（6）单击"轮廓筋"按钮，系统打开"轮廓筋"操控面板。

（7）在图形区右击，然后在弹出的快捷菜单中选择"草绘"命令从而打开"草绘"对话框。

（8）选择 DTM5 基准平面为草绘平面，选取 TOP 基准平面为参照面，方向为"顶"。进入草绘环境并绘制如图 1-3-92 所示的草绘截面，完成后单击 ✔ 按钮退出草绘环境。

（9）在"轮廓筋"操控面板的"厚度"文本框中输入参数值 2。同时，在图形中单击黄色箭头使筋板可见。

（10）在操控面板中单击"完成"按钮，完成如图 1-3-93 所示轮廓筋的创建。

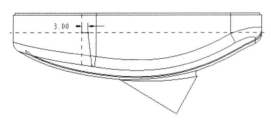
图 1-3-92　草绘截面

图 1-3-93　轮廓筋

（11）重复步骤（6）～（10），完成其余 3 个轮廓筋的创建，完成后的模型如图 1-3-94 所示。

16．镜像特征等

（1）选取刚创建的 4 个轮廓筋特征，然后单击工具栏中的"镜像"按钮，打开"镜像"特征操控面板。

（2）选取 RIGHT 基准平面为镜像平面，然后单击操控面板"完成"按钮 ✔，完成如图 1-3-95 所示的镜像特征。

（3）在模型树中单击"显示"按钮，在弹出的对话框中选择"层树"命令，进入层状态。

（4）在层的操作界面中，右击，在弹出的快捷菜单中选择"新建层"命令，系统弹出"层属性"对话框。接受默认的层名称 LAY001。

（5）确认对话框中的"包括"按钮已被按下，然后将鼠标指针移至图形区的模型上，选取模型上的基准面、基准轴、基准曲线等特征，相应的项目就会添加到该层中。

（6）单击"确定"按钮，关闭"层属性"对话框。

（7）在层操作界面中右击 LAY001，在弹出的快捷菜单中选择"隐藏"命令，此时的基准特征均已被隐藏。图 1-3-96 所示为设置外观颜色后的罩壳模型。

（8）单击工具栏"保存"按钮，系统弹出"保存对象"对话框，采用默认名称并单击

"确定"按钮完成文件的保存。

图 1-3-94　完成的轮廓筋　　　图 1-3-95　镜像特征　　　图 1-3-96　罩壳模型

拓展任务

在 Pro/E 5.0 零件模块中完成如图 1-3-97 所示杯子模型的创建。

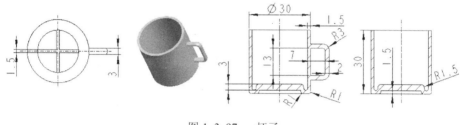

图 1-3-97　杯子

任务 1.4　外壳模型的建模

学习目标

1. 掌握"混合"特征的创建方法；
2. 掌握"拔模"特征的创建方法；
3. 掌握"阵列"特征的创建方法；
4. 掌握"成组"特征的创建方法；
5. 掌握特征的编辑与重定义方法。

工作任务

在 Pro/E 5.0 零件模块中完成如图 1-4-1 所示外壳模型的创建。

图 1-4-1　外壳模型

任务分析

该模型由上下两部分组成。上部为不规则形状，其上分布有 6 个小孔和一个大孔。下部为方形底座，其上分布有 4 个沉头孔和 8 个小孔（底部）。创建中需要综合运用混合、拔模、倒圆角、抽壳、拉伸和镜像等成型方法。表 1-4-1 所示为该模型的创建思路。

表 1-4-1 外壳模型的创建思路

任　　务	1. 混合基本体	2. 拔模、倒圆角	3. 抽壳
应用功能	混合	拔模、倒圆角	壳
完成结果			
任　　务	4. 拉伸圆孔和底座	5. 切剪沉头孔	6. 创建端部小孔
应用功能	拉伸、倒圆角	孔、镜像	拉伸、镜像
完成结果			
任　　务	7. 切剪底部大孔	8. 阵列底部小孔	
应用功能	拉伸、拔模、镜像	孔、阵列、倒圆角	
完成结果			

知识准备

（一）混合特征

混合特征是以两个或两个以上的剖截面为外形参照，按照指定的混合方式形成的连接各剖截面的实体、曲面或薄壁等特征。该工具可以创建由多个形态各异的草图剖截面所定义的特征。

1. 混合特征分类

当执行"插入"命令，并将鼠标移动到"混合"子菜单上时，系统将弹出如图 1-4-2 所示的"混合"子菜单。由此子菜单可以看出，运用"混合"命令可以完成伸出项、薄板、切口、薄板切口以及曲面等多种特征的创建。如果在"混合"子菜单中选择"伸出项"命令，系统将打开如图 1-4-3 所示的"混合选项"菜单。在"混合选项"菜单中，执行不同的命令可分别创建平行、旋转和一般等 3 种类型的混合特征。3 种混合特征的创建方法基本相同。

图 1-4-2 "混合"子菜单

2. 混合特征的创建过程

下面以图 1-4-4 所示平行混合特征为例，介绍创建混合特征的一般过程。

图 1-4-3 "混合选项"菜单

（1）将工作目录设置至 D:\Proe5.0\work\original\ch1\ch1.4。新建零件模型 hun_he.prt。

（2）选择下拉菜单"插入"→"混合"→"伸出项"命令，系统将弹出如图 1-4-3 所示的"混合选项"菜单。

（3）在"混合选项"菜单中依次选择"平行"→"规则截面"→"草绘截面"→"完成"命令，系统将弹出如图 1-4-5 所示的"伸出项：混合，平行，规则截面"对话框和"属性"菜单。

图 1-4-4　平行混合特征　　图 1-4-5　"伸出项：混合，平行，规则截面"对话框和"属性"菜单

（4）在"属性"菜单中选择"直"→"完成"命令，系统弹出"设置草绘平面"菜单。
（5）依据系统提示，选择 TOP 基准平面为草绘平面，其他取缺省值进入草绘环境。
（6）绘制并标注草绘截面1，如图 1-4-6 所示。
（7）在绘图区右击，在弹出的快捷菜单中选择"切换剖面"命令，然后绘制并标注草绘截面2，如图 1-4-7 所示。
（8）再在绘图区右击，在弹出的快捷菜单中选择"切换剖面"命令，然后绘制并标注草绘截面 3。为保证 3 个截面的分段数一样，在图形中绘制了两根中心线并将圆弧分割为 4 段，如图 1-4-8 所示。

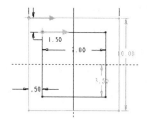
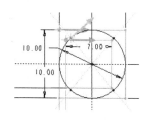

图 1-4-6　草绘截面1　　　　图 1-4-7　草绘截面2　　　　图 1-4-8　草绘截面3

（9）完成 3 个截面绘制后，单击"草绘"工具栏中的"完成"按钮，退出草绘环境。
（10）在系统"输入截面 2 的深度"的提示下，输入第二截面到第一截面的距离为 10，并单击按钮☑或按回车键。
（11）同理，在系统"输入截面 3 的深度"的提示下，输入第三截面到第二截面的距离为 10，并单击按钮☑或按回车键。
（12）单击"伸出项：混合，平行，规则截面"对话框中的"预览"按钮，预览所创建的混合特征。
（13）单击"伸出项：混合，平行，规则截面"对话框中的"确定"按钮，完成如图 1-4-4 所示混合特征的创建。最后，保存完成的文件。

（二）拔模特征

采用模具生产零件时，零件需要有适当的拔模斜面才能顺利脱模，因此在进行注塑件或铸件等产品设计时需要添加拔模特征。

1．"拔模"操控面板介绍

单击工具栏中的"拔模"按钮或选择"插入"→"斜度"命令，系统将显示如图 1-4-9

所示的"拔模"特征操控面板。该操控面板中的主要选项含义说明如下。

图 1-4-9 "拔模"特征操控面板

（1）参照。在"拔模"操控面板中单击"参照"按钮，系统将弹出如图 1-4-10 所示的"参照"对话框。在该对话框中可以分别激活拔模曲面、拔模枢轴和拖动方向等收集器，然后定义相应的参照对象。

（2）分割。在"拔模"操控面板中单击"分割"按钮，系统将弹出如图 1-4-11 所示的"分割"对话框。在该对话框中可以对拔模曲面进行分割，并设定拔模面上的分割区域，以及各区域是否进行拔模，主要选项介绍如下。

① 分割选项。在"分割选项"下拉列表中包括 3 个选项。

不分割：拔模面将绕拔模枢轴按指定的拔模角度拔模，没有分割效果。

根据拔模枢轴分割：将以指定的拔模枢轴为分割参照，创建分割拔模特征。

根据分割对象分割：将通过拔模曲面上的曲线或者草绘截面，创建分割拔模特征。

② 分割对象。当选择"根据分割对象分割"时，可以激活此收集器。此时，可以选取模型上现有的草绘、平面或面组作为拔模曲面的分割区域；单击"定义"按钮，可以在草绘平面上绘制封闭轮廓，作为拔模曲面的分割区域。

③ 侧选项。此选项组主要用于设置拔模区域，在下拉列表中包含 3 种方式。

独立拔模侧面：分别针对分割后的拔模曲面区域设定不同的拔模角度。

从属拔模侧面：按照同一角度，从相反的方向执行拔模操作。这种方式广泛应用于具有对称面的模具设计。

只拔模第一侧面/只拔模第二侧面：选择此项，则仅针对拔模曲面的某个分割区域进行拔模，而另一个区域则保持不变。

（3）角度。在"拔模"操控面板中单击"角度"按钮，系统将弹出如图 1-4-12 所示的"角度"对话框。在该对话框中可设置拔模方向与生成的拔模曲面之间的夹角，取值范围为 -30°～30°。如果拔模曲面被分割，则可以为拔模曲面的每一侧定义一个独立的角度。此外，也可以在拔模曲面的不同位置设定不同的拔模角度。

图 1-4-10 "参照"对话框　　图 1-4-11 "分割"对话框　　图 1-4-12 "角度"对话框

（4）选项和属性。在"拔模"操控面板中单击"选项"按钮，系统将弹出如图 1-4-13 所示的"选项"对话框。在该对话框中可以定义与指定拔模曲面相切或相交的拔模效果。而打开"属性"对话框，可以查看拔模特征的分割方式、拔模曲面以及角度等参数信息，并能够对该拔模特征进行重命名。

2．一般拔模特征的创建过程

（1）将工作目录设置至 D:\Proe5.0\work\original\ch1\ch1.4，打开如图 1-4-14 所示的零件 ba_mo.prt。

（2）单击工具栏中的"拔模"按钮 或选择"插入"→"斜度"命令，系统将弹出"拔模"特征操控面板。

（3）在"拔模"操控面板中单击"参照"按钮，系统将弹出"参照"对话框。在该对话框中单击激活"拔模曲面"收集器，然后按住 Ctrl 键选取如图 1-4-15 所示的曲面作为拔模曲面。

  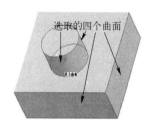

图 1-4-13 "选项"对话框　　图 1-4-14 零件 ba_mo.prt　　图 1-4-15 选取拔模曲面

（4）再单击"拔模枢轴"收集器，将其激活，然后选取如图 1-4-16 所示的曲面作为拔模枢轴曲面，并在操控面板中的角度文本框中输入 10。

（5）此时，系统将缺省选择拔模枢轴曲面为拔模方向参照平面（拖拉方向）。本例接受系统缺省设置。

（6）单击操控面板中的两个 按钮，调整拔模方向。

（7）单击操控面板中的按钮 ，完成如图 1-4-17 所示拔模特征的创建。

（8）执行命令"文件"→"保存副本"，系统弹出"保存副本"对话框。在"新名称"文本框中输入 ba_mo_yi.prt，然后单击对话框中的"确定"按钮完成文件的保存。

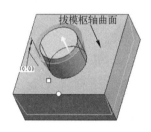 

图 1-4-16 选取拔模枢轴曲面　　图 1-4-17 完成的一般拔模特征

（三）阵列特征

在特征建模中，有时候需要在模型上创建多个相同结构的特征，而这些特征在模型特定位置上规则整齐地排列，这时可以采用特征阵列的方法。特征的阵列命令用于创建一个特征的多个副本，阵列的副本称为实例。

在零件模型中选中要阵列的一个特征，在"编辑"菜单中选取"阵列"选项或在右侧工具栏中单击 按钮，弹出如图 1-4-18 所示的"阵列"特征操控面板。

图 1-4-18 "阵列"特征操控面板

阵列方法形式多样,根据设计参照以及操作过程的不同,Pro/E 5.0 提供了尺寸、方向、轴、填充、表、参照和曲线等 7 种阵列类型,其意义如下。

① 尺寸:选择原始特征参考尺寸当作特征阵列驱动尺寸,制定阵列尺寸增量来创建阵列特征,根据需要创建一维阵列和二维阵列。

② 方向:通过选取平面、直边、坐标系或轴作为指定方向参照来创建线性阵列。

③ 轴:通过选取基准轴来定义阵列中心,创建旋转阵列或螺旋阵列。

④ 填充:将实例特征添加到草绘区域来创建特征阵列。

⑤ 表:通过使用阵列表,在阵列表中为每一阵列实例指定尺寸值来创建阵列。

⑥ 参照:通过参考已有的阵列特征创建一个阵列。

⑦ 曲线:通过指定阵列的数量及间距来沿着草绘曲线创建阵列。

1. 尺寸阵列

尺寸阵列是最常用的特征阵列方法,这种阵列方法主要选取特征上的尺寸作为阵列设计的基本参数。在创建尺寸特征之间,需要创建基础实体特征以及原始特征。根据选择尺寸的类型可分为线性阵列和角度阵列。而线性阵列又可分为单方向阵列、斜一字形阵列和双方向阵列。

(1) 单方向阵列。

① 将工作目录设置至 D:\Proe5.0\work\original\ch1\ch1.4,打开如图 1-4-19 所示模型文件 pattern.prt。

② 单击左侧的小长方体特征,再单击"阵列特征"按钮,系统弹出"阵列特征"操控面板,并显示小长方体特征的所有相关尺寸,如图 1-4-20 所示。

③ 单击操控面板中的"尺寸"菜单,再单击"选取项目",在"方向 1"列表框中选择尺寸 15,更改"增量"为 40,如图 1-4-21 所示。

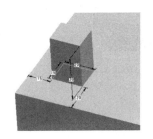

图 1-4-19 pattern 模型　　　图 1-4-20 显示相关尺寸　　　图 1-4-21 单方向尺寸设置

④ 在操控面板"1"后的文本框中输入阵列数目 4,单击按钮,得到如图 1-4-22 所示的单方向阵列特征。

⑤ 执行命令"文件"→"保存副本",系统弹出"保存副本"对话框。在"新名称"文

本框中输入 pattern_dan_xiang.prt，然后单击对话框中的"确定"按钮完成文件的保存。

（2）斜一字形阵列。如果在阵列时，选择两个线性尺寸为同一方向参照，即可创建斜一字形阵列特征。

① 将工作目录设置至 D:\Proe5.0\work\original\ch1\ch1.4，打开模型文件 pattern.prt。

② 单击左侧的小长方体特征，再单击"阵列特征"按钮，系统弹出"阵列特征"操控面板，并显示小长方体特征的所有相关尺寸。

③ 单击操控面板中的"尺寸"菜单，再单击"选取项目"，在"方向 1"列表框中选择尺寸 15，更改"增量"为 40。然后，按住 Ctrl 键，再选择尺寸 20，更改"增量"为 30。得到得到图 1-4-23 所示的尺寸设置。

④ 在操控面板"1"后的文本框中输入阵列数目 4。单击 按钮，得到图 1-4-24 所示的双方向阵列特征。

图 1-4-22　单方向阵列特征　　图 1-4-23　斜一字形尺寸设置　　图 1-4-24　斜一字形双方向阵列特征

⑤ 执行命令"文件"→"保存副本"，系统弹出"保存副本"对话框。在"新名称"文本框中输入 pattern_xie_xiang.prt，然后单击对话框中的"确定"按钮完成文件的保存。

（3）双方向阵列。如果在阵列时，分别选择两个线性尺寸为方向参照，即可创建双方向的阵列特征。

① 将工作目录设置至 D:\Proe5.0\work\original\ch1\ch1.4，打开模型文件 pattern.prt。

② 单击左侧的小长方体特征，再单击"阵列特征"按钮，系统弹出"阵列特征"操控面板，并显示小长方体特征的所有相关尺寸。

③ 单击操控面板中的"尺寸"菜单，再单击"选取项目"，在"方向 1"列表框中选择尺寸 15，更改"增量"为 40。在操控面板"1"后的文本框中输入阵列数目 4。

④ 在"方向 2"列表框中选择尺寸 20，更改"增量"为 30，得到图 1-4-25 所示的尺寸设置。在操控面板"2"后的文本框中输入阵列数目 3，单击 按钮，得到图 1-4-26 所示的双方向阵列特征。

⑤ 执行命令"文件"→"保存副本"，系统弹出"保存副本"对话框。在"新名称"文本框中输入 pattern_shuang_xiang.prt，然后单击对话框中的"确定"按钮完成文件的保存。

注：可以同时选取多个尺寸作为某一方向的阵列参照，如果所选的尺寸为定形尺寸，则还可以实现尺寸变化的阵列。

（4）角度阵列。在尺寸阵列时，如果选择的尺寸参照是一个角度尺寸，则可以实现圆周阵列。

① 将工作目录设置至 D:\Proe5.0\work\original\ch1\ch1.4，打开模型文件 pattern_jiaodu.prt。

② 单击小圆柱孔特征，再单击"阵列特征"按钮，系统弹出"阵列特征"操控面板，并显示小圆柱孔特征的所有相关尺寸。

③ 单击操控面板中的"尺寸"菜单，再单击"选取项目"，在"方向 1"列表框中选择角度尺寸 30，更改"增量"为 60，得到图 1-4-27 所示的尺寸设置。

图 1-4-25　双方向尺寸设置　　　图 1-4-26　双方向阵列结果　　　图 1-4-27　角度阵列尺寸设置

④ 在操控面板"1"后的文本框中输入阵列数目 6。单击✓按钮，得到图 1-4-28 所示的角度阵列特征。

⑤ 执行命令"文件"→"保存副本"，系统弹出"保存副本"对话框。在"新名称"文本框中输入 pattern_jiaodu1.prt，然后单击对话框中的"确定"按钮完成文件的保存。

任务实施

本实例完成文件：G:\Proe5.0\work\result\ch1\ch1.4\wai_ke.prt。

图 1-4-28　角度阵列结果

本实例视频文件：G:\Proe5.0\video\ch1\1_4.exe。

1．设置工作目录、新建文件

（1）将工作目录设置至 D:\Proe5.0\work\original\ch1\ch1.4。

（2）单击工具栏中的"新建"按钮，在弹出的"新建"对话框中选中"类型"选项组中的 ● □ 零件，选中"子类型"选项组中的 ● 实体 单选项。单击"使用缺省模板"复选框取消使用默认模板，在"名称"栏输入文件名 wai_ke。单击"确定"按钮，打开"新文件选项"对话框。选择"mmns_part_solid"模板，单击"确定"按钮，进入零件的创建环境。

2．混合基本体

（1）选择下拉菜单"插入"→"混合"→"伸出项"命令，系统弹出"混合选项"菜单。

（2）在"混合选项"菜单中依次选择"平行"→"规则截面"→"草绘截面"→"完成"命令，此时系统弹出"伸出项：混合，平行，规则截面"对话框和"属性"菜单。

（3）在"属性"菜单中选择"直"→"完成"命令，系统弹出"设置草绘平面"菜单。

（4）依据系统提示，选择 FRONT 基准平面为草绘平面，采用系统中默认的方向为草绘视图方向。选取 RIGHT 基准平面为参照平面，方向为"右"。单击对话框中的"草绘"按钮，进入草绘环境。

（5）绘制并标注草绘截面1，如图1-4-29所示。

（6）在绘图区右击，在弹出的快捷菜单中选择"切换剖面"命令，然后绘制并标注草绘截面2，如图1-4-30所示。

（7）完成两个截面绘制后，单击"草绘"工具栏中的"完成"按钮，退出草绘环境。

（8）在系统"输入截面2的深度"的提示下，输入第二截面到第一截面的距离为55，并单击按钮☑或按回车键。

（9）单击"伸出项：混合，平行，规则截面"对话框中的"预览"按钮，预览所创建的混合特征。

（10）最后，单击"伸出项：混合，平行，规则截面"对话框中的"确定"按钮，完成如图1-4-31所示混合特征的创建。

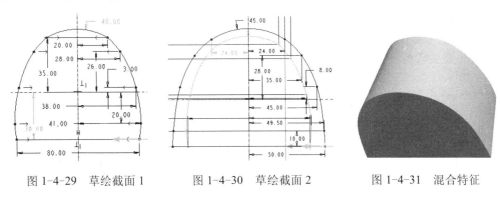

图1-4-29　草绘截面1　　　　图1-4-30　草绘截面2　　　　图1-4-31　混合特征

3．拔模

（1）单击工具栏中的"拔模"按钮，系统弹出"拔模"特征操控面板。

（2）在"拔模"操控面板中单击"参照"按钮，系统将弹出"参照"对话框。在该对话框中单击"拔模曲面"收集器将其激活，然后如图1-4-32所示选取模型后端平面作为拔模曲面。

（3）再单击"拔模枢轴"收集器，将其激活，然后选取如图1-4-32所示模型的底平面作为拔模枢轴曲面，并在操控面板中的"角度"文本框中输入10。

（4）此时，系统将默认选择拔模枢轴曲面为拔模方向参照平面（拖拉方向），接受系统默认设置。

（5）单击操控面板中的两个%按钮，调整拔模方向。

（6）单击操控面板中的按钮☑，完成如图1-4-33所示拔模特征的创建。

4．倒圆角

（1）单击工具栏上的"倒圆角"按钮（或选择命令"插入"→"倒圆角"）。

（2）在弹出的"倒圆角"操控面板的文本框中输入圆角半径20。再在图1-4-33中的模型上选取要倒圆角的圆周线，此时模型的显示状态如图1-4-34所示。

（3）在操控面板中单击"集"按钮，然后在弹出的界面中选择"新建集"命令，系统自动增加"集2"选项并激活。在操控面板的文本框中输入新的圆角半径5。再在模型上选取要倒圆角的另一边线（按住Ctrl键），此时模型的显示状态如图1-4-35所示。

（4）单击操控面板中的"预览"按钮，观察所创建的特征效果。

（5）在操控面板中单击"完成"按钮，完成图1-4-36所示倒圆角特征的创建。

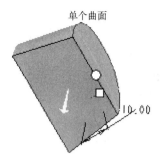  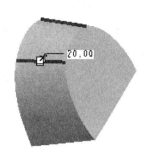

图 1-4-32　设置拔模参数　　图 1-4-33　完成的拔模特征　　图 1-4-34　选取倒圆角边线

5．抽壳

（1）单击工具栏上的"抽壳"按钮 ，（或选择命令"插入"→"壳"）。

（2）系统弹出"壳"特征操控面板并在信息区提示"选取要从零件删除的曲面"。选取图 1-4-37 中要去除的模型表面。

图 1-4-35　选取另一条倒圆角边线　　图 1-4-36　倒圆角特征　　图 1-4-37　选取要去除的曲面

（3）在操控面板的"厚度"文本框中输入抽壳的壁厚值 5。

（4）单击操控面板中的"预览"按钮，观察所创建的特征效果。

（5）在操控面板中单击"完成"按钮，完成如图 1-4-38 所示抽壳特征的创建。

6．拉伸切剪圆孔

（1）单击工具栏上的"拉伸"按钮 ，在弹出的"拉伸"操控面板中单击"实体类型"按钮 （默认选项）和"移除材料"按钮 。

（2）在操控面板中单击"位置"按钮，然后在弹出的界面中单击 定义... 按钮，系统弹出"草绘"对话框。

（3）选取模型的前端平面为草绘平面，采用模型中默认的方向为草绘视图方向。选取 RIGHT 基准平面为参照平面，方向为"右"。单击对话框中的"草绘"按钮。

（4）在草绘环境下绘制如图 1-4-39 所示的截面草图。完成后，单击 按钮退出。

（5）在操控面板中单击"穿透"按钮 ，再单击操控面板中的"预览"按钮，观察所创建的特征效果。

（6）最后，在操控面板中单击"完成"按钮，完成如图 1-4-40 所示拉伸切剪特征的创建。

7．拉伸底座

（1）单击工具栏上的"拉伸"按钮 。

（2）在弹出的"拉伸"操控面板中单击"实体类型"按钮 （默认选项）。

（3）在操控面板中单击"位置"按钮，然后在弹出的界面中单击 定义... 按钮，系统弹出"草绘"对话框。

 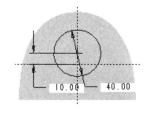 

图 1-4-38　抽壳特征　　　　图 1-4-39　截面草图　　　　图 1-4-40　拉伸切剪特征

（4）选取模型的底部平面为草绘平面，采用系统中默认的方向为草绘视图方向。选取 RIGHT 基准平面为参照平面，方向为"右"。单击对话框中的"草绘"按钮，进入草绘环境。

（5）在草绘环境下绘制如图 1-4-41 所示的截面草图。完成后，单击✓按钮退出。

（6）在操控面板中单击"盲孔"按钮⊔，再在"长度"文本框中输入深度值 12。

（7）单击操控面板中的"预览"按钮，观察所创建的特征效果。

（8）在操控面板中单击"完成"按钮，完成拉伸特征的创建。图 1-4-42 所示为完成的拉伸特征。

8．倒圆角

（1）单击工具栏上的"倒圆角"按钮（或选择命令"插入"→"倒圆角"）。

（2）在弹出的"倒圆角"操控面板的文本框中输入圆角半径 15。再在图 1-4-42 中的模型上选取要倒圆角的 4 条边线，此时模型的显示状态如图 1-4-43 所示。

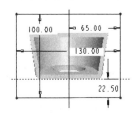  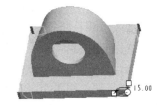

图 1-4-41　截面草图　　　　图 1-4-42　拉伸特征　　　　图 1-4-43　选取倒圆角边线

（3）单击操控面板中的"预览"按钮，观察所创建的特征效果。

（4）在操控面板中单击"完成"按钮，完成如图 1-4-44 所示倒圆角特征的创建。

9．创建沉头孔

（1）单击"基准轴"按钮，系统弹出"基准轴"对话框。

（2）选取刚创建的模型右下角的圆角特征，再单击该对话框中的"确定"按钮完成如图 1-4-45 所示 A_4 基准轴的创建。

（3）单击"孔"按钮，系统弹出"孔"特征操控面板并提示"选取曲面、轴或点来放置孔"。

（4）在"孔"特征操控面板中单击"放置"按钮，系统弹出"放置"对话框，单击激活"放置"收集器。

（5）单击选取如图 1-4-45 所示模型底座的上表面和轴线 A_4（按住 Ctrl 键）。此时，"类型"后的文本框显示为"同轴"模式。

（6）在"孔"特征操控面板中单击"创建简单孔"按钮⊔，在操控面板"Φ"后的文本框中输入数值 8，然后单击"穿透"按钮。

（7）单击操控面板中的"预览"按钮，观察所创建孔特征的效果。最后单击操控面板上的"完成"按钮☑,完成如图 1-4-46 所示孔特征的创建。

 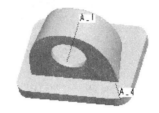 

图 1-4-44　倒圆角特征　　　图 1-4-45　创建基准轴 A_4　　　图 1-4-46　完成的孔特征

(8) 再次单击"孔"按钮,系统弹出"孔"特征操控面板并提示"选取曲面、轴或点来放置孔"。

(9) 在"孔"特征操控面板中单击"放置"按钮,系统弹出"放置"对话框,单击激活"放置"收集器。

(10) 单击选取刚创建的孔特征的上表面和轴线 A_4(按住 Ctrl 键)。此时,"类型"后的文本框显示为"同轴"模式。

(11) 在"孔"特征操控面板中单击"创建简单孔"按钮 U,在操控面板"Φ"后的文本框中输入数值 12,然后单击"定值"按钮 并在其后的文本框中输入数值 3。

(12) 单击操控面板中的"预览"按钮,观察所创建孔特征的效果。最后单击操控面板上的"完成"按钮☑,完成如图 1-4-47 所示沉头孔特征的创建。

10. 镜像沉头孔特征

(1) 按住 Ctrl 键,在模型树中选取刚创建的两个孔特征。

(2) 右击,在弹出的快捷菜单中选择"组"命令,此时所选取的两个孔特征合并为如图 1-4-48 所示的"组 LOCAL_GROUP"。

(3) 在模型树中选择刚创建的成组特征"组 LOCAL_GROUP",然后在工具栏中单击"镜像"按钮。系统弹出"镜像"操控面板并在信息区提示"选取要镜像的平面或目的基准平面"。

(4) 选择 RIGHT 基准平面,然后单击☑按钮,得到如图 1-4-49 所示的镜像特征。

图 1-4-47　完成的沉头孔特征　　　图 1-4-48　特征成组　　　图 1-4-49　镜像特征

(5) 为便于后面的镜像操作,在此先创建辅助平面 DTM1。单击"点"按钮,系统弹出"基准点"对话框。

(6) 选取如图 1-4-49 所示模型底座上表面的右侧边线,然后在"基准点"对话框中的"偏移"选项文本框中输入数值 0.5,再单击"确定"按钮完成如图 1-4-50 所示基准点

PNT0（边线中点）的创建。

（7）单击工具栏上的"平面"按钮，系统弹出"基准平面"对话框。选取基准点 PNT0，按住 Ctrl 键再选取基准平面 FRONT，单击"确定"按钮完成如图 1-4-51 所示辅助平面 DTM1 的创建。

（8）在模型树中选择刚创建的两组沉头孔特征，然后在工具栏中单击"镜像"按钮。系统弹出"镜像"操控面板并在信息区提示"选取要镜像的平面或目的基准平面"。

（9）选择 RIGHT 基准平面，然后单击按钮，得到如图 1-4-52 所示的镜像特征。

 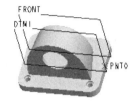 

图 1-4-50　基准点 PNT0　　　图 1-4-51　辅助平面 DTM1　　　图 1-4-52　完成的沉头孔特征

11．拉伸切剪小孔

（1）单击工具栏上的"拉伸"按钮。

（2）在弹出的"拉伸"操控面板中单击"实体类型"按钮（默认选项）和"移除材料"按钮。

（3）在操控面板中单击"位置"按钮，然后在弹出的界面中单击 定义... 按钮，系统弹出"草绘"对话框。

（4）选取模型的前端平面为草绘平面，采用模型中默认的方向为草绘视图方向。选取 RIGHT 基准平面为参照平面，方向为"右"。单击对话框中的"草绘"按钮。

（5）在草绘环境下绘制如图 1-4-53 所示的截面草图。完成后，单击按钮退出。

（6）在操控面板中单击"盲孔"按钮并在其后的文本框中输入数值 10。再单击操控面板中的"预览"按钮，观察所创建的特征效果。

（7）最后，在操控面板中单击"完成"按钮，完成如图 1-4-54 所示拉伸切剪特征的创建。

12．镜像小孔

（1）在模型树中选取刚创建的小孔特征，然后在工具栏中单击"镜像"按钮。系统弹出"镜像"操控面板并在信息区提示"选取要镜像的平面或目的基准平面"。

（2）选择 RIGHT 基准平面，然后单击按钮，得到如图 1-4-55 所示的镜像特征。

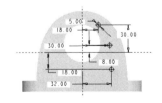  

图 1-4-53　截面草图　　　图 1-4-54　拉伸切剪特征　　　图 1-4-55　完成的小孔特征

13．拉伸切剪底部大孔

（1）单击工具栏上的"拉伸"按钮。

（2）在弹出的"拉伸"操控面板中单击"实体类型"按钮（默认选项）和"移除材

料"按钮 。

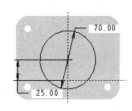

图1-4-56 截面草图

（3）在操控面板中单击"位置"按钮，然后在弹出的界面中单击 定义 按钮，系统弹出"草绘"对话框。

（4）选取模型的底部平面为草绘平面，采用模型中默认的方向为草绘视图方向。选取 RIGHT 基准平面为参照平面，方向为"右"。单击对话框中的"草绘"按钮。

（5）在草绘环境下绘制如图 1-4-56 所示的截面草图。完成后，单击 按钮退出。

（6）在操控面板中单击"盲孔"按钮 并在其后的文本框中输入数值 5。再单击操控面板中的"预览"按钮，观察所创建的特征效果。

（7）最后，在操控面板中单击"完成"按钮，完成如图 1-4-57 所示孔特征的创建。

（8）重复步骤（1）～（4）进入草绘环境，然后绘制如图 1-4-58 所示的截面草图。完成后，单击 按钮退出。

（9）在操控面板中单击"盲孔"按钮 并在其后的文本框中输入数值 10。再单击操控面板中的"预览"按钮，观察所创建的特征效果。

（10）最后，在操控面板中单击"完成"按钮，完成如图 1-4-59 所示孔特征的创建。

图1-4-57 孔特征

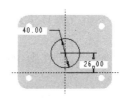
图1-4-58 截面草图

图1-4-59 完成的孔特征

14．阵列底部小孔

（1）单击"孔"按钮，系统弹出"孔"特征操控面板。

（2）在"孔"特征操控面板中单击"放置"按钮，系统弹出"放置"对话框。在对话框中单击激活"放置"收集器，然后选取如图 1-4-59 所示模型的底部环形表面为放置平面。

（3）选取"径向"放置类型，然后在对话框中单击激活"偏移参照"收集器，再选取 A_3 轴线和 RIGHT 基准平面为放置参照并按图 1-4-60 所示参数进行设置。

（4）在操控面板"Φ"后的文本框中输入数值 5，然后单击"定值"按钮 并在其后的文本框中输入数值6。此时的模型如图 1-4-61 所示。

（5）单击操控面板中的"预览"按钮，观察所创建的孔特征效果。最后单击操控面板上的"完成"按钮 ，完成如图 1-4-62 所示底孔特征的创建。

（6）单击图 1-4-62 中刚创建的小孔特征，再在工具栏中单击"阵列特征"按钮 ，系统弹出"阵列特征"操控面板并显示该特征的所有相关尺寸。

（7）把阵列的方式由默认的"尺寸"更改为"轴"，此时在绘图区的原始特征自动隐藏。单击"轴显示"按钮 ，确保基准轴线在绘图区显示。选择轴 A_3 为参照，设定阵列数目为 8，角度为 45。此时的模型如图 1-4-63 所示。

（8）单击 按钮，得到如图 1-4-64 所示的阵列特征。

 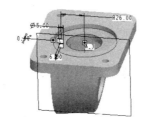 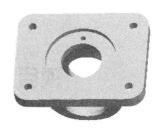

图 1-4-60 "放置"对话框　　图 1-4-61 选取并设置放置参照　　图 1-4-62 底部孔特征

图 1-4-63 设置阵列参数　　　　　　图 1-4-64 阵列特征

15．倒圆角

（1）单击工具栏上的"倒圆角"按钮（或选择命令"插入"→"倒圆角"）。

（2）在弹出的"倒圆角"操控面板的文本框中输入圆角半径 5。再在图 1-4-64 中的模型上选取要倒圆角的圆周线，此时模型的显示状态如图 1-4-65 所示。

（3）在操控面板中单击"集"按钮，然后在弹出的界面中选择"新建集"命令，系统自动增加"集 2"选项并激活。在操控面板的文本框中输入新的圆角半径 2。再在模型上选取要倒圆角的其他边线（按住 Ctrl 键），此时模型的显示状态如图 1-4-66 所示。

（4）单击操控面板中的"预览"按钮，观察所创建的特征效果。

（5）在操控面板中单击"完成"按钮，完成图 1-4-67 所示倒圆角特征的创建。

图 1-4-65 选取倒圆角边线　图 1-4-66 选取另一条倒圆角边线　图 1-4-67 倒圆角特征

拓展任务

在 Pro/E 5.0 零件模块中完成如图 1-4-68 所示清香剂盖模型的创建（详细数据参见光盘内的模型）。

图 1-4-68 清香剂盖

项目 2 复杂零件的三维建模

学习目标

1. 掌握拉伸、旋转、扫描、混合等创建曲面的方法；
2. 掌握曲面的复制、镜像、合并、偏移、修剪和延伸等编辑方法；
3. 掌握"填充"曲面的创建方法；
4. 掌握"边界混合"曲面的创建方法；
5. 掌握"扫描混合"特征的创建方法；
6. 掌握"螺旋扫描"特征的创建方法；
7. 掌握"可变截面扫描"特征的创建方法；
8. 掌握曲线的相交、复制、投影、延伸和偏移等编辑方法；
9. 掌握曲面实体化的操作方法；
10. 掌握曲面加厚的操作方法。

工作任务

在 Pro/E 5.0 零件模块中，完成复杂零件的三维建模。

任务 2.1 组合体模型的建模

学习目标

1. 掌握"拉伸"曲面的创建方法；
2. 掌握"旋转"曲面的创建方法；
3. 掌握"扫描"曲面的创建方法；
4. 掌握"混合"曲面的创建方法；
5. 掌握"复制"、"偏移"和"合并"等曲面编辑的方法；
6. 掌握曲面"实体化"的操作方法；
7. 掌握曲面"加厚"的方法。

工作任务

在 Pro/E 5.0 零件模块中完成如图 2-1-1 所示组合体模型的创建。

图 2-1-1 组合体

任务分析

该组合体模型由多个曲面组合而成。下部为长方体曲面，上部的外表面则由长方体顶部曲面偏移而成。外表面上分布有把手、半球形凹坑、椭圆形凸台等规则曲面和外凸文字"Pro/E"。该模型的创建需要综合运用拉伸、旋转、扫描、混合、倒圆角、复制、偏移、合并和草绘等曲面创建和编辑方法。表 2-1-1 所示为该模型的创建思路。

表 2-1-1 组合体模型的创建思路

任务	1. 拉伸基本体	2. 创建顶部曲面	3. 创建混合特征
应用功能	拉伸、倒圆角	复制、偏移、拉伸、合并	混合、合并、倒圆角
完成结果			
任务	4. 创建旋转特征	5. 创建扫描特征	6. 创建表面文字
应用功能	旋转、合并	扫描、合并	草绘、偏移
完成结果			

知识准备

曲面特征是一种没有质量和厚度等物理属性的几何特征。基本曲面的创建方法有拉伸、旋转、扫描、混合等。复杂的流线型曲面创建中，需要用到建立基准点、创建轮廓曲线、边界混合及曲面编辑等功能。

通常将一个曲面或几个曲面的组合称为面组。基本曲面特征是指使用拉伸、旋转、扫描和混合等常用的三维建模方法创建的曲面特征。

曲面建模的基本步骤如下：①创建数个曲面特征；②对曲面进行编辑，最终生成一个整体的面组；③对曲面进行实体化操作；④进一步编辑实体特征。

（一）基本曲面特征的创建

1. 拉伸曲面

创建拉伸曲面特征的基本步骤如下：

（1）将工作目录设置至 D:\Proe5.0\work\original\ch2\ch2.1，新建文件 quilt_lashen.prt。

（2）在主工具栏中选择拉伸工具，打开"拉伸"特征操控面板，然后单击选取"曲面设计工具"按钮，如图 2-1-2 所示。

图 2-1-2 "拉伸"特征操控面板

（3）定义草绘截面放置属性。右击，从弹出的菜单中选择"定义内部草绘"命令，指定 TOP 基准平面为草绘面，采用模型中默认的黄色箭头的方向为草绘视图方向，指定 RIGHT 基准平面为参照面，方向为右。

（4）绘制截面图。进入草绘环境后，首先接受默认参照，然后绘制图 2-1-3 所示的封闭的截面草图，完成后单击 按钮。

（5）定义曲面特征的"开放"与"闭合"。单击操控面板中的"选项"，在其界面中取消

选中 ☐封闭端 复选框，使曲面特征的两端部开放。

（6）选取深度类型及其深度。选取深度类型 ⌀，输入深度值 80。

（7）在操控面板中单击"完成" ✓ 按钮，完成图 2-1-4 所示曲面特征的创建。

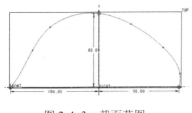

图 2-1-3　截面草图

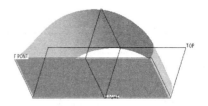

图 2-1-4　拉伸曲面结果

（8）单击工具栏"保存"按钮 🖫，系统弹出"保存对象"对话框，采用默认名称并单击"确定"按钮完成文件的保存。

🍊 注：拉伸曲面特征对截面的要求不像拉伸实体那样严格。拉伸曲面特征既可以使用开放截面，也可以使用封闭截面。只有封闭的截面草图，才可以选中 ☐封闭端 复选框，使曲面特征的两端部封闭。

2．旋转曲面

正确选取并放置草绘平面后，可以绘制开放截面或封闭截面创建旋转曲面特征。在绘制截面图时，必须绘制一条中心线作为旋转轴。

使用封闭截面创建旋转曲面特征，当旋转角度小于 360°时，可以创建两端封闭的曲面特征，方法与创建闭合的拉伸曲面特征类似，如图 2-1-5 所示。当旋转角度为 360°时，曲面的两个端点已经封闭，实际上已是封闭曲面，如图 2-1-6 所示。

图 2-1-5　使用封闭截面创建旋转曲面特征

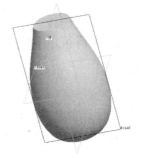

图 2-1-6　旋转曲面结果

（二）曲面的编辑

曲面创建完成后可以通过曲面编辑的方式进行修改，如几个曲面可以通过"合并"命令合并成一个独立的曲面，然后通过"实体化"命令转化为实体模型。复制、偏移和合并是最常用的曲面编辑方法。

默认情况下，单个曲面特征的外部边是黄色的，内部边是洋红色的。多个曲面合并为曲面组后，内部曲面间的边界会变成洋红色，而外部曲面的边界仍为黄色，这些可以作为判断各曲面是否正确合并的依据。

1．曲面的复制

利用"复制"命令，可以直接在选定的曲面上创建一个面组，生成的面组含有与父项曲面一样的曲面。

（1）将工作目录设置至 D:\Proe5.0\work\original\ch2\ch2.1，打开如图 2-1-7 所示的文件 quilt_fuzhi.prt。

（2）在屏幕下方的"智能选取"栏中选择"几何"或"面组"选项，然后在模型中选取如图 2-1-8 所示需要复制的曲面。

图 2-1-7　quilt_fuzhi 模型　　　　　　　　图 2-1-8　选取曲面

（3）选择下拉菜单"编辑"→"复制"命令，或在上工具栏中单击"复制"按钮。

（4）选择下拉菜单"编辑"→"粘贴"命令，或在上工具栏中单击"粘贴"按钮。系统弹出如图 2-1-9 所示的"复制"特征操控面板。

图 2-1-9　"复制"特征操控面板

（5）单击"参照"按钮，打开"参照"选项卡，此时，按住 Ctrl 键可连续选择其他需要复制的曲面（参见图 2-1-10）。单击"细节"按钮则打开图 2-1-11 所示的"曲面集"菜单。利用"曲面集"菜单可通过定义种子曲面和边界曲面来选择曲面。

（6）在"复制"特征操控面板中单击"选项"，打开如图 2-1-12 所示的"选项"选项卡。

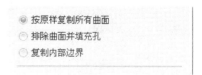

图 2-1-10　连续选择曲面　　图 2-1-11　"曲面集"菜单　　图 2-1-12　"选项"选项卡

（7）选择"排除曲面并填充孔"，选取要排除的孔，如图 2-1-13 所示。单击按钮，完成曲面复制特征操作，如图 2-1-14 所示。

（8）执行命令"文件"→"保存副本"，系统弹出"保存副本"对话框。在"新名称"

文本框中输入 quilt_fuzhi1.prt，然后单击对话框中的"确定"按钮完成文件的保存。

图 2-1-13 选取要排除的孔

图 2-1-14 复制后的结果

注："选项"卡中各选项的含义解释如下。
① 按原样复制所有曲面：按照原来样子复制所有曲面。
② 排除曲面并填充孔：复制某些曲面，可以选择填充曲面内的孔。其下又有两个选项。排除轮廓是指选取要从当前复制特征中排除的曲面。填充孔/曲面是指在选定曲面上选取要填充的孔。
③ 复制内部边界：仅复制边界内的曲面。

2. 曲面的偏移

偏移曲面是将当前曲面进行偏移复制出一个新曲面。要偏移某一曲面，先要选取曲面或实体表面，然后在"编辑"下拉菜单中选择"偏移"命令，打开如图 2-1-15 所示的"偏移"特征操控面板。

图 2-1-15 "偏移"特征操控面板

曲面"偏移"特征操控面板中各命令的含义如下。
① 参照：用于指定要偏移的曲面。
② 选项：用于指定要排除的曲面等。"选项"界面如图 2-1-16 所示。其下有如图 2-1-17 所示的 3 个选项。

图 2-1-16 "选项"界面

图 2-1-17 具体选项

垂直于曲面——偏距方向将垂直于原始曲面（默认项）。
自动拟合——系统自动将原始曲面进行缩放，并在需要时平移它们，不需要其他的用户输入。

控制拟合——在指定坐标系下将原始曲面进行缩放并沿指定轴移动,以创建"最佳拟合"偏距。

③ 偏移类型:系统提供了如图 2-1-18 所示的标准偏移特征、具有拔模特征、展开特征和替换曲面特征等 4 种偏移类型。

(1) 标准偏移特征。标准偏移是从一个实体的表面创建偏移的曲面,或者从一个曲面创建偏移的曲面。

① 将工作目录设置至 D:\Proe5.0\work\original\ch2\ch2.1,打开如图 2-1-19 所示的文件 quilt_pianyi.prt。

② 选取要偏移的表面。

③ 选择下列菜单"编辑"→"偏移"命令。

④ 在操控面板的"偏移"类型中选取"标准偏移特征"。

⑤ 在操控面板的偏移数值栏中输入偏移距离 10。

⑥ 单击 ✓ 按钮,完成操作。图 2-1-20 所示为完成的偏移结果。

图 2-1-18 偏移类型

图 2-1-19 quilt_pianyi 模型

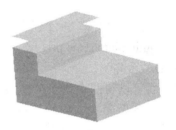

图 2-1-20 偏移结果

⑦ 执行命令"文件"→"保存副本",系统弹出"保存副本"对话框。在"新名称"文本框中输入 quilt_pianyi_biao.prt,然后单击对话框中的"确定"按钮完成文件的保存。

(2) 具有拔模特征。曲面的拔模偏移就是在曲面上创建带斜度侧面的区域偏移,可用于实体表面或面组。

① 将工作目录设置至 D:\Proe5.0\work\original\ch2\ch2.1,打开如图 2-1-21 所示的文件 quilt_pianyi.prt。

② 选取要偏移的表面。

③ 选择下列菜单"编辑"→"偏移"命令。

④ 在操控面板的偏移类型中选取"具有拔模特征"。

⑤ 在操控面板"选项"卡中选择如图 2-1-22 所示的"侧曲面垂直于"为"曲面","侧面轮廓"为"直的"。

图 2-1-21 quilt_pianyi 模型

图 2-1-22 "选项"选项卡

⑥ 在绘图区右击，在弹出的快捷菜单中选择"定义内部草绘"命令，创建如图 2-1-23 所示的封闭草绘几何。

⑦ 输入偏移值 5，输入侧面的拔模角度 12。

⑧ 单击 ✓ 按钮，完成操作。图 2-1-24 所示为完成的偏移结果。

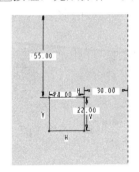
图 2-1-23 草绘截面图形

图 2-1-24 拔模偏移结果

⑨ 执行命令"文件"→"保存副本"，系统弹出"保存副本"对话框。在"新名称"文本框中输入 quilt_pianyi_mo.prt，然后单击对话框中的"确定"按钮完成文件的保存。

3．曲面的合并

合并曲面可以将两个或多个曲面合并成单一曲面特征，这是曲面设计中的一个重要操作。合并后的面组是一个单独的特征，"主面组"将变成"合并"特征的父项，如果删除"合并"特征，原始面组仍保留。在"组件"模式中，只有属于相同元件的曲面，才可以用曲面合并。

操作时，需要在绘图区中先选中一个曲面，按 Ctrl 建选取另一个曲面，然后在"编辑"菜单中选中"合并"命令，或在主工具栏中单击"合并"按钮 ⌒，打开如图 2-1-25 所示的"合并"操控面板。

图 2-1-25 "合并"操控面板

在此操控面板上，通过单击菜单选项，可以打开"参照"和"选项"操控面板，其主要功能如下：

图 2-1-26 "参照"操控面板

① "参照"操控面板（见图 2-1-26）。在这里指定参与合并的两个曲面。如果需要重新选取参与合并的曲面，可在操控面板的列表框中右击，在快捷菜单中选择"移除"或"移除全部"命令删除全部项目，然后重新选取合并的曲面。

图 2-1-27 "选项"操控面板

② "选项"操控面板（见图 2-1-27）。"相交"用于合并两个相交的面组，并保留原始面组部分。"连接"是将两个相邻的面组合并，面组的一个侧边必须在另一个面组上，即只是将两个相邻面的边线合并。

下面以一个例子来说明合并两个面组的操作过程：

（1）将工作目录设置至 D:\Proe5.0\work\original\ch2\ch2.1，打开如图 2-1-28 所示的文件 quilt_hebing.prt。

（2）按住 Ctrl 键，选取要合并的两个曲面。

（3）选择下拉菜单"编辑"→"合并"命令，或在主工具栏中单击"合并"按钮，系统弹出"合并"操控面板。

（4）选择合适的按钮，定义合并类型。选取默认的"相交"合并类型。

（5）单击"预览"按钮，当网格显示的曲面不是预期保留的曲面时，需要调整操控面板上的"方向"按钮，直到得到满意的结果。

（6）单击 按钮，完成合并操作。图 2-1-29 所示为曲面合并的结果。

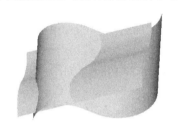

图 2-1-28　quilt_hebing 模型　　　　　图 2-1-29　合并操作的结果

（7）执行命令"文件"→"保存副本"，系统弹出"保存副本"对话框。在"新名称"文本框中输入 quilt_hebing1.prt，然后单击对话框中的"确定"按钮完成文件的保存。

注：如果需要合并多个曲面时，需先选取两个曲面进行合并，然后再将合并生成的曲面与第三个曲面进行合并。以此类推，直至所有曲面合并完毕。也可以先将曲面两两合并，然后把合并的结果继续合并，直至所有曲面合并完毕。

（三）曲面实体化

从几何意义上来说，曲面是一种没有质量和厚度等物理属性的几何特征，因此绝大多数情况下绘制的曲面都是要生成实体的。如要对某一曲面进行实体化，要先选取该曲面，接着在"编辑"主菜单中选中"实体化"命令，打开如图 2-1-30 所示的"实体化"特征操控面板。

图 2-1-30　"实体化"特征操控面板

通常情况下，系统选中默认的实体化设计工具，因此，可以直接单击操控面板上的 按钮完成实体化特征创建。需要注意的是，以上方法仅适合封闭曲面。

1．用封闭的面组创建实体

（1）将工作目录设置至 D:\Proe5.0\work\original\ch2\ch2.1，打开如图 2-1-31 所示的文件 quilt_shitihua_feng.prt。

（2）选取要将其变成实体的面组。

（3）选中下拉菜单"编辑"→"实体化"命令，出现"实体化"特征操控面板。

（4）单击按钮 ，完成实体化操作。图 2-1-32 所示为完成的实体化结果。

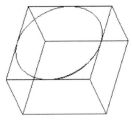 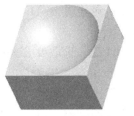

图 2-1-31　quilt_shitihua_feng 模型　　　　图 2-1-32　实体化结果

（5）执行命令"文件"→"保存副本"，系统弹出"保存副本"对话框，在"新名称"文本框中输入 quilt_shitihua_feng1.prt，然后单击对话框中的"确定"按钮完成文件的保存。

2．用曲面创建实体表面

可以用一个面组替代实体表面的一部分，替换面组的所有边界都必须位于实体表面上。操作过程如下：

（1）将工作目录设置至 D:\Proe5.0\work\original\ch2\ch2.1，打开如图 2-1-33 所示的文件 quilt_shitihua_qu.prt。

（2）选取要将其变成实体的曲面。

（3）选中下拉菜单"编辑"→"实体化"命令，出现"实体化"操控面板。

（4）单击"切剪"按钮，此时，系统用黄色箭头指向要去除的实体部分，确认实体保留部分的方向。

（5）单击按钮，完成实体化操作。图 2-1-34 所示为完成的实体化结果。

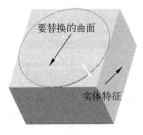 

图 2-1-33　quilt_shitihua_qu 模型　　　　图 2-1-34　实体化结果

（6）执行命令"文件"→"保存副本"，系统弹出"保存副本"对话框。在"新名称"文本框中输入 quilt_shitihua_qu1.prt，然后单击对话框中的"确定"按钮完成文件的保存。

（四）曲面加厚

除了使用曲面构建实体特征外，还可以使用曲面加厚构建薄板模型。在创建曲面加厚特征时，对曲面的要求相对宽松许多，可以使用任意曲面来构建薄板模型。

如要对某一曲面进行加厚实体化，先选取该曲面，接着在"编辑"主菜单中选择"加厚"命令，打开如图 2-1-35 所示的"加厚"操控面板。

使用操控面板上默认的按钮，可以加厚任意曲面特征。此时在操控面板上的文本框中输入加厚厚度值即可加厚曲面。系统用黄色箭头指示加厚方向，单击按钮可改变加厚方向。在"加厚"操控面板中打开如图 2-1-36 所示的"选项"操控面板，该选项中提供了 3 个选项，各选项含义如下：

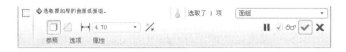 

图 2-1-35 "加厚"操控面板　　　　图 2-1-36 "选项"操控面板

① 垂直于曲面：沿曲面法线方向使用指定厚度加厚曲面，这是默认选项。
② 自动拟合：系统自动确定最佳加厚方向。
③ 控制拟合：指定坐标系，选取 1～3 个坐标轴作为参照控制加厚方法。

当实体特征中的内部有一曲面时，选取该曲面特征后，在"编辑"菜单中选取"加厚"命令打开"加厚"特征操控面板。在操控面板上单击 按钮，可以在实体内部进行加厚切除特征的添加。系统用箭头表示加厚切除的方向，单击按钮可以改变该方向，切除厚度可单独设置。具体的操作过程如下：

（1）将工作目录设置至 D:\Proe5.0\work\original\ch2\ch2.1，打开如图 2-1-37 所示的文件 quilt_jiahou.prt。
（2）选取要将其变成实体的面组。
（3）选中下拉菜单"编辑"→"加厚"命令，系统弹出"加厚"操控面板。
（4）选取加材料的侧，输入薄板的厚度 5，选取偏距类型为"垂直于曲面"。图 2-1-38 所示为此时的曲面。
（5）单击按钮 ，完成加厚操作。图 2-1-39 所示为完成的加厚结果。

图 2-1-37　quilt_jiahou 模型　　　图 2-1-38　设置加厚参数　　　图 2-1-39　加厚结果

（6）执行命令"文件"→"保存副本"，系统弹出"保存副本"对话框。在"新名称"文本框中输入 quilt_jiahou1.prt，然后单击对话框中的"确定"按钮完成文件的保存。

任务实施

本实例完成文件：G:\Proe5.0\work\result\ch2\ch2.1\ zu_he_ti.prt。
本实例视频文件：G:\Proe5.0\video\ch2\2_1.exe。

1．设置工作目录、新建文件

（1）将工作目录设置至 D:\Proe5.0\work\original\ch2\ch2.1。
（2）单击按钮 ，在弹出的"新建"对话框中选中"类型"选项组中的 零件，选中"子类型"选项组中的 实体 单选项。单击"使用默认模板"复选框取消使用默认模板，在"名称"栏输入文件名 zu_he_ti。单击"确定"按钮，打开"新文件选项"对话框。选择"mmns_part_solid"模板，单击"确定"按钮，进入零件的创建环境。

2．拉伸

（1）单击工具栏上的"拉伸"按钮 。

（2）在弹出的"拉伸"操控面板中单击"曲面类型"按钮。

（3）在操控面板中单击"位置"按钮，然后在弹出的界面中单击 定义... 按钮，系统弹出"草绘"对话框。

（4）选取 FRONT 基准平面为草绘平面，采用模型中默认的方向为草绘视图方向。选取 RIGHT 基准平面为参照平面，方向为"右"。单击对话框中的"草绘"按钮。

（5）在草绘环境下绘制如图 2-1-40 所示的截面草图。完成后，单击 按钮退出。

（6）在操控面板中单击"从草绘平面两侧以对称的深度值来拉伸"按钮，再在"长度"文本框中输入深度值 20。

（7）单击操控面板中的"选项"按钮，勾选"封闭端"选项，创建封闭的曲面。

（8）单击操控面板中的"预览"按钮，观察所创建的特征效果。在操控面板中单击"完成"按钮，完成拉伸曲面的创建。图 2-1-41 所示为完成的曲面模型。

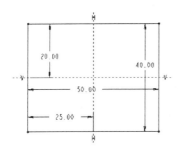
图 2-1-40　截面草图

图 2-1-41　拉伸曲面

3．倒圆角

（1）单击工具栏上的"倒圆角"按钮。

（2）在弹出的"倒圆角"操控面板的文本框中输入圆角半径 3。再在图 2-1-41 中的模型上选取要倒圆角的八条边线，此时模型的显示状态如图 2-1-42 所示。

（4）单击操控面板中的"预览"按钮，观察所创建的特征效果。

（5）在操控面板中单击"完成"按钮，完成如图 2-1-43 所示倒圆角特征的创建。

4．复制

（1）在图 2-1-43 所示模型中选取如图 2-1-44 所示的顶部曲面。

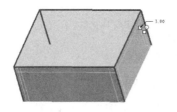
图 2-1-42　选取倒圆角边线

图 2-1-43　倒圆角特征

（2）选择下拉菜单"编辑"→"复制"命令（或在上工具栏中单击"复制"按钮）。

（3）选择下拉菜单"编辑"→"粘贴"命令（或在上工具栏中单击"粘贴"按钮），系统弹出"复制"特征操控面板。

（4）单击"参照"按钮，打开"参照"选项卡。按住 Ctrl 键连续选择模型顶部需要复制的曲面。选择完成的模型如图 2-1-45 所示。

（5）单击操控面板中的"预览"按钮，观察所创建的复制曲面特征效果。

（6）单击☑按钮退出。图 2-1-46 所示为曲面复制结果。

　图 2-1-44　选取顶部曲面　　　图 2-1-45　连续选择曲面　　　图 2-1-46　曲面复制结果

5．偏移

（1）选取如图 2-1-46 中刚创建的复制曲面。

（2）选择下列菜单"编辑"→"偏移"命令，系统弹出"偏移"特征操控面板并在信息区提示"选取要偏移的面组或曲面"。

（3）在操控面板的"偏移"类型中选取"标准偏移特征"。

（4）在操控面板的"偏移"数值栏中输入偏移距离 5，接受系统的默认偏移方向。此时的模型效果如图 2-1-47 所示。

（5）单击☑按钮，完成偏移操作。图 2-1-48 所示为完成的偏移结果。

　　图 2-1-47　偏移参数设置　　　　　　　图 2-1-48　偏移结果

6．拉伸曲面

（1）单击工具栏上的"拉伸"按钮 。

（2）在弹出的"拉伸"操控面板中单击"曲面类型"按钮 。

（3）在操控面板中单击"位置"按钮，然后在弹出的界面中单击 定义 按钮，系统弹出"草绘"对话框。

（4）选取 TOP 基准平面为草绘平面，采用模型中默认的方向为草绘视图方向。选取 RIGHT 基准平面为参照平面，方向为"右"。单击对话框中的"草绘"按钮。

（5）在草绘环境下绘制如图 2-1-49 所示的截面草图。完成后，单击☑按钮退出。

（6）在操控面板中单击"从草绘平面两侧以对称的深度值来拉伸"按钮 ，再在"长度"文本框中输入深度值 60。此时的模型如图 2-1-50 所示。

（7）单击操控面板中的"预览"按钮，观察所创建的特征效果。在操控面板中单击"完成"按钮，完成如图 2-1-51 所示的拉伸曲面的创建。

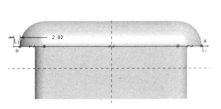  

图 2-1-49 截面草图　　　　图 2-1-50 设置拉伸参数　　　　图 2-1-51 拉伸曲面结果

7. 合并

（1）按住 Ctrl 键，选取如图 2-1-52 所示的要合并的两个曲面。

（2）选择下拉菜单"编辑"→"合并"命令（或在主工具栏中单击"合并"按钮），系统弹出"合并"操控面板。

（3）接受默认的"相交"合并类型。

（4）调整操控面板上的"方向"按钮并单击"预览"按钮，观察合并结果，直到得到满意的结果。

（5）单击按钮，完成合并操作。图 2-1-53 所示为曲面合并的结果。

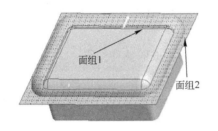 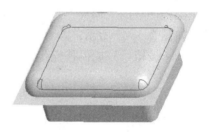

图 2-1-52 选取合并面组　　　　　　图 2-1-53 合并结果

（6）继续合并。按住 Ctrl 键，选取如图 2-1-54 所示的要合并的两个曲面。

（7）在主工具栏中单击"合并"按钮，系统弹出"合并"操控面板。

（8）接受默认的"相交"合并类型。

（9）调整操控面板上的"方向"按钮并单击"预览"按钮，观察合并结果，直到得到满意的结果。

（10）单击按钮，完成合并操作。图 2-1-55 所示为曲面合并的结果。

（11）继续合并。按住 Ctrl 键，选取如图 2-1-56 所示的要合并的两个曲面。

图 2-1-54 选取合并面组　　　　　　图 2-1-55 合并结果

（12）在主工具栏中单击"合并"按钮，系统弹出"合并"操控面板。

(13) 接受默认的"相交"合并类型。

(14) 调整操控面板上的"方向"按钮并单击"预览"按钮 ∞，观察合并结果，直到得到满意的结果。

(15) 单击 ✓ 按钮，完成合并操作。图 2-1-57 所示为曲面合并的结果。此时的模型已合并为一个完成的曲面，通过实体化操作即可转为实体。

图 2-1-56 选取合并面组　　　　　　图 2-1-57 合并结果

8. 创建辅助平面

(1) 单击"基准平面"按钮 ▱，系统打开"基准平面"对话框。

(2) 选取如图 2-1-58 所示的顶面并在"基准平面"对话框中选择"偏移"选项，然后在"平移"文本框中输入数值 8。此时的"基准平面"对话框如图 2-1-59 所示。

(3) 单击"基准平面"对话框中的"确定"按钮完成如图 2-1-60 所示基准平面 DTM1 的创建。

图 2-1-58 选取参照　　　图 2-1-59 "基准平面"对话框　　　图 2-1-60 基准平面 DTM1

9. 混合

(1) 选择下拉菜单"插入"→"混合"→"曲面"命令，系统弹出"混合选项"菜单。

(2) 在"混合选项"菜单中依次选择"平行"→"规则截面"→"草绘截面"→"完成"命令，此时系统弹出"曲面：混合，平行，规则截面"对话框和"属性"菜单。

(3) 在"属性"菜单中选择"直"→"完成"命令，系统弹出"设置草绘平面"菜单。

(4) 依据系统提示，选择 DTM1 面为草绘平面，其他取默认值进入草绘环境。

(5) 绘制并标注草绘截面 1，如图 2-1-61 所示。

(6) 在绘图区右击，在弹出的快捷菜单中选择"切换剖面"命令，然后绘制并标注草绘截面 2，如图 2-1-62 所示。

(7) 完成两个截面绘制后，单击"草绘"工具栏中的"完成"按钮，退出草绘环境。

(8) 在系统"输入截面 2 的深度"的提示下，输入第二截面到第一截面的距离为 10，并单击按钮 ✓ 或按回车键。

(9)单击"伸出项:混合,平行,规则截面"对话框中的"预览"按钮,预览所创建的混合特征。

(10)最后,单击"伸出项:混合,平行,规则截面"对话框中的"确定"按钮,完成如图 2-1-63 所示混合特征的创建。

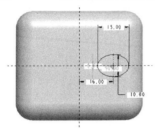
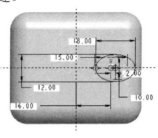

图 2-1-61　草绘截面 1　　　　图 2-1-62　草绘截面 2　　　　图 2-1-63　混合特征

10．合并

(1)按住 Ctrl 键,选取如图 2-1-64 所示的要合并的两个曲面。

(2)在主工具栏中单击"合并"按钮 ,系统弹出"合并"操控面板。

(3)接受默认的"相交"合并类型。

(4)调整操控面板上的"方向"按钮并单击"预览"按钮 ,观察合并结果,直到得到满意的结果。

(5)单击 按钮,完成合并操作。图 2-1-65 所示为曲面合并的结果。

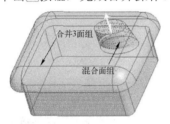

图 2-1-64　选取合并面组　　　　　　　　图 2-1-65　合并结果

11．倒圆角

(1)单击工具栏上的"倒圆角"按钮 。

(2)在弹出的"倒圆角"操控面板的文本框中输入圆角半径 2。再在图 2-1-66 中的模型上选取要倒圆角的边线,此时模型的显示状态如图 2-1-66 所示。

(3)单击操控面板中的"预览"按钮,观察所创建的特征效果。

(4)在操控面板中单击"完成"按钮,完成如图 2-1-67 所示倒圆角特征的创建。

图 2-1-66　选取倒圆角边线　　　　　　　图 2-1-67　倒圆角特征

12．创建辅助平面

（1）单击"基准平面"按钮 🗗，系统打开"基准平面"对话框。

（2）选取 RIGHT 基准平面并在"基准平面"对话框中选择"偏移"选项，然后在"平移"文本框中输入数值 10。此时的模型如图 2-1-68 所示。

（3）单击"基准平面"对话框中的"确定"按钮完成如图 2-1-69 所示基准平面 DTM2 的创建。

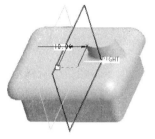
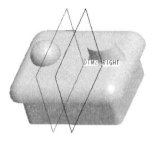

图 2-1-68　选取参照　　　　　　　　　图 2-1-69　基准平面 DTM2

13．旋转曲面

（1）单击工具栏的"旋转"按钮 ✧，并在弹出的操控面板中单击"曲面类型"按钮 ▱。

（2）直接在绘图区右击，在弹出的快捷菜单中选择"定义内部草绘"命令，打开"草绘"对话框。

（3）选择 TOP 基准平面为草绘平面，RIGHT 基准平面为参照平面，参照方向取"右"后，单击"草绘"按钮进入草绘环境。

（4）在草绘环境下绘制如图 2-1-70 所示的草绘图形和中心线，完成后单击 ✔ 按钮退出草绘环境。

（5）在"旋转"操控面板中单击"从草绘平面以指定的角度值旋转"按钮 ⊥ 后，在"角度"文本框中输入数值 360。

（6）单击"预览"按钮 ∞ 观察效果，最后单击 ✔ 按钮完成如图 2-1-71 所示旋转特征的创建。

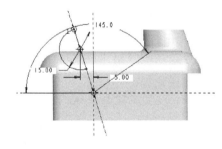

图 2-1-70　草绘截面　　　　　　　　　图 2-1-71　旋转特征

14．合并

（1）按住 Ctrl 键，选取如图 2-1-72 所示要合并的两个曲面。

（2）在主工具栏中单击"合并"按钮 ▱，系统弹出"合并"操控面板。

（3）接受默认的"相交"合并类型。

（4）调整操控面板上的"方向"按钮并单击"预览"按钮 ∞，观察合并结果，直到得到满意的结果。

（5）单击 ✓ 按钮，完成合并操作。图 2-1-73 所示为曲面合并的结果。

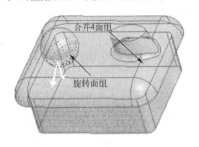 

图 2-1-72　选取合并面组　　　　　　　图 2-1-73　合并结果

15．创建辅助平面

（1）单击"基准平面"按钮 ⃞，系统打开"基准平面"对话框。

（2）选取 TOP 基准平面并在"基准平面"对话框中选择"偏移"选项，然后在"平移"文本框中输入数值 15。此时的模型如图 2-1-74 所示。

（3）单击"基准平面"对话框中的"确定"按钮完成如图 2-1-75 所示基准平面 DTM3 的创建。

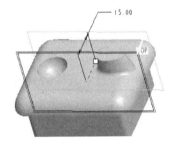 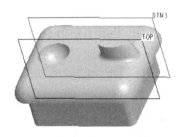

图 2-1-74　选取参照　　　　　　　图 2-1-75　基准平面 DTM3

16．扫描曲面

（1）选择"插入"→"扫描"→"曲面"命令，系统弹出"曲面：扫描"对话框和"扫描轨迹"菜单。

（2）在"扫描轨迹"菜单中选择"草绘轨迹"命令，系统弹出"设置草绘平面"菜单和"选取"对话框。

（3）依据系统提示，选取 DTM3 平面为草绘平面，接受系统其他默认设置并进入草绘环境。

（4）绘制如图 2-1-76 所示的草绘轨迹，完成后单击 ✓ 按钮。

（5）系统自动进入扫描截面的草绘环境。绘制如图 2-1-77 所示的草绘截面后单击 ✓ 按钮退出草绘环境。

（6）在返回的"伸出项：扫描"对话框中单击"确定"按钮，完成如图 2-1-78 所示扫描特征的创建。

17．合并

（1）按住 Ctrl 键，选取如图 2-1-79 所示要合并的两个曲面。

（2）在主工具栏中单击"合并"按钮 ⃞，系统弹出"合并"操控面板。

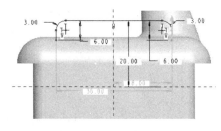  

图 2-1-76 扫描轨迹　　　图 2-1-77 扫描截面　　　图 2-1-78 扫描特征

（3）接受默认的"相交"合并类型。

（4）调整操控面板上的"方向"按钮并单击"预览"按钮，观察合并结果，直到得到满意的结果。

（5）单击按钮，完成合并操作。图 2-1-80 所示为曲面合并的结果。

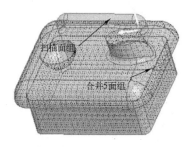 

图 2-1-79 选取合并面组　　　图 2-1-80 合并结果

18. 偏移文字

（1）单击"草绘"按钮，系统弹出"草绘"对话框。

（2）选取图 2-1-81 所示模型的顶面为草绘平面，采用模型中默认的方向为草绘视图方向。选取 RIGHT 基准平面为参照平面，方向为"右"。单击对话框中的"草绘"按钮进入草绘环境。

（3）在草绘环境下绘制如图 2-1-81 所示的截面草图。完成后，单击按钮退出。图 2-1-82 所示为完成的草绘文字。

图 2-1-81 截面草图　　　图 2-1-82 文字

（4）再次选取图 2-1-81 所示模型的顶面，然后执行"编辑"→"偏移"命令。

（5）在操控面板的"偏移"类型中选取"具有拔模特征"。在操控面板"选项"卡中选择"曲面"、"直的"等选项。

（6）在绘图区右击，在弹出的快捷菜单中选择"定义内部草绘"命令。

（7）选取图 2-1-81 所示模型的顶面为草绘平面，采用模型中默认的方向为草绘视图方向。选取 RIGHT 基准平面为参照平面,方向为"右"。单击对话框中的"草绘"按钮进入草绘环境。

(8) 选取刚创建的草绘文字。完成后单击 ✓ 按钮退出草绘环境。

(9) 在操控面板中输入偏移值 1,输入侧面的拔模角度 2。

(10) 单击 ✓ 按钮,完成操作。图 2-1-83 所示为最终完成的模型。

(11) 单击工具栏"保存"按钮 📁,系统弹出"保存对象"对话框,采用默认名称并单击"确定"按钮完成文件的保存。

拓展任务

在 Pro/E 5.0 零件模块中完成如图 2-1-84 所示立方体模型的创建(详细数据参见光盘内的模型)。

图 2-1-83　偏移结果

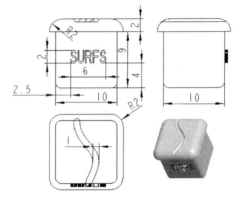

图 2-1-84　立方体

任务 2.2　灯罩模型的建模

学习目标

1. 掌握"填充"曲面的创建方法;
2. 掌握"边界混合"曲面的创建方法;
3. 掌握修剪、延伸等编辑曲面的方法。

工作任务

在 Pro/E 5.0 零件模块中完成图 2-2-1 所示灯罩模型的创建。

图 2-2-1　灯罩

任务分析

灯罩模型为不规则的壳体零件。外表面主要由两段曲面构成,其上分布有凸起的装饰表面和孔,内表面上则分布有小圆柱体、凸台和筋等特征。该模型的创建需要综合运用草绘、曲线、边界混合、合并、倒圆角、镜像、修剪、延伸、填充、抽壳、扫描和筋等多种成型方法。表 2-2-1 所示为该模型的创建思路。

表 2-2-1 灯罩模型的创建思路

任务	1. 创建边界混合曲面	2. 编辑曲面	3. 创建右侧凸起曲面
应用功能	草绘、曲线、边界混合	镜像、合并	曲线、投影、复制、修剪、边界混合、合并、倒圆角
完成结果			
任务	4. 创建左侧凸起曲面	5. 创建底部曲面	6. 创建顶部曲面
应用功能	曲线、投影、复制、修剪、边界混合、合并、倒圆角	填充、合并、延伸、倒圆角	曲线、投影、复制、修剪、边界混合、合并、倒圆角
完成结果			
任务	7. 创建偏移曲面	8. 加厚曲面	
应用功能	偏移、倒圆角	加厚、拉伸	
完成结果			

知识准备

（一）填充曲面的创建

"编辑"下拉菜单中的"填充"命令是用于创建填充曲面-填充特征的，它创建的是一个二维平面特征。需要注意的是填充特征的截面草图必须是封闭的。创建填充曲面的一般操作步骤如下：

（1）将工作目录设置至 D:\Proe5.0\work\original\ch2\ch2.2，打开如图 2-2-2 所示的文件 quilt_tianchong.prt。

（2）选择下拉菜单"编辑"→"填充"命令，此时屏幕出现如图 2-2-3 所示的"填充"特征操控面板。

图 2-2-2 quilt_tianchong 模型

图 2-2-3 "填充"特征操控面板

（3）在绘图区右击，从弹出的快捷菜单中选择"定义内部草绘"命令，进入草绘环境后，绘制图 2-2-4 所示的封闭的截面草图，完成后单击  按钮。

（4）在操控面板中单击 按钮，完成图 2-2-5 所示的填充曲面特征的创建。

（5）执行命令"文件"→"保存副本"，系统弹出"保存副本"对话框。在"新名称"文本框中输入 quilt_tianchong1.prt，然后单击对话框中的"确定"按钮完成文件的保存。

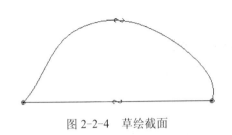

图 2-2-4 草绘截面

图 2-2-5 填充曲面结果

（二）边界混合曲面的创建

边界混合曲面是由若干参照单元（它们在一个或两个方向上定义曲面）所确定的混合曲面。在每个方向上选定的第一个和最后一个图元定义曲面的边界。如果添加更多的参照图元（如控制点合边界），则能更精确、更完整地定义曲面形状。

选取参照图元的规则如下：

① 曲线、零件边、基准点、曲线或边的端点可作为参照图元使用。

② 在每个方向上，都必须按连续的顺序选择参照图元。

③ 对于在两个方向上定义的混合曲面而言，外部边界必须形成一个封闭的环，这意味着外部边界必须相交。

④ 如果要使用连续边或一条以上的基准曲线作为边界，则可按住 Shift 键来选取曲线链。

要启用"边界混合"命令，可以在菜单栏中选择"插入"→"边界混合"命令，或者在主工具栏中单击"边界混合"按钮，或者在菜单栏中选择"应用程序"→"继承"→"曲面"→"高级"→"边界"命令，此时系统将生成如图 2-2-6 所示的"边界混合"特征操控面板。

图 2-2-6 "边界混合"特征操控面板

创建边界混合曲面特征时，需要依次指明围成曲面的边界曲线。可以在一个方向上指定边界曲线，也可以在两个方向上指定边界曲线。此外，为了获得理想的曲面特征，还可以指定控制曲线来调节曲面的形状。

单击操控面板上的"选项"按钮，打开图 2-2-7 所示的"选项"操控面板。面板上相关内容的含义如下。

① 影响曲线：激活该列表框，即可选取曲线作为影响曲线，选取多条影响曲线时需按住 Ctrl 键。

② 平滑度因子：它是一个在 0～1 之间的实数。数值越小，边界混合曲面越逼近影响曲线。

③ 在方向上的曲面片：用来控制边界混合曲面沿两个方向的曲面片数。曲面片数越大，曲面越逼近影响曲线。若使用一种曲面片数构建失败，则可以修改曲面片数重新构建曲面。曲面片数的范围是 1～29。

单击"约束"按钮，则打开图 2-2-8 所示的"约束"操控面板。使用该面板可以以边界曲线为对象通过约束方法规范曲面的形状。

对于每一条边界曲线，可以为其指定以下任一种约束条件。

① 自由：未沿边界设置相切条件。

② 切线：混合曲面沿边界与参照曲面相切，参照曲面在操控面板下部的列表中指定。

③ 曲率：混合曲面沿边界具有曲率连续性。

图 2-2-7 "选项"操控面板　　　　　图 2-2-8 "约束"操控面板

④ 垂直：混合曲面与参照曲面或基准平面垂直。

下面通过实例介绍边界混合曲面特征的创建过程。

（1）将工作目录设置至 D:\Proe5.0\work\original\ch2\ch2.2，打开如图 2-2-9 所示的文件 quilt_bianjie.prt。

（2）单击工具栏中的"边界混合"按钮，按住 Ctrl 键，分别选取如图 2-2-9 所示的第一方向的二条边界曲线。

（3）在操控面板中单击第二方向曲线操作栏中的"单击此处添加..."字符，按住 Ctrl 键，分别选取图 2-2-9 所示的第二方向的二条边界曲线。

（4）单击"选项"按钮，在打开的操控面板中单击"影响曲线"下的文本框，在图 2-2-9 中选取影响曲线。图 2-2-10 所示为选取后的图形。

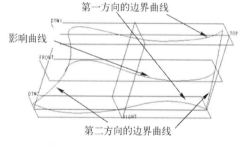 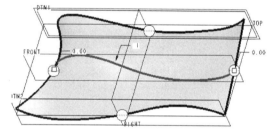

图 2-2-9 quilt_bianjie 文件　　　　　图 2-2-10 选取后的图形

（5）单击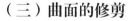按钮，完成操作。图 2-2-11 所示为完成的边界混合曲面。

（6）执行命令"文件"→"保存副本"，系统弹出"保存副本"对话框，在"新名称"文本框中输入 quilt_bianjie1.prt，然后单击对话框中的"确定"按钮完成文件的保存。

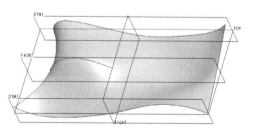

图 2-2-11 边界混合曲面

（三）曲面的修剪

修剪曲面就是修剪指定曲面多余的部分以获得理想大小和形状，它类似于实体的"切剪"功能。修剪曲面的方法很多，可以使用拉伸、旋转、扫描等特征创建方法修剪曲面，也可以使用已有基准平面、基准曲线或曲面等执行"编辑"→"修剪"命令来修剪曲面。

选取需要修剪的曲面后，选择"编辑"→"修剪"命令或在主工具栏中单击"修剪"按钮，打开图 2-2-12 所示的"修剪"特征操控面板。

单击操控面板上"参照"按钮，打开"参照"操控面板，如图 2-2-13 所示。在该面板上需要指定两个对象。

图 2-2-12 "修剪"特征操控面板

图 2-2-13 "参照"操控面板

修剪的面组：指定要修剪的面组。

修剪对象：指定修剪该曲面的曲面、曲线链或平面。

（1）使用基准平面修剪。

① 将工作目录设置至 D:\Proe5.0\work\original\ch2\ch2.2，打开图 2-2-14 所示的文件 quilt_xiujian_ji.prt。

② 选择曲面特征作为要修剪的面组，单击工具栏中"修剪"按钮 ，打开"修剪"特征操控面板。

③ 选取基准平面 RIGHT 作为修剪对象。此时，模型显示如图 2-2-15 所示。图中黄色箭头表示修剪后保留的曲面侧，单击操控面板上的 ⅔ 按钮可以改变需要保留的曲面。

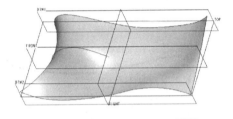

图 2-2-14 quilt_xiujian_ji 模型

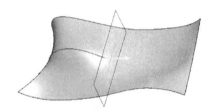

图 2-2-15 修剪状态

④ 单击 按钮，完成操作。图 2-2-16 所示为完成的修剪曲面。

图 2-2-16 基准平面修剪结果

⑤ 执行命令"文件"→"保存副本"，系统弹出"保存副本"对话框。在"新名称"文本框中输入 quilt_xiujian_ji1.prt，然后单击对话框中的"确定"按钮完成文件的保存。

（2）使用曲面修剪。

① 将工作目录设置至 D:\Proe5.0\work\original\ch2\ch2.2，打开如图 2-2-17 所示的文件 quilt_xiujian_qu.prt。

② 选择曲面 1 为要修剪的面组，单击工具栏中"修剪"按钮 ，打开"修剪"特征操控面板。

③ 选取曲面 2 为修剪对象。此时，模型显示如图 2-2-18 所示。图中黄色箭头表示修剪掉的曲面侧，单击操控面板上的按钮可以改变需要保留的曲面。

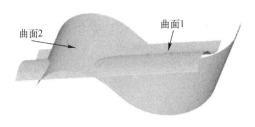

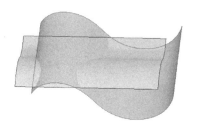

图 2-2-17　quilt_xiujian_qu 模型　　　　图 2-2-18　修剪状态

④ 单击 ✓ 按钮，完成操作。图 2-2-19 所示为完成的修剪曲面。

⑤ 执行命令"文件"→"保存副本"，系统弹出"保存副本"对话框。在"新名称"文本框中输入 quilt_xiujian_qu1.prt，然后单击对话框中的"确定"按钮完成文件的保存。

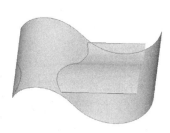

注：图 2-2-17 所示的两个曲面中，只能用曲面 2 修剪曲面 1。这是因为曲面 1 的边界在曲面 2 内，无法将曲面 2 分割开来。另外，与合并操作不一样，曲面 2 的现状没有改变，可以将其隐藏。

图 2-2-19　修剪结果

（四）曲面的延伸

延伸曲面就是将曲面沿着选取的边界线延伸以获得新的曲面。要延伸某一曲面，需先选取某段边界线，然后选取"编辑"→"延伸"命令，打开图 2-2-20 所示的"延伸"特征操控面板。

系统提供了两种方法来延伸曲面特征：沿原始面延伸 和将曲面延伸到参照平面 。

1. 沿原始曲面延伸

这是系统默认的一种曲面延伸方式。使用该方式延伸曲面特征时，可单击操控面板上的"选项"按钮，打开图 2-2-21 所示的"选项"操控面板，系统提供了相同、切线和逼近三种方法来实现延伸过程。

图 2-2-20　"延伸"特征操控面板　　　图 2-2-21　"选项"操控面板

① 相同：可创建与原始曲面相同类型的曲面作为延伸曲面，如平面、圆柱等曲面，延伸后的曲面类型不变。

② 切线：可创建与原始曲面相切的直纹曲面作为延伸曲面。

③ 逼近：可在原始曲面的边界与延伸边界之间创建边界混合曲面作为延伸曲面。

单击"量度"按钮，系统打开图 2-2-22 所示的"量度"操控面板。在操控面板内可通过多种方法设置延伸距离。

首先在参照边线上设置参照点，然后为每个参照点设置延伸距离数值。如果要在延伸边线上添加或删除参照点，可以在操控面板上右击选择"添加"或"删除"命令，也可直接在边线上某点处右击，再在弹出的快捷菜单中选择"添加"或"删除"命令。第三列的"距离类型"下有 4 个选项，各项的含义如下。

图 2-2-22 "量度"操控面板

① 垂直于边：垂直于参照边线测量延伸距离。
② 沿边：沿着与参照边相邻的侧边测量延伸距离。
③ 至顶点平行：延伸曲面至下一个顶点处，延伸后曲面边界与原来参照边线平行。
④ 至顶点相切：延伸曲面至下一个顶点处，延伸后曲面边界与顶点处的下一个单侧边相切。

下面以实例介绍其一般操作过程。

（1）将工作目录设置至 D:\Proe5.0\work\original\ch2\ch2.2，打开图 2-2-23 所示的文件 quilt_yanshen_yuan.prt。

（2）选取图 2-2-23 所示的边线为要延伸的边，然后选择工具栏上的"编辑"→"延伸"命令，此时系统弹出"延伸"特征操控面板。

（3）单击操控面板中的按钮 （沿原始曲面延伸），打开"量度"操控面板。在边线上添加 4 个点，将其延伸距离分别设置为 20、30、50、30、20。并用鼠标调节其位置，最终效果见图 2-2-24。

图 2-2-23 quilt_yanshen_yuan 模型

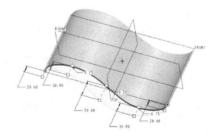

图 2-2-24 设置延伸距离

（4）单击"预览"按钮 ，预览延伸后的面组，确认无误后，单击"完成"按钮 。图 2-2-25 所示为完成的延伸结果。

（5）执行命令"文件"→"保存副本"，系统弹出"保存副本"对话框。在"新名称"文本框中输入 quilt_yanshen_yuan 1.prt，然后单击对话框中的"确定"按钮完成文件的保存。

2．将曲面延伸到参照平面

在指定确定曲面延伸终止位置的参照平面后，曲面将延伸至该平面为止。

（1）将工作目录设置至 D:\Proe5.0\work\original\ch2\ch2.2，打开图 2-2-26 所示的文件 quilt_yanshen_can.prt。

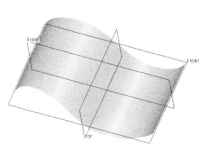
图 2-2-25 延伸结果

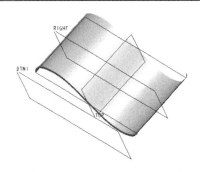
图 2-2-26 quilt_yanshen_can 模型

（2）选取图 2-2-26 所示的边线为要延伸的边。执行工具栏上的"编辑"→"延伸"命令，此时系统弹出"延伸"操控面板。

（3）单击操控面板中的按钮（将曲面延伸到参照平面）。

（4）选取终止平面 DTM1，如图 2-2-27 所示。

（5）单击"预览"按钮，预览延伸后的面组，确认无误后，单击"完成"按钮。图 2-2-28 所示为完成的延伸结果。

（6）执行命令"文件"→"保存副本"，系统弹出"保存副本"对话框。在"新名称"文本框中输入 quilt_yanshen_can1.prt，然后单击对话框中的"确定"按钮完成文件的保存。

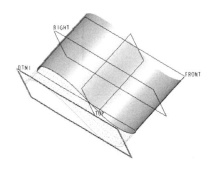
图 2-2-27 选取终止平面 DTM1

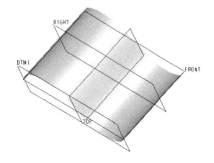
图 2-2-28 延伸结果

任务实施

本实例完成文件：G:\Proe5.0\work\result\ch2\ch2.2\deng_zhao.prt。

本实例视频文件：G:\Proe5.0\video\ch2\2_2.exe。

1．设置工作目录、新建文件

（1）将工作目录设置至 D:\Proe5.0\work\original\ch2\ch2.2。

（2）单击按钮，在弹出的"新建"对话框中选中"类型"选项组中的 零件，选中"子类型"选项组中的 实体 单选项。单击"使用缺省模板"复选框取消使用默认模板，在"名称"栏输入文件名 deng_zhao。单击"确定"按钮，打开"新文件选项"对话框。选择"mmns_part_solid"模板，单击"确定"按钮，进入零件的创建环境。

2．创建曲线

（1）单击"草绘"按钮，系统弹出"草绘"对话框。

（2）选取 TOP 基准平面为草绘平面，采用模型中默认的方向为草绘视图方向。选取 RIGHT 基准平面为参照平面，方向为"右"。单击对话框中的"草绘"按钮进入草绘环境。

（3）在草绘环境下绘制如图 2-2-29 所示的截面草图。完成后，单击☑按钮退出。图 2-2-30 所示为完成的曲线 1。

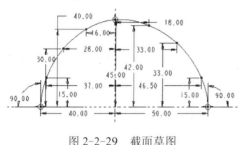
图 2-2-29 截面草图

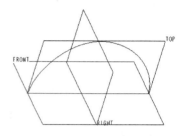
图 2-2-30 曲线 1

（4）单击"点"按钮，系统弹出"基准点"对话框。

（5）选中曲线 1，然后按照图 2-2-31 所示创建基准点 PNT0。

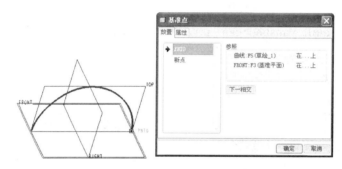

图 2-2-31 创建点 PNT0

（6）在"基准点"对话框中单击"新点"按钮，然后单击曲线 1 创建如图 2-2-32 所示的基准点 PNT1。

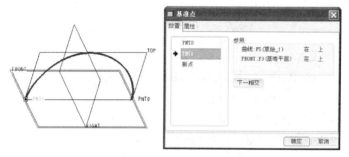

图 2-2-32 创建点 PNT1

（7）重复步骤（6），创建如图 2-2-33 所示的基准点 PNT2。

（8）再次单击"草绘"按钮，系统弹出"草绘"对话框。

（9）选取 FRONT 基准平面为草绘平面，采用模型中默认的方向为草绘视图方向。选取 RIGHT 基准平面为参照平面，方向为"右"。单击对话框中的"草绘"按钮进入草绘环境。

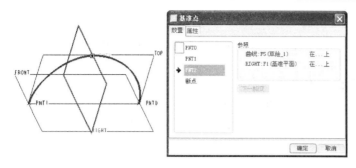

图 2-2-33　创建基准点 PNT2

（10）在草绘环境下增加 PNT0 和 PNT1 两点为参照，绘制如图 2-2-34 所示的截面草图。完成后，单击☑按钮退出。图 2-2-35 所示为完成的曲线 2。

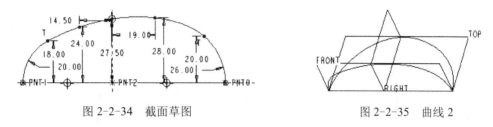

图 2-2-34　截面草图　　　　　　　　　　图 2-2-35　曲线 2

（11）再次单击"点"按钮，系统弹出"基准点"对话框。
（12）选中曲线 2，然后按照图 2-2-36 所示创建基准点 PNT3。

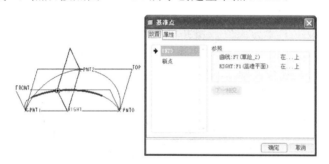

图 2-2-36　创建点 PNT3

（13）再次单击"草绘"按钮，系统弹出"草绘"对话框。
（14）选取 RIGHT 基准平面为草绘平面，采用模型中默认的方向为草绘视图方向。选取 FRONT 基准平面为参照平面，方向为"左"。单击对话框中的"草绘"按钮进入草绘环境。
（15）在草绘环境下增加 PNT2 和 PNT3 两点为参照，绘制如图 2-2-37 所示的截面草图。完成后，单击☑按钮退出。图 2-2-38 所示为完成的曲线 3。

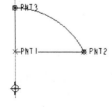　　　　　　　　　

图 2-2-37　截面草图　　　　　　　　　　图 2-2-38　曲线 3

3. 创建边界混合曲面

（1）单击工具栏中的"边界混合"按钮，按住 Ctrl 键，分别选取如图 2-2-39 所示的第一方向的二条边界曲线。

（2）在操控面板中单击第二方向曲线操作栏中的"单击此处添加…"字符，按住 Ctrl 键，分别选取如图 2-2-39 所示的第二方向的一条边界曲线。

（3）单击 按钮，完成如图 2-2-40 所示边界混合曲面的创建。

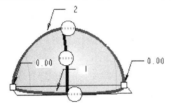
图 2-2-39　选取曲线

图 2-2-40　边界混合曲面

4. 镜像、合并曲面

（1）单击选取刚创建的曲面特征，然后单击工具栏中的"镜像"按钮，打开"镜像"特征操控面板。

（2）选取 FRONT 基准平面作为镜像平面，然后单击操控面板"完成"按钮 ，完成如图 2-2-41 所示的镜像特征。

（3）按住 Ctrl 键，选取如图 2-2-42 所示要合并的两个曲面。

（4）在主工具栏中单击"合并"按钮，系统弹出"合并"操控面板。接受默认的"相交"合并类型。

（5）调整操控面板上的"方向"按钮并单击"预览"按钮 ，观察合并结果，直到得到满意的结果。

（6）单击 按钮，完成合并操作。图 2-2-43 所示为创建的合并曲面 1。

图 2-2-41　镜像特征

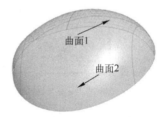
图 2-2-42　选取合并曲面

图 2-2-43　合并曲面 1

5. 创建底部曲线和辅助平面

（1）单击"草绘"按钮，系统弹出"草绘"对话框。

（2）选取 TOP 基准平面为草绘平面，采用模型中默认的方向为草绘视图方向。选取 RIGHT 基准平面为参照平面，方向为"右"。单击对话框中的"草绘"按钮进入草绘环境。

（3）在草绘环境下绘制如图 2-2-44 所示的截面草图。完成后，单击 按钮退出。图 2-2-45 所示为完成的曲线 4。

（4）单击"基准平面"按钮，系统打开"基准平面"对话框。

（5）选取 RIGHT 基准平面并在"基准平面"对话框中选择"偏移"选项，然后在"平移"文本框中输入数值 60。

项目 2　复杂零件的三维建模

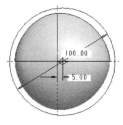

图 2-2-44　截面草图

图 2-2-45　曲线 4

（6）单击"基准平面"对话框中的"确定"按钮完成如图 2-2-46 所示基准平面 DTM1 的创建。

（7）重复步骤（4）～（6）并在"平移"文本框中输入数值-60，完成如图 2-2-47 所示基准平面 DTM2 的创建。

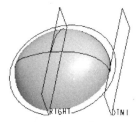

图 2-2-46　基准平面 DTM1

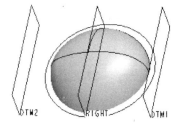

图 2-2-47　基准平面 DTM2

6．创建投影曲线 1

（1）单击"草绘"按钮，系统弹出"草绘"对话框。

（2）选取 DTM1 基准平面为草绘平面，采用模型中默认的方向为草绘视图方向。选取 TOP 基准平面为参照平面，方向为"顶"。单击对话框中的"草绘"按钮进入草绘环境。

图 2-2-48　截面草图　　　图 2-2-49　曲线 5

（3）在草绘环境下绘制如图 2-2-48 所示的截面草图。完成后，单击 按钮退出。图 2-2-49 所示为完成的曲线 5。

（4）单击"点"按钮，系统弹出"基准点"对话框。

（5）选中曲线 4，然后按照图 2-2-50 所示创建基准点 PNT4。

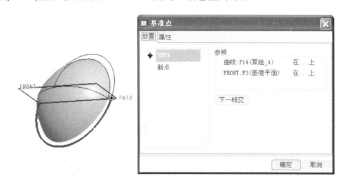

图 2-2-50　创建点 PNT4

（6）选取曲线 5，然后执行命令"编辑"→"投影"，系统弹出"投影"操控面板并提示"选取一组曲面，以将曲线投影到其上"。

（7）选取图 2-2-51 所示模型的外表面为投影曲面，再单击激活"方向参照"下的选项框，然后选取 DTM1 基准平面为方向参照，接受系统默认的投影方向。

（8）单击操控面板中的"预览"按钮，观察所创建的特征效果。最后，在操控面板中单击"完成"按钮，完成如图 2-2-52 所示投影曲线 1 的创建。

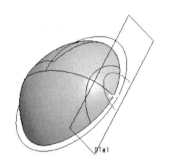 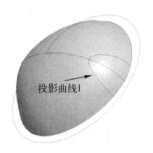

图 2-2-51　设置投影参数　　　　　图 2-2-52　投影曲线 1

7．修剪并创建曲线

（1）选取如图 2-2-52 所示的投影曲线 1，然后依次单击"复制"按钮 和"粘贴"按钮 ，系统弹出"复制"操控面板。

（2）单击"复制"操控面板中的"完成"按钮 ，完成如图 2-2-53 所示复制曲线 1 的创建（投影曲线 1 和复制曲线 1 重合）。

（3）在模型树中，选取投影曲线1，然后单击"修剪"按钮 ，系统弹出"修剪"操控面板。

（4）选取 FRONT 基准平面为修剪对象，此时的模型如图 2-2-54 所示。

（5）单击"方向"按钮 以选择保留的曲线。单击操控面板中的"预览"按钮，观察所创建的特征效果。最后，在操控面板中单击"完成"按钮，完成如图 2-2-55 所示修剪曲线 1 的创建。

 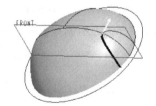 

图 2-2-53　复制曲线 1　　　　图 2-2-54　设置修剪参数　　　　图 2-2-55　修剪曲线 1

（6）同理，选取复制曲线 1，重复步骤（3）～（5），创建如图 2-2-56 所示修剪曲线 2。

（7）单击"点"按钮 ，系统弹出"基准点"对话框。

（8）选中修剪曲线 1，然后按照图 2-2-57 所示创建基准点 PNT5。

（9）在"基准点"对话框中单击"新点"按钮，然后单击修剪曲线 2 创建如图 2-2-58 所示的基准点 PNT6。

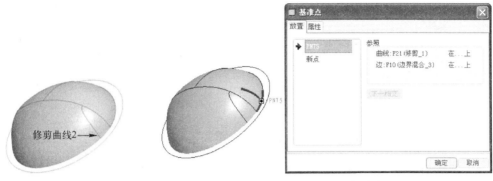

图 2-2-56　修剪曲线 2　　　　　图 2-2-57　创建点 PNT5

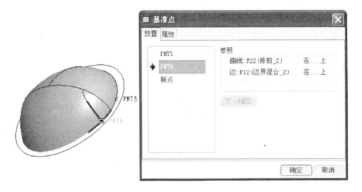

图 2-2-58　创建点 PNT6

（10）再次单击"点"按钮，系统弹出"基准点"对话框。

（11）选中修剪曲线 2，然后按照图 2-2-59 所示创建基准点 PNT7。

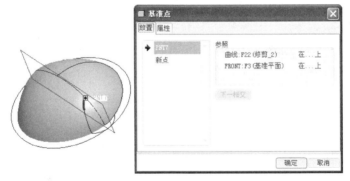

图 2-2-59　创建点 PNT7

（12）单击"草绘"按钮，系统弹出"草绘"对话框。

（13）选取 FRONT 基准平面为草绘平面，采用模型中默认的方向为草绘视图方向。选取 RIGHT 基准平面为参照平面，方向为"右"。单击对话框中的"草绘"按钮进入草绘环境。

（14）在草绘环境下添加点 PNT4 和 PNT7 为参照，绘制如图 2-2-60 所示的截面草图。完成后，单击按钮退出。图 2-2-61 所示为完成的曲线 6。

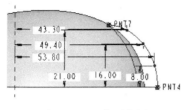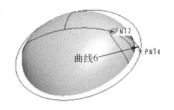

图 2-2-60　截面草图　　　　　图 2-2-61　曲线 6

（15）再次单击"草绘"按钮，系统弹出"草绘"对话框。

（16）选取 TOP 基准平面为草绘平面，采用模型中默认的方向为草绘视图方向。选取 RIGHT 基准平面为参照平面，方向为"右"。单击对话框中的"草绘"按钮进入草绘环境。

（17）在草绘环境下，添加点 PNT5 和 PNT6 为参照，绘制如图 2-2-62 所示的截面草图（与曲线 4 相切的圆弧）。完成后，单击按钮退出。图 2-2-63 所示为完成的曲线 7。

8．创建右侧边界混合曲面

（1）单击工具栏中的"边界混合"按钮，按住 Ctrl 键，分别选取如图 2-2-64 所示的第一方向的三条边界曲线。

（2）在操控面板中单击第二方向曲线操作栏中的"单击此处添加…"字符，按住 Ctrl 键，分别选取图 2-2-64 所示的第二方向的一条边界曲线。

（3）单击按钮，完成如图 2-2-65 所示边界混合曲面的创建。

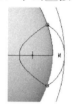

图 2-2-62　截面草图　　图 2-2-63　曲线 7　　图 2-2-64　选取曲线　　图 2-2-65　右侧边界
　　混合曲面

（4）按住 Ctrl 键，选取如图 2-2-65 所示原有的合并曲面 1 和刚创建的右侧边界混合曲面。

（5）在主工具栏中单击"合并"按钮，系统弹出"合并"操控面板，接受默认的"相交"合并类型。

（6）调整操控面板上的"方向"按钮并单击"预览"按钮，观察合并结果，直到得到满意的结果。

（7）单击按钮，完成如图 2-2-66 所示合并曲面 2 的创建。

（8）单击工具栏上的"倒圆角"按钮，在弹出的"倒圆角"操控面板的文本框中输入圆角半径 3。再选取如图 2-2-67 所示的边线。

图 2-2-66　合并曲面 2　　　　　图 2-2-67　选取倒圆角边线

（9）在操控面板中单击"完成"按钮，完成倒圆角特征的创建。

9. 创建投影曲线 2

（1）单击"草绘"按钮，系统弹出"草绘"对话框。

（2）选取 DTM2 基准平面为草绘平面，采用模型中默认的方向为草绘视图方向。选取 TOP 基准平面为参照平面，方向为"顶"。单击对话框中的"草绘"按钮进入草绘环境。

（3）在草绘环境下绘制如图 2-2-68 所示的截面草图。完成后，单击 ✓ 按钮退出。图 2-2-69 所示为完成的曲线 8。

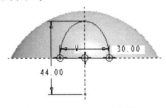

图 2-2-68　截面草图　　　　　　　图 2-2-69　曲线 8

（4）单击"点"按钮，系统弹出"基准点"对话框。

（5）选中曲线 4，然后按照图 2-2-70 所示创建基准点 PNT8。

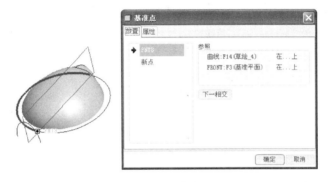

图 2-2-70　创建点 PNT8

（6）选取曲线 8，然后执行命令"编辑"→"投影"，系统弹出"投影"操控面板并提示"选取一组曲面，以将曲线投影到其上"。

（7）选取图 2-2-71 所示模型的外表面为投影曲面，再单击激活"方向参照"下的选项框，然后选取 DTM2 基准平面为方向参照，接受系统默认的投影方向。

（8）单击操控面板中的"预览"按钮，观察所创建的特征效果。最后，在操控面板中单击"完成"按钮，完成如图 2-2-72 所示投影曲线 2 的创建。

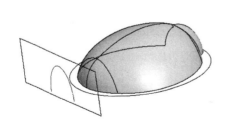
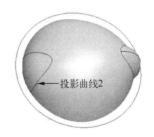

图 2-2-71　设置投影参数　　　　　　图 2-2-72　投影曲线 2

（9）单击"点"按钮，系统弹出"基准点"对话框。

（10）选中投影曲线 2，然后按照图 2-2-73 所示创建基准点 PNT9。

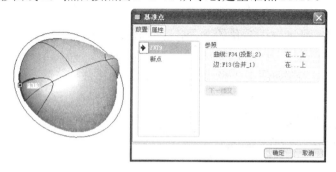

图 2-2-73　创建点 PNT9

（11）在"基准点"对话框中单击"新点"按钮，然后单击投影曲线 2 创建如图 2-2-74 所示的基准点 PNT10。

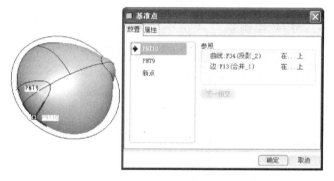

图 2-2-74　创建点 PNT10

（12）再次单击"新点"按钮，然后单击投影曲线 2 创建如图 2-2-75 所示的基准点 PNT11。

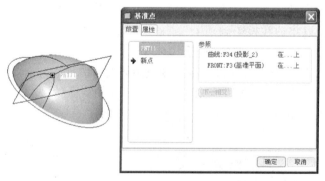

图 2-2-75　创建点 PNT11

10．修剪并创建曲线

（1）单击"草绘"按钮，系统弹出"草绘"对话框。

（2）选取 FRONT 基准平面为草绘平面，采用模型中默认的方向为草绘视图方向。选取 RIGHT 基准平面为参照平面，方向为"右"。单击对话框中的"草绘"按钮进入草绘环境。

（3）在草绘环境下添加点 PNT8 和 PNT11 为参照，绘制如图 2-2-76 所示的截面草图。

完成后,单击☑按钮退出。图 2-2-77 所示为完成的曲线 9。

(4) 选取图 2-2-77 所示模型中的投影曲线 2,然后依次单击"复制"按钮和"粘贴"按钮,系统弹出"复制"操控面板。

(5) 单击"复制"操控面板中的"完成"按钮☑,完成如图 2-2-78 所示复制曲线 2 的创建(投影曲线 2 和复制曲线 2 重合)。

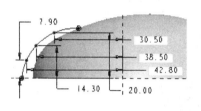
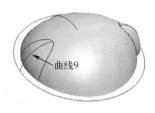
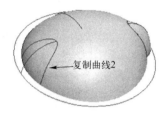

图 2-2-76　截面草图　　　　图 2-2-77　曲线 9　　　　图 2-2-78　复制曲线 2

(6) 在模型树中,选取投影曲线 2,然后单击"修剪"按钮,系统弹出"修剪"特征操控面板。

(7) 选取 FRONT 基准平面为修剪对象,此时的模型如图 2-2-79 所示。

(8) 单击"方向"按钮以选择保留的曲线。单击操控面板中的"预览"按钮,观察所创建的特征效果。最后,在操控面板中单击"完成"按钮,完成如图 2-2-80 所示修剪曲线 3 的创建。

(9) 同理,选取复制曲线 2,重复步骤(6)~(8),创建如图 2-2-81 所示修剪曲线 4。

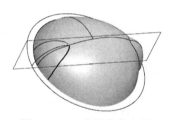
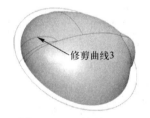
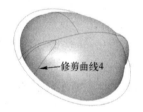

图 2-2-79　设置修剪参数　　　图 2-2-80　修剪曲线 3　　　图 2-2-81　修剪曲线 4

(10) 再次单击"草绘"按钮,系统弹出"草绘"对话框。

(11) 选取 TOP 基准平面为草绘平面,采用模型中默认的方向为草绘视图方向。选取 RIGHT 基准平面为参照平面,方向为"右"。单击对话框中的"草绘"按钮进入草绘环境。

(12) 在草绘环境下,添加点 PNT9 和 PNT10 为参照,绘制如图 2-2-82 所示的截面草图(与曲线 4 相切的圆弧)。完成后,单击☑按钮退出。图 2-2-83 所示为完成的曲线 10。

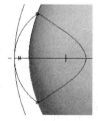
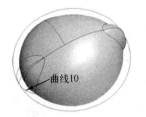

图 2-2-82　截面草图　　　　　　　　图 2-2-83　曲线 10

11. 创建左侧边界混合曲面

(1) 单击工具栏中的"边界混合"按钮,按住 Ctrl 键,分别选取如图 2-2-84 所示的

第一方向的三条边界曲线。

（2）在操控面板中单击第二方向曲线操作栏中的"单击此处添加…"字符，按住 Ctrl 键，分别选取图 2-2-84 所示的第二方向的一条边界曲线。

（3）单击☑按钮，完成如图 2-2-85 所示左侧边界混合曲面的创建。

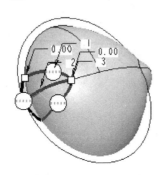 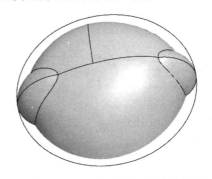

图 2-2-84　选取曲线　　　　　　图 2-2-85　左侧边界混合曲面

（4）按住 Ctrl 键，选取如图 2-2-85 所示原有的合并曲面 2 和刚创建的左侧边界混合曲面。

（5）在主工具栏中单击"合并"按钮，系统弹出"合并"操控面板，接受默认的"相交"合并类型。

（6）调整操控面板上的"方向"按钮并单击"预览"按钮，观察合并结果，直到得到满意的结果。

（7）单击☑按钮，完成如图 2-2-86 所示合并曲面 3 的创建。

（8）单击工具栏上的"倒圆角"按钮，在弹出的"倒圆角"操控面板的文本框中输入圆角半径 3。再选取如图 2-2-87 所示的边线。

（9）在操控面板中单击"完成"按钮☑，完成倒圆角特征的创建。

12．创建填充曲面并延伸曲面

（1）执行"编辑"→"填充"命令，系统弹出"填充"特征操控面板。

（2）在绘图区右击，从弹出的快捷菜单中选择"定义内部草绘"命令，系统弹出"草绘"对话框。

（3）选取 TOP 平面为草绘平面，采用模型中默认的方向为草绘视图方向。选取 RIGHT 基准平面为参照平面，方向为"右"。单击对话框中的"草绘"按钮进入草绘环境。

（4）在草绘环境中绘制如图 2-2-88 所示封闭截面草图，完成后单击☑按钮。

（5）在操控面板中单击☑按钮，完成如图 2-2-89 所示填充曲面 1 特征的创建。

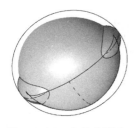 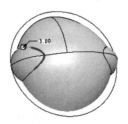 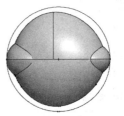 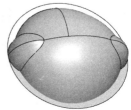

图 2-2-86　合并曲面 3　　图 2-2-87　选取倒圆角边线　　图 2-2-88　草绘截面　　图 2-2-89　填充曲面 1

（6）按住 Ctrl 键，选取如图 2-2-89 所示原有的合并曲面 3 和刚创建的填充曲面 1。

（7）在工具栏中单击"合并"按钮，系统弹出"合并"操控面板。接受默认的"相交"合并类型。

（8）调整操控面板上的"方向"按钮并单击"预览"按钮，观察合并结果，直到得到满意的结果。

（9）单击按钮，完成合并操作。图 2-2-90 所示为创建的合并曲面 4。

（10）同理，重复步骤（1）～（9），完成填充曲面 2 的创建并合并曲面。图 2-2-91 所示为创建的合并曲面 5。

（11）选取图 2-2-92 所示的曲面边线为要延伸的边。执行工具栏上的"编辑"→"延伸"命令，此时系统弹出"延伸"特征操控面板。

（12）单击操控面板中的"沿原始曲面延伸曲面"按钮，然后在"延伸距离"文本框中输入数值 2。

（13）单击操控面板中的"完成"按钮，完成如图 2-2-93 所示延伸曲面的创建。

  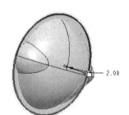 

图 2-2-90　合并曲面 4　　图 2-2-91　合并曲面 5　　图 2-2-92　选取延伸的边　　图 2-2-93　延伸曲面

（14）单击工具栏上的"倒圆角"按钮。在弹出的"倒圆角"操控面板的文本框中输入圆角半径 2，再选取如图 2-2-94 所示的边线。

（15）在操控面板中单击"完成"按钮，完成图 2-2-95 所示倒圆角特征的创建。

图 2-2-94　选取倒圆角边线　　　　　　图 2-2-95　倒圆角特征

13．创建顶部曲线

（1）单击"基准平面"按钮，系统打开"基准平面"对话框。

（2）选取 TOP 基准平面并在"基准平面"对话框中选择"偏移"选项，然后在"平移"文本框中输入数值 35。

（3）单击"基准平面"对话框中的"确定"按钮完成如图 2-2-96 所示基准平面 DTM3 的创建。

（4）单击"草绘"按钮，系统弹出"草绘"对话框。

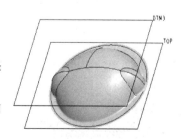

图 2-2-96　基准平面 DTM3

（5）选取 DTM3 基准平面为草绘平面，采用模型中默认的方向为草绘视图方向。选取 RIGHT 基准平面为参照平面，方向为"右"。单击对话框中的"草绘"按钮进入草绘环境。

（6）在草绘环境下，绘制如图 2-2-97 所示的截面草图。完成后，单击 按钮退出。图 2-2-98 所示为完成的曲线 11。

（7）选取曲线 11，然后执行命令"编辑"→"投影"，系统弹出"投影"操控面板并提示"选取一组曲面，以将曲线投影到其上"。

（8）选取图 2-2-99 所示模型的外表面为投影曲面，再单击激活"方向参照"下的选项框，然后选取 DTM3 基准平面为方向参照，接受系统默认的投影方向。

（9）单击操控面板中的"预览"按钮，观察所创建的特征效果。最后，在操控面板中单击"完成"按钮，完成如图 2-2-100 所示投影曲线 3 的创建。

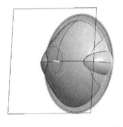

图 2-2-97　截面草图　　图 2-2-98　曲线 11　　图 2-2-99　设置投影参数　　图 2-2-100　投影曲线 3

（10）选取图 2-2-100 所示模型中的投影曲线 3，然后依次单击"复制"按钮 和"粘贴"按钮 ，系统弹出"复制"操控面板。

（11）单击"复制"操控面板中的"完成"按钮 ，完成如图 2-2-101 所示复制曲线 3 的创建（投影曲线 3 和复制曲线 3 重合）。

（12）单击"点"按钮 ，系统弹出"基准点"对话框。

（13）投影曲线 3，然后按照图 2-2-102 所示创建基准点 PNT13。

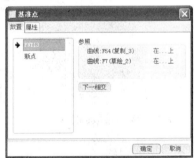

图 2-2-101　复制曲线 3　　　　　　　图 2-2-102　创建点 PNT13

（14）在"基准点"对话框中单击"新点"按钮，然后单击投影曲线 3 创建如图 2-2-103 所示的基准点 PNT14。

（15）单击"草绘"按钮 ，系统弹出"草绘"对话框。

（16）选取 FRONT 基准平面为草绘平面，采用模型中默认的方向为草绘视图方向。选取 RIGHT 基准平面为参照平面，方向为"右"。单击对话框中的"草绘"按钮进入草绘环境。

图 2-2-103　创建点 PNT14

（17）在草绘环境下，添加点 PNT13 和 PNT14 为参照，绘制如图 2-2-104 所示的截面草图。完成后，单击 ✓ 按钮退出。图 2-2-105 所示为完成的曲线 12。

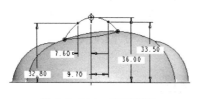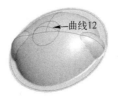

图 2-2-104　截面草图　　　　　　　图 2-2-105　曲线 12

（18）在模型树中，选取投影曲线 3，然后单击"修剪"按钮，系统弹出"修剪"操控面板。

（19）选取 FRONT 基准平面为修剪对象，此时的模型如图 2-2-106 所示。

（20）单击"方向"按钮 % 以选择保留的曲线。单击操控面板中的"预览"按钮，观察所创建的特征效果。最后，在操控面板中单击"完成"按钮，完成如图 2-2-107 所示修剪曲线 5 的创建。

（21）同理，选取复制曲线 3，重复步骤（18）～（20），创建如图 2-2-108 所示修剪曲线 6。

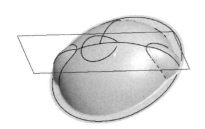

图 2-2-106　设置修剪参数　　　图 2-2-107　修剪曲线 5　　　图 2-2-108　修剪曲线 6

14．创建顶部混合曲面

（1）单击工具栏中的"边界混合"按钮，按住 Ctrl 键，分别选取如图 2-2-109 所示的第一方向的三条边界曲线。

（2）单击 ✓ 按钮，完成如图 2-2-110 所示顶部边界混合曲面的创建。

（3）按住 Ctrl 键，选取如图 2-2-110 所示原有的合并曲面 5 和刚创建的顶部边界混合曲面。

（4）在主工具栏中单击"合并"按钮，系统弹出"合并"操控面板，接受默认的"相交"合并类型。

（5）调整操控面板上的"方向"按钮并单击"预览"按钮，观察合并结果，直到得到满意的结果。

（6）单击按钮，完成如图2-2-111所示合并曲面6的创建。

（7）单击工具栏上的"倒圆角"按钮，在弹出的"倒圆角"操控面板的文本框中输入圆角半径3，再选取如图2-2-112所示的边线。

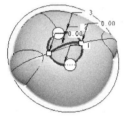   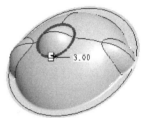

图2-2-109　选取曲线　　图2-2-110　顶部边界　　图2-2-111　合并曲面6　　图2-2-112　选取倒
　　　　　　　　　　　　　　　　混合曲面　　　　　　　　　　　　　　　　　　　　圆角边线

（8）在操控面板中单击"完成"按钮，完成倒圆角特征的创建。

15．创建偏移曲面

（1）选取图2-2-112所示模型的上表面，执行"编辑"→"偏移"命令，系统弹出"偏移"操控面板。

（2）在操控面板的"偏移"类型中选取"具有拔模特征"选项。在操控面板"选项"卡中选择"曲面"、"直的"等选项（默认选项）。

（3）在绘图区右击，在弹出的快捷菜单中选择"定义内部草绘"命令。

（4）选取 DTM3 基准平面为草绘平面，采用模型中默认的方向为草绘视图方向。选取 RIGHT 基准平面为参照平面，方向为"右"。单击对话框中的"草绘"按钮进入草绘环境。

（5）在草绘环境中绘制如图2-2-113所示的草绘截面（4个椭圆），完成后单击按钮退出草绘环境。

（6）在操控面板中输入偏移值3，输入侧面的拔模角度10。

（7）单击按钮，完成如图2-2-114所示的偏移特征创建。

（8）单击工具栏上的"倒圆角"按钮，在弹出的"倒圆角"操控面板的文本框中输入圆角半径1。再选取如图2-2-115所示的倒圆角边线。

（9）在操控面板中单击"完成"按钮，完成如图2-2-116所示倒圆角特征的创建。

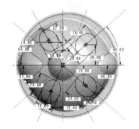   

图2-2-113　草绘截面　　图2-2-114　偏移特征　　图2-2-115　选取倒圆　　图2-2-116　倒圆角特征
　　　　　　　　　　　　　　　　　　　　　　　　　　　　　角边线

16. 加厚曲面

（1）选取已创建的模型曲面。

（2）选中下拉菜单"编辑"→"加厚"命令，系统弹出"加厚"操控面板。

（3）选取加材料的侧，输入薄板的厚度 0.8。此时的曲面如图 2-2-117 所示。

（4）单击 ✓ 按钮，完成加厚操作。图 2-2-118 所示为完成的加厚结果。

（5）单击工具栏上的"拉伸"按钮 。

（6）在弹出的"拉伸"特征操控面板中单击"实体类型"按钮 （默认选项）。

（7）在操控面板中单击"位置"按钮，然后在弹出的界面中单击 定义 按钮，系统弹出"草绘"对话框。

（8）选取模型的底部平面为草绘平面，采用系统中默认的方向为草绘视图方向。选取 TOP 基准平面为参照平面，方向为"右"。单击对话框中的"草绘"按钮，进入草绘环境。

（9）在草绘环境下绘制如图 2-2-119 所示的截面草图。完成后，单击 ✓ 按钮退出。

（10）在操控面板中单击"从草绘平面以指定的深度值拉伸"按钮 ，再在"长度"文本框中输入深度值 1，然后单击"完成"按钮，完成如图 2-2-120 所示拉伸特征的创建。

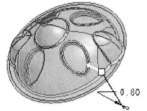  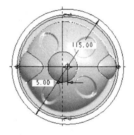 

图 2-2-117　设置加厚参数　　图 2-2-118　加厚结果　　图 2-2-119　截面草图　　图 2-2-120　拉伸特征

（11）单击工具栏上的"拉伸"按钮 。

（12）在弹出的"拉伸"特征操控面板中单击"实体类型"按钮 （默认选项）和"移除材料"按钮 。

（13）在操控面板中单击"位置"按钮，然后在弹出的界面中单击 定义 按钮，系统弹出"草绘"对话框。

（14）选取刚创建的环形特征的上表面为草绘平面，采用系统中默认的方向为草绘视图方向。选取 RIGHT 基准平面为参照平面，方向为"右"。单击对话框中的"草绘"按钮，进入草绘环境。

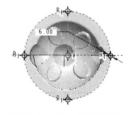

图 2-2-121　截面草图

（15）在草绘环境下绘制如图 2-2-121 所示的截面草图。完成后，单击 ✓ 按钮退出。

（16）在操控面板中单击"拉伸至与所有曲面相交"按钮 ，然后单击"完成"按钮，完成如图 2-2-122 所示剪切特征的创建。

图 2-2-122　剪切特征

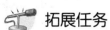 拓展任务

在 Pro/E 5.0 零件模块中完成如图 2-2-123 所示节能灯罩模型的创建。

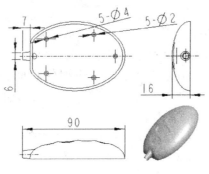

图 2-2-123　节能灯罩

任务 2.3　摇臂模型的建模

 学习目标

1．掌握"扫描混合"特征的创建方法；
2．掌握"螺旋扫描"特征的创建方法；
3．掌握"可变截面扫描"特征的创建方法；
4．掌握常用的复制、相交、合并、投影、修剪和延伸等曲线编辑方法。

 工作任务

在 Pro/E 5.0 零件模块中完成图 2-3-1 所示摇臂模型的创建。

图 2-3-1　摇臂

 任务分析

摇臂模型主要由 4 段分别采用螺旋扫描、扫描混合、拉伸和可变截面扫描等成型方法创建而成的典型特征组合而成。创建中还需要综合运用倒角、旋转、草绘、点、倒圆角等成型方法。表 2-3-1 所示为该模型的创建思路。

表 2-3-1　摇臂模型的创建思路

任务	1. 创建基本体	2. 切剪螺纹	3. 创建扫描轨迹 1
应用功能	拉伸、倒角	螺旋扫描、旋转	拉伸、草绘、点
完成结果			
任务	4. 创建扫描混合特征	5. 创建扫描轨迹 2	6. 创建可变截面扫描特征
应用功能	扫描混合	拉伸、草绘	可变截面扫描、倒圆角
完成结果			

知识准备

（一）扫描混合曲面的创建

扫描混合曲面综合了扫描和混合特征的特点，在建模时首先选取扫描轨迹线，再在轨迹线上设置一组参考点，并在各个参考点处绘制一组截面，最后将这些截面扫描混合后创建扫描混合曲面。下面以实例介绍扫描混合曲面的创建过程。

（1）将工作目录设置至 D:\Proe5.0\work\original\ch2\ch2.3，打开如图 2-3-2 所示的文件 sweep_hunhe.prt。

（2）单击"创建基准点"按钮，创建图 2-3-3 所示的基准点 PNT0、PNT1、PNT2。

图 2-3-2　sweep_hunhe 文件　　　　　图 2-3-3　创建基准点

（3）执行下拉菜单"插入"→"扫描混合"命令，系统弹出图 2-3-4 所示的"扫描混合"操控面板。单击"曲面"按钮 创建扫描混合曲面。

图 2-3-4　"扫描混合"操控面板

（4）执行"选项"→"选取项目"命令，再单击图 2-3-2 所示曲线，此时曲线加亮显示如图 2-3-5 所示。

（5）在"扫描混合"操控面板中选择"截面"菜单，再单击轨迹线的起点，这时"截面"菜单中的"草绘"选项变为可使用状态。单击"草绘"按钮，进入草绘环境绘制图 2-3-6 所示的第一个截面。

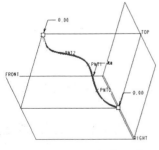 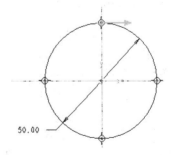

图 2-3-5　选取扫描轨迹线　　　　　图 2-3-6　第一截面

（6）退出第一截面绘制后，在"截面"菜单中选择"插入"命令，选择 PNT2 作为第二个截面放置点。单击"草绘"按钮,进入草绘环境绘制图 2-3-7 所示的第二个截面。

(7)退出第二截面绘制后,在"截面"菜单中选择"插入"命令,选择 PNT1 作为第三个截面放置点。单击"草绘"按钮,进入草绘环境绘制图 2-3-8 所示的第三个截面。

(8)退出第三截面绘制后,在"截面"菜单中选择"插入"命令,选择 PNT0 作为第四个截面放置点。单击"草绘"按钮,进入草绘环境绘制图 2-3-9 所示的第四个截面。

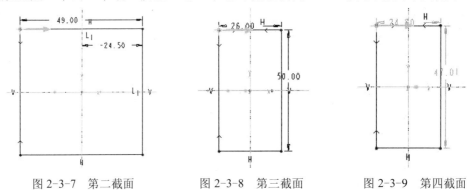

图 2-3-7　第二截面　　　　图 2-3-8　第三截面　　　　图 2-3-9　第四截面

(9)退出第四截面绘制后,在"截面"菜单中选择"插入"命令,选择曲线终点作为第五个截面放置点。单击"草绘"按钮,进入草绘环境绘制图 2-3-10 所示的第五个截面。

(10)打开"选项"操控面板,勾选"封闭端点"。预览后单击 ☑ 按钮,完成图 2-3-11 所示的扫描混合截面的创建过程。

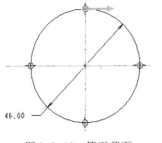 

图 2-3-10　第五截面　　　　　　　图 2-3-11　扫描混合结果

(11)执行命令"文件"→"保存副本",系统弹出"保存副本"对话框。在"新名称"文本框中输入 sweep_hunhe1.prt,然后单击对话框中的"确定"按钮完成文件的保存。

(二)螺旋扫描曲面的创建

螺旋扫描曲面是二维截面沿一条螺旋线轨迹扫描而成的曲面。螺旋扫描曲面分为两种:等螺距的螺旋扫描曲面和可变螺距的螺旋扫描曲面。

1. 等螺距的螺旋扫描曲面

(1)将工作目录设置至 D:\Proe5.0\work\original\ch2\ch2.3,新建文件 sweep_luoxuan_deng.prt。

(2)选择"插入"→"螺旋扫描"→"曲面"命令,系统弹出"曲面:螺旋扫描"特征定义对话框和"属性"菜单,如图 2-3-12 所示。

(3)在"属性"选项中选取常数、穿过轴、右手定则和完成。

(4)选取 FRONT 基准平面为草绘平面,进入草绘环境,绘制图 2-3-13 所示的螺旋扫描轨迹线及中心线，并单击☑按钮。

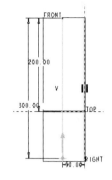

图 2-3-12 "曲面：螺旋扫描"对话框和"属性"菜单

图 2-3-13 扫描中心及轨迹线

（5）系统弹出图 2-3-14 所示的文本框，输入节距值 25，单击☑按钮退出。

图 2-3-14 "输入节距值"文本框

（6）在图 2-3-15 所示十字交叉处绘制圆作为螺旋扫描的界面，单击☑按钮退出草绘环境。

（7）在"属性"菜单下选择"封闭端"命令，再单击"曲面：螺旋扫描"特征定义对话框的"确定"按钮，完成等螺距螺旋扫描曲面的创建，如图 2-3-16 所示。最后保存文件。

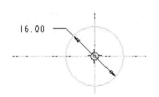

图 2-3-15 扫描截面

图 2-3-16 等螺距扫描曲面结果

2．可变螺距的螺旋扫描曲面

（1）将工作目录设置至 D:\Proe5.0\work\original\ch2\ch2.3，新建文件 sweep_luoxuan_bian.prt。

（2）在主菜单栏中选择"插入"→"螺旋扫描"→"曲面"命令，系统弹出"曲面：螺旋扫描"特征定义对话框和"属性"菜单。

（3）在"属性"菜单中选取"可变的"、"穿过轴"、"右手定则"和"完成"等命令。

（4）选取 FRONT 基准平面为草绘平面，进入草绘环境，绘制图 2-3-17 所示的螺旋扫描轨迹线及中心线，并单击☑按钮退出草绘环境。

（5）系统提示"在轨迹起始输入节距值"，在文本框中输入 35，单击☑按钮。

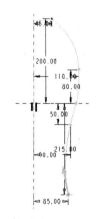

图 2-3-17 中心线及扫描轨迹线

（6）系统提示"在轨迹末端输入节距值"，在文本框中输入 50，单击☑按钮。

（7）系统出现图 2-3-18 所示的"PITCH_GRAPH"窗口和图 2-3-19 所示的"图形"菜单。

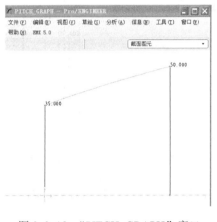

图 2-3-18　"PITCH_GRAPH"窗口　　　　图 2-3-19　"图形"菜单

（8）接受"图形"菜单中的默认选项，单击扫描轨迹线离起始点最近的一点，输入该点的螺距值为 50，单击☑按钮。

（9）单击扫描轨迹线中间部位的一点，输入该点的螺距值为 70，单击☑按钮。

（10）此时"PITCH_GRAPH"窗口中的曲线如图 2-3-20 所示，在"图形"菜单的"定义控制曲线"中选择"完成/返回"选项，在"控制曲线"菜单中选择"完成"选项。

（11）在图 2-3-21 所示十字交叉处绘制圆作为螺旋扫描的界面，单击☑按钮退出草绘环境。

（12）在"属性"菜单下选择"封闭端"命令，再单击"曲面：螺旋扫描"特征定义对话框的"确定"按钮，完成可变螺距螺旋扫描曲面的创建，如图 2-3-22 所示。最后保存文件。

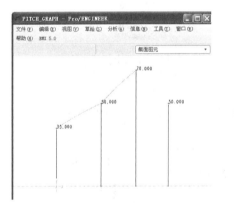 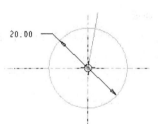 

图 2-3-20　"PITCH_GRAPH"窗口中的　　图 2-3-21　螺旋扫描截面　　图 2-3-22　可变螺距螺旋
　　　　　　节距值　　　　　　　　　　　　　　　　　　　　　　　　　　　　扫描曲面结果

（三）可变截面扫描曲面的创建

可变截面扫描就是使用可以变化的截面创建扫描特征，其核心就是截面是"可变的"，截面的变化主要包括以下几个方面。

① 方向：可以使用不同的参照确定截面扫描运动时的方向。
② 旋转：扫描时可以绕特定轴线适当旋转截面。
③ 几何参数：扫描时可以改变截面的尺寸参数。

选择"插入"→"可变截面扫描"命令，或在主工具栏中单击 按钮，打开图 2-3-23 所示的"可变截面扫描"特征操控面板。

图 2-3-23 "可变截面扫描"特征操控面板

单击操控面板上的"参照"按钮，打开图 2-3-24 所示的"参照"操控面板。在创建可变截面扫描特征时，需要事先创建扫描轨迹线，并选取其为原始轨迹线，如果同时按住 Ctrl 键则可以添加多个轨迹。

在创建可变截面扫描时可以使用以下几种轨迹类型。
① 原始轨迹：在打开可变截面扫描设计工具之前选取的轨迹为原始轨迹线，具有引导截面扫描移动和控制截面外形变化的作用。
② 法向轨迹：需要选取两条轨迹线来决定截面的位置和方向，其中原始轨迹用于决定截面中心的位置，在扫描过程中截面始终保持与法向轨迹垂直。
③ X 轨迹：沿 X 轴坐标方向的轨迹线。

单击"参照"操控面板上的"剖面控制"下拉菜单，打开图 2-3-25 所示的"剖面控制"操控面板。此时，系统提供了如下 3 种选项。

图 2-3-24 "参照"操控面板

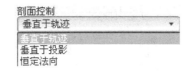

图 2-3-25 "剖面控制"操控面板

① 垂直于轨迹：绘制的截面在扫描过程中总是垂直于指定的法向轨迹。
② 垂直于投影：绘制的截面在扫描过程中总是垂直于指定的投影基准面。
③ 恒定法向：绘制的截面在扫描过程中总是平行于指定方向。

在设置完"参照"选项后，操控面板上的"草绘"按钮 才被激活，此时单击该按钮即可绘制截面图。绘制完成后退出草绘环境。

单击"可变截面扫描"操控面板上的"选项"按钮，打开图 2-3-26 所示的"选项"操控面板。在该面板中可以对以下参数进行设置。
① 可变截面：将草绘截面约束到其他参照轨迹线（中心平面或现有几何曲线），或使用由 trajpar 参数设置的截面关系来获得变化的草绘截面。
② 恒定剖面：在沿轨迹扫描的过程中，草绘截面的形状保持不变。

图 2-3-26 "选项"操控面板

③ 封闭端点：勾选该选项后，扫描出来的曲面的首尾两端将是封闭的；如果未勾选这项，首尾两端将是开放的。

下面以实例介绍可变截面扫描曲面的创建过程。

（1）将工作目录设置至 D:\Proe5.0\work\original\ch2\ch2.3，新建文件 sweep_kebianjm.prt。

（2）在主工具栏中单击 按钮，选取 TOP 基准平面为草绘平面，接受系统默认参照进入二维草绘环境，绘制图 2-3-27 所示的曲线，单击 按钮完成草图绘制。

（3）在右侧工具栏栏中单击 按钮，选取图 2-3-28 所示的曲线，按住 Ctrl 键选取刚绘制的另一条曲线，如图 2-3-29 所示。

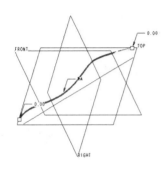

图 2-3-27 草绘曲线

图 2-3-28 选取一条曲线

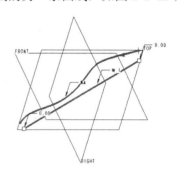

图 2-3-29 选取另一条曲线

（4）单击"可变截面扫描"操控面板上的"草绘"按钮 ，绘制图 2-3-30 所示的扫描截面。注意应使截面图形通过两条曲线的端点。

（5）预览后单击操控面板上的 按钮，完成可变截面扫描曲面的创建，如图 2-3-31 所示。

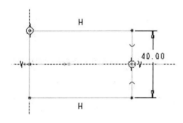

图 2-3-30 扫描截面

图 2-3-31 可变截面扫描曲面结果

（四）曲线编辑

当曲线特征创建完成后，可利用"编辑"菜单下的众多命令来对其进行几何编辑，如复制/粘贴、相交、合并、投影、修剪、延伸等。

1．曲线的复制

复制及粘贴命令的功能是将线头进行复制，以产生新的曲线，其操作流程如下：

（1）将工作目录设置至 D:\Proe5.0\work\original\ch2\ch2.3。打开如图 2-3-32 所示零件 fu_zhi.prt。

（2）选取零件表面后（红色加亮显示），将光标移到所需的线条，使其以粉蓝色线条显示,再点选之,则被选到的线条会加亮显示在画面上,如图 2-3-33 所示。

图 2-3-32　fu_zhi.prt

图 2-3-33　选取曲线

(3)然后单击"复制"按钮 ，再单击"粘贴"按钮 ，此时系统弹出如图 2-3-34 所示的"复制"操控面板,而模型则如图 2-3-35 所示。

图 2-3-34　"复制"操控面板

(4)单击操控面板"完成"按钮 ，完成如图 2-3-36 所示线条的复制。

图 2-3-35　所选取的曲线

图 2-3-36　复制的曲线

(5)执行命令"文件"→"保存副本",系统弹出"保存副本"对话框。在"新名称"文本框中输入 fu_zhi1.prt,然后单击对话框中的"确定"按钮完成文件的保存。

2．曲线的相交

可以两条草绘曲线求取交线,其运作原理是由此两条草绘曲线分别垂直其草绘平面长出两个平面,此两个平面的交线即成为一条曲线。具体操作流程如下:

(1)将工作目录设置至 D:\ Proe5.0\work\ original\ch2\ch2.3。打开如图 2-3-37 文件 xiang_jiao.prt。

(2)按住 Ctrl 键选取两条草绘曲线。

(3)执行命令"编辑"→"相交",即完成如图 2-3-38 所示的曲线的创建。

图 2-3-37　xiang_jiao.prt

图 2-3-38　相交曲线

（4）执行命令"文件"→"保存副本"，系统弹出"保存副本"对话框。在"新名称"文本框中输入 xiang_jiao1.prt，然后单击对话框中的"确定"按钮完成文件的保存。

 任务实施

本实例完成文件：G:\Proe5.0\work\result\ch2\ch2.3\ yao_bi.prt。

本实例视频文件：G:\Proe5.0\video\ch2\2_3.exe。

1．设置工作目录、新建文件

（1）将工作目录设置至 D:\ Proe5.0\work\ original\ch2\ch2.3。

（2）单击 按钮，在弹出的"新建"对话框中选中"类型"选项组中的 零件，选中"子类型"选项组中的 实体单选项。单击"使用缺省模板"复选框取消使用默认模板，在"名称"栏输入文件名 yao_bi。单击"确定"按钮，打开"新文件选项"对话框。选择"mmns_part_solid"模板，单击"确定"按钮，进入零件的创建环境。

2．拉伸

（1）单击工具栏上的"拉伸"按钮 。

（2）在弹出的"拉伸"特征操控面板中单击"实体类型"按钮 （默认选项）。

（3）在操控面板中单击"位置"按钮，然后在弹出的界面中单击 定义... 按钮，系统弹出"草绘"对话框。

（4）选取 FRONT 基准平面为草绘平面，采用系统中默认的方向为草绘视图方向。选取 RIGHT 基准平面为参照平面，方向为"右"。单击对话框中的"草绘"按钮，进入草绘环境。

（5）在草绘环境下绘制图 2-3-39 所示的截面草图。完成后，单击 按钮退出。

（6）在操控面板中单击"从草绘平面以指定的深度值拉伸"按钮 ，再在"长度"文本框中输入深度值 20，然后单击"完成"按钮，完成如图 2-3-40 所示拉伸特征的创建。

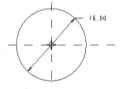

图 2-3-39　截面草图　　　　　　　　　　图 2-3-40　拉伸特征

3．倒角

（1）单击"倒角"按钮 ，系统弹出"倒角"特征操控面板。

（2）在模型上选取如图 2-3-41 所示要倒角的边线。

（3）在"倒角"特征操控面板"D"后的文本框中输入倒角数值 2。

（4）预览倒角效果后，单击 按钮完成如图 2-3-42 所示倒角特征的创建。

图 2-3-41　选取倒角边线　　　　　　　　图 2-3-42　倒角特征

4. 螺旋扫描

（1）选择"插入"→"螺旋扫描"→"切口"命令，系统弹出"切剪：螺旋扫描"特征对话框和"属性"菜单。

（2）在"属性"选项中选取"常数"、"穿过轴"、"右手定则"和"完成"。

（3）选取 RIGHT 基准平面为草绘平面，进入草绘环境，绘制图 2-3-43 所示的螺旋扫描轨迹线及中心线，并单击☑按钮。

（4）系统弹出"输入节距值"文本框，输入节距值 3，单击☑按钮退出。

（5）在图 2-3-44 所示十字交叉处绘制圆作为螺旋扫描的截面，单击☑按钮退出草绘环境。

图 2-3-43 扫描中心及轨迹线

（6）接受系统的默认设置，单击"切剪：螺旋扫描"特征对话框的"确定"按钮，完成等螺距螺旋扫描特征的创建，如图 2-3-45 所示。

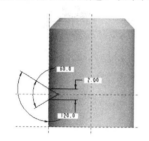

图 2-3-44 扫描截面

图 2-3-45 等螺距扫描切剪特征

5. 旋转切剪

（1）单击工具栏的"旋转"按钮❖，系统弹出"旋转"操控面板。在操控面板中单击"实体类型"按钮▢（默认选项）和"移除材料"按钮✎。

（2）直接右击绘图区，在弹出的快捷菜单中选择"定义内部草绘"命令，打开"草绘"对话框。

（3）选择 RIGHT 基准平面为草绘平面，TOP 基准平面为参照平面，参照方向取"顶"后，单击"草绘"按钮进入草绘环境。

（4）在草绘环境下绘制如图 2-3-46 所示的草绘图形和中心线，完成后单击☑按钮退出草绘环境。

（5）在"旋转"操控面板中单击"从草绘平面以指定的角度值旋转"按钮⬚后，在"角度"文本框中输入数值 360。

（6）单击"预览"按钮∞观察效果，最后单击☑按钮完成如图 2-3-47 所示旋转特征的创建。

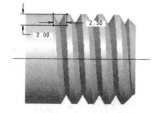

图 2-3-46 草绘截面

图 2-3-47 旋转切剪特征

6. 拉伸

（1）单击工具栏上的"拉伸"按钮 。

（2）在弹出的"拉伸"特征操控面板中单击"实体类型"按钮 （默认选项）。

（3）在操控面板中单击"位置"按钮，然后在弹出的界面中单击 定义... 按钮，系统弹出"草绘"对话框。

（4）选取 FRONT 基准平面为草绘平面，采用系统中默认的方向为草绘视图方向。选取 RIGHT 基准平面为参照平面，方向为"右"。单击对话框中的"草绘"按钮，进入草绘环境。

（5）在草绘环境下绘制图 2-3-48 所示的截面草图。完成后，单击 按钮退出。

（6）在操控面板中单击"从草绘平面以指定的深度值拉伸"按钮 ，再在"长度"文本框中输入深度值 10，然后单击"完成"按钮，完成如图 2-3-49 所示拉伸特征的创建。

图 2-3-48　截面草图　　　　　　　　图 2-3-49　拉伸特征

7. 创建曲线和点

（1）单击"草绘"按钮 ，系统弹出"草绘"对话框。

（2）选取 TOP 基准平面为草绘平面，采用模型中默认的方向为草绘视图方向。选取 RIGHT 基准平面为参照平面，方向为"右"。单击对话框中的"草绘"按钮进入草绘环境。

（3）在草绘环境下绘制如图 2-3-50 所示的截面草图。完成后，单击 按钮退出。图 2-3-51 所示为完成的曲线 1。

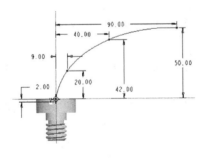 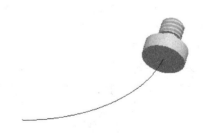

图 2-3-50　截面草图　　　　　　　　图 2-3-51　曲线 1

（4）单击"点"按钮 ，系统弹出"基准点"对话框。

（5）选中曲线 1，然后按照图 2-3-52 所示创建基准点 PNT0。

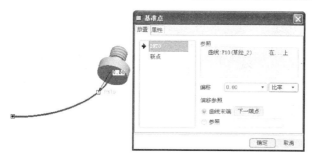

图 2-3-52　创建点 PNT0

（6）在"基准点"对话框中单击"新点"按钮，然后单击曲线 1 创建如图 2-3-53 所示的基准点 PNT1。

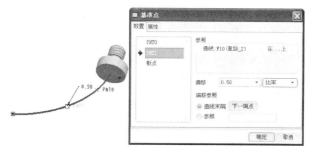

图 2-3-53　创建点 PNT1

（7）在"基准点"对话框中再次单击"新点"按钮，然后单击曲线 1 创建如图 2-3-54 所示的基准点 PNT2。

图 2-3-54　创建点 PNT2

8．扫描混合

（1）执行"插入"→"扫描混合"命令，系统弹出"扫描混合"操控面板，在操控面板中按下"实体类型"按钮 ▫（默认选项）。

（2）选择"参照"→"选取项目"命令，再单击图 2-3-51 所示曲线 1，此时曲线加亮显示。

（3）在"扫描混合"操控面板中选择"截面"菜单，单击轨迹线的起点，这时"截面"菜单中的"草绘"选项变为可使用状态。单击"草绘"按钮，进入草绘环境绘制如图 2-3-55 所示的第一个截面。注意需把曲线等分为 4 个部分。

（4）退出第一截面绘制后，在"截面"菜单中选择"插入"命令，选择 PNT0 点作为第二个截面放置点。单击"草绘"按钮，进入草绘环境绘制如图 2-3-56 所示的第二个截面。

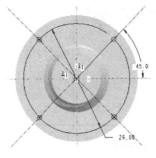 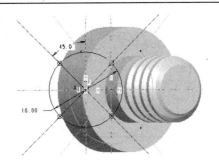

图 2-3-55　第一截面　　　　　　图 2-3-56　第二截面

（5）退出第二截面绘制后，在"截面"菜单中选择"插入"命令，选择 PNT1 点作为第三个截面放置点。单击"草绘"按钮，进入草绘环境绘制如图 2-3-57 所示的第三个截面。

（6）退出第三截面绘制后，在"截面"菜单中选择"插入"命令，选择 PNT2 点作为第四个截面放置点。单击"草绘"按钮，进入草绘环境绘制如图 2-3-58 所示的第四个截面。

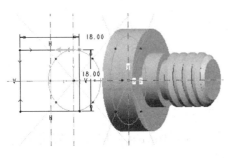 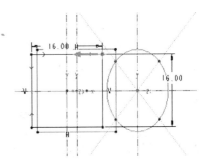

图 2-3-57　第三截面　　　　　　图 2-3-58　第四截面

（6）退出第四截面绘制后，在"截面"菜单中选择"插入"命令，选择曲线 1 终点作为第五个截面放置点。单击"草绘"按钮，进入草绘环境绘制如图 2-3-59 所示的第五个截面。

（7）完成第五截面绘制后，返回"扫描混合"操控面板。预览后单击☑按钮，完成如图 2-3-60 所示的扫描混合特征的创建。

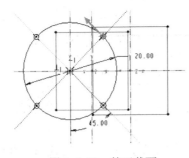 

图 2-3-59　第五截面　　　　　　图 2-3-60　扫描混合特征

9．拉伸

（1）单击工具栏上的"拉伸"按钮 。

（2）在弹出的"拉伸"特征操控面板中单击"实体类型"按钮 （默认选项）。

（3）在操控面板中单击"位置"按钮，然后在弹出的界面中单击 定义... 按钮，系统弹出"草绘"对话框。

(4) 选取如图 2-3-60 所示扫描混合特征的端面为草绘平面，接受系统默认设置，单击"草绘"按钮进入草绘环境。

(5) 在草绘环境下绘制如图 2-3-61 所示的截面草图。完成后，单击☑按钮退出。

(6) 在操控面板中单击"从草绘平面以指定的深度值拉伸"按钮，再在"长度"文本框中输入深度值 26，然后单击"完成"按钮，完成如图 2-3-62 所示拉伸特征的创建。

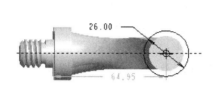 

图 2-3-61 截面草图　　　　　　　　图 2-3-62 拉伸特征

10．绘制曲线

(1) 单击"草绘"按钮，系统弹出"草绘"对话框。

(2) 选取 TOP 基准平面为草绘平面，采用模型中默认的方向为草绘视图方向。选取 RIGHT 基准平面为参照平面，方向为"右"。单击对话框中的"草绘"按钮进入草绘环境。

(3) 在草绘环境下绘制如图 2-3-63 所示的截面草图。完成后，单击☑按钮退出。图 2-3-64 所示为完成的曲线 2。

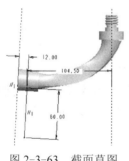 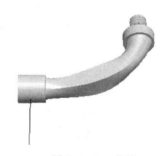

图 2-3-63 截面草图　　　　　　　　图 2-3-64 曲线 2

11．可变截面扫描

(1) 在右侧工具栏中单击"可变截面扫描"按钮，系统弹出"可变截面扫描"特征操控面板。

(2) 单击操控面板上的"参照"按钮，打开"参照"操控面板。激活对话框后选取如图 2-3-64 所示的曲线 2。此时的模型如图 2-3-65 所示。

(3) 单击"可变截面扫描"操控面板上的"草绘"按钮，进入草绘环境后绘制如图 2-3-66 所示的扫描截面。

图 2-3-65 选取扫描轨迹线　　　　　　图 2-3-66 扫描截面

（4）执行"工具"→"关系"命令，打开"关系"对话框。在对话框中输入关系式 sd3 = 18 + (3* cos (trajpar*360*4))，然后单击"确定"按钮返回草绘环境。再单击"完成"按钮返回到"可变截面扫描"操控面板。

（5）预览后单击操控面板上的 按钮，完成如图 2-3-67 所示可变截面扫描特征的创建。

12．倒圆角

（1）单击工具栏上的"倒圆角"按钮 。

（2）在弹出的"倒圆角"操控面板的文本框中输入圆角半径 2。再在图 2-3-67 中的模型上选取要倒圆角的边线，此时模型的显示状态如图 2-3-68 所示。

（3）单击操控面板中的"预览"按钮，观察所创建的特征效果。

（4）在操控面板中单击"完成"按钮，完成图 2-3-69 所示倒圆角特征的创建。

 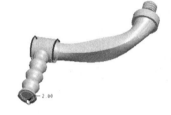 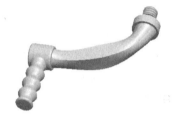

图 2-3-67　可变截面扫描特征　　图 2-3-68　选取倒圆角边线　　图 2-3-69　倒圆角特征

（1）单击工具栏上的"倒圆角"按钮 。

（2）在弹出的"倒圆角"特征操控面板的文本框中输入圆角半径 5。再选取如图 2-3-70 所示的边线。

（3）单击操控面板中的"预览"按钮，观察所创建的特征效果。

（4）在操控面板中单击"完成"按钮，完成图 2-3-71 所示倒圆角特征的创建。

（5）单击工具栏"保存"按钮 ，系统弹出"保存对象"对话框，采用默认名称并单击"确定"按钮完成文件的保存。

拓展任务

在 Pro/E 5.0 零件模块中完成如图 2-3-72 所示弯钩零件模型的创建。

图 2-3-70　选取倒圆角边线

图 2-3-71　倒圆角特征

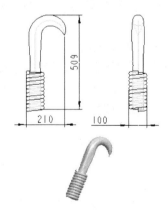

图 2-3-72　弯钩

任务 2.4　微型机器人模型的装配建模

学习目标

1. 了解 Pro/E 5.0 装配环境和组件装配设计的基本知识；
2. 掌握创建装配体模型的一般过程；
3. 掌握创建组件分解视图的方法与技巧；
4. 了解编辑装配体元件的方法与技巧；
5. 掌握元件"重复"装配的方法；
6. 掌握元件"阵列"装配的方法；
7. 了解隐含与恢复的概念及应用方法；
8. 了解装配环境下的视图管理功能。

工作任务

在 Pro/E 5.0 装配模块中完成图 2-4-1 所示微型机器人模型装配体的创建。

图 2-4-1　机器人模型

任务分析

微型机器人模型由身体、头、手和脚等 6 个零件组成，装配中需要综合运用坐标系、配对、对齐和插入等多种装配约束方法。表 2-4-1 所示为该装配模型的创建思路。

表 2-4-1　微型机器人模型的创建思路

任务	1. 装配身体	2. 装配头	3. 装配胳膊
应用功能	装配、坐标系	装配、对齐、配对	装配、对齐、配对、插入
完成结果			
任务	4. 装配腿	5. 着色	6. 创建爆炸图
应用功能	装配、对齐、配对	外观库	视图、视图管理器、分解
完成结果			

知识准备

装配就是把加工好的零件按一定的顺序和技术要求连接成为完整产品的过程。在 Pro/E 5.0 中，模型的装配操作是通过"装配"操控面板来实现的。在使用 Pro/E 5.0 进行产品设计时，可以通过指定零件之间的相互配合关系来将零件装配在一起，而且可以通过爆炸视图更清楚地观察零件的组成结构、装配形式。

（一）Pro/E 5.0 装配环境概述

装配模型设计与零件模型设计的过程类似，零件模型是通过向模型中增加特征完成零件设计，而装配是通过向模型中增加零件(或部件)完成产品的设计，使其能够完成一定的使用功能。装配模式的启动方法如下：

选择菜单"文件"→"新建"命令，或单击工具栏中的"新建"按钮，打开"新建"对话框，在"新建"对话框的"类型"选项组中，选中"组件"单选按钮，在"子类型"选项组下选中"设计"单选按钮。在"名称"文本框中输入装配文件的名称，然后禁用"使用缺省模板"复选框，选择"mmns_asm_design"模板，单击"确定"按钮，进入"组件"模块工作环境，如图 2-4-2 所示。

在装配模式下，系统会自动创建三个基准平面（ASM_TOP、ASM_RIGHT、ASM_FRONT）与一个坐标系 ASM_CSYS_DEF，使用方法与零件模式相同。

组件模块的工作界面与零件设计模块类似，Pro/E 5.0 组件模块只是在"插入"菜单中多了"元件"菜单项。"元件"子菜单则包含装配、创建等选项，同时在主窗口右侧增加了装配工具栏。如图 2-4-3 所示，"元件"子菜单下的几个命令的含义说明如下。

图 2-4-2　组件模块工作界面　　　　　　图 2-4-3　"元件"子菜单

① 装配：将已有的元件（零件、子装配件或骨架模型）装配到装配环境中。

② 创建：在装配环境中创建不同类型的元件，即零件、子装配件、骨架模型及主体项目，也可创建一个空元件。

③ 封装：将元件不加装配约束地放置在装配环境中。

④ 包括：在活动组件中包括未放置的元件。

⑤ 挠性：向所选的组件中添加挠性元件。

（二）"装配"操控面板介绍

执行"插入"→"元件"→"装配"命令或者单击主窗口右侧的"装配"按钮，系统将弹出"打开"对话框。选择好要装配的零件并单击该对话框的"打开"按钮后，系统将弹出如图 2-4-4 所示的"装配"操控面板。在该对话框中，可以设置放置元件时，显示元件的屏幕窗口、组装的约束类型、参照特征的选择以及组合状态的显示等。该操控面板中的主要选项含义说明如下。

图 2-4-4 "装配"操控面板

(1) 按钮：使用界面来放置组件。
(2) 按钮：使用手动方式来放置组件。
(3) 按钮：将约束转换为机构连接，反之亦然。
(4) 按钮：指定约束时在单独的窗口中显示元件。
(5) 按钮：指定约束时在组件窗口中显示元件。
(6) 用户定义。单击"用户定义"文本框后的黑三角，系统将弹出如图 2-4-5 所示的"用户定义"下拉列表，该列表主要用来显示预定义的连接类型，包括用户定义、刚性、销钉、滑动杆、圆柱、平面、球、焊缝、轴承、一般、6DOF 和槽等 12 种机械设计中常见的连接类型。表 2-4-2 所示为 12 种连接类型的含义。

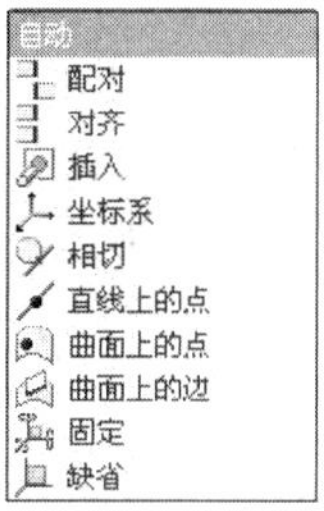

图 2-4-5 "用户定义"下拉列表

(7) 自动。单击"自动"文本框后的黑三角，系统将弹出如图 2-4-6 所示的"自动"下拉列表。该列表主要用来显示预定义的约束类型，包括自动、配对、对齐、插入、坐标系、相切、直线上的点、曲面上的点、曲面上的边、固定和缺省等 11 种约束类型。表 2-4-3 所示为 11 种装配约束的含义。

图 2-4-6 "自动"下拉列表

表 2-4-2 连接类型含义

序 号	连 接 类 型	含 义
1	用户定义	创建用户定义的约束结合
2	刚性	不得移动组件内的组件
3	销钉	包含移动轴和平移约束
4	滑动杆	包含移动轴和旋转约束
5	圆柱	包含旋转轴，只能进行 360°的移动
6	平面	包含平面约束，可沿参照平面进行旋转和平移
7	球	包含点对齐约束，可进行 360°的移动
8	焊缝	包含一个坐标系和一个偏移值，可将固定方位的组件"焊缝"到组件中
9	轴承	包含点对齐约束，可沿着轨迹进行旋转
10	一般	创建两个约束的用户定义结合
11	6DOF	包含一个坐标系和一个偏移值，可朝所有方向移动
12	槽	包含点对齐，可沿着非直线轨迹进行旋转

表 2-4-3 装配约束含义

序 号	装配约束	含 义
1	自动	系统默认的约束类型。将导入元件放置到组件中时，仅需要选择元件与组件参照，系统会根据有效参照，猜测设计意图而自动设置适当约束

续表

序 号	装配约束	含 义
2	配对	使两平面或基准面呈面对面，即法线互相平行且方向相反，分为偏距、定向和重合三种类型。所谓偏距即两面平行、相距距离一定、法线方向相反，偏距值为两个参照面之间的距离，可以为正数、负数或者零；所谓定向即两面平行、相距距离不定、法线方向相反，与偏距不同的是，定向约束中两个参照面之间的距离不是参数，不可以被修改。该约束条件一般用来当作其他约束方式的补充约束
3	对齐	使两平面或基准面法线互相平行且方向相同，分为重合、偏距和定向三种类型，偏距即两面平行、距离一定、法线方向相同，定向即两面平行、距离不定、法线方向相同。也可使两线共线，两点重合，两边重合
4	插入	装配两个旋转曲面，使其旋转中心轴重合，类似于轴线对齐
5	坐标系	使两元件的某一坐标系彼此重合（原点、X 轴、Y 轴、Z 轴完全对齐），达到完全约束的状态
6	相切	使两个曲面呈面面相对的相切接触状态，使两曲面在切点接触
7	直线上的点	将点置于直线上。它将用来控制参照边、轴线或基准曲线与参照点的接触
8	曲面上的点	将点置于曲面上。它将用来控制参照曲面与参照点的接触
9	曲面上的边	将边置于曲面上。它将用来控制参照曲面与参照边的接触
10	固定	将元件固定在当前位置
11	缺省	将元件坐标系与默认的组件坐标系加以对齐

（8）偏移类型。该选项用来指定"配对"或"对齐"约束的偏移类型。单击 按钮后的黑三角可以选择三种偏移类型，其说明如表 2-4-4 所示。

表 2-4-4 偏移类型含义

序 号	按钮图标	名 称	含 义
1		重合	让组件参照与组件参照彼此重合。它也是系统默认的选项，即设置两参照间的偏移量为零
2		定向	让组件参照定向于同一平面且与组件参照平行，两者间的偏移距离由其他装配关系决定
3		偏距	让组件参照定向于同一平面且与组件参照平行，两者间的偏移距离由右侧文本框中的数值决定

（9）状态。显示零件间的约束状态，包括无约束、部分约束和完全约束等 3 种类型。只有处于"完全约束"状态时，两个零件间的空间位置关系才完全确定。

（10）按钮 与 。前者表示指定约束时，在单独的窗口中显示导入元件。后者表示指定约束时，在单独的窗口中显示导入元件。当上述两个图标同时被单击时，被导入元件将同时显示在主窗口及子窗口中。

（11）放置。在"装配"操控面板中单击"放置"按钮，系统将弹出如图 2-4-7 所示的"放置"对话框。该对话框用来详细建立组件间的约束关系及连接状态。激活"选取元件项目"和"选取组件项目"文本框后可以分别对元件的约束参照和组件的约束参照进行设置。

（12）移动。在"元件放置"操控面板中单击"移动"按钮，系统将弹出如图 2-4-8 所示的"移动"对话框。该对话框用来移动要组装的组件，以便轻松地存取该组件。

（三）元件装配的基本过程

组件模式下的主要操作是利用"装配"操控面板添加新元件。添加新元件的方式有两种，即装配元件和创建元件。前者将一个已有的元件调入后进行装配，后者则是在组件模式下直接创建新的元件。下面分别介绍其操作过程。

图 2-4-7 "放置"对话框　　　　　图 2-4-8 "移动"对话框

1．装配元件

（1）将工作目录设置至 D:\Proe5.0\work\original\ch2\ch2.4，单击 按钮，系统弹出"新建"对话框。

（2）在"新建"对话框"类型"栏中选择"组件"选项，然后在"名称"文本框中输入 zhuang_pei1，最后取消选中"使用缺省模板"选项，再单击"确定"按钮。

（3）系统弹出"新文件选项"对话框，在对话框中选取"mmns-asm-design"项，最后单击"确定"按钮，进入装配环境。

（4）单击 按钮，系统弹出"打开"对话框。在该对话框中选择文件 kong，单击"打开"按钮，系统将弹出"装配"操控面板，同时所选取的文件出现在组件环境中。

（5）在"装配"操控面板"自动"栏下拉列表中选择"缺省"选项。单击按钮，完成第一个零件的装配，如图 2-4-9 所示。

（6）单击 按钮，系统弹出"打开"对话框。在该对话框中选择文件 zhou，单击"打开"按钮，系统将弹出"装配"操控面板，同时所选取的文件出现在组件环境中。

（7）在"装配"操控面板"自动"栏下拉列表中选择"对齐"选项，分别选取 zhou 和 kong 的轴线为元件的约束参照和组件的约束参照，如图 2-4-10 所示。此时的模型显示如图 2-4-11 所示。单击 按钮，完成第一个零件的装配。

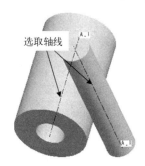

图 2-4-9 装配第一个零件　　　图 2-4-10 选取轴线　　　图 2-4-11 对齐约束

（8）在"装配"操控面板中单击"放置"按钮，再在系统弹出的"放置"对话框中单击"新建约束"按钮，新增约束"配对"。然后按照图 2-4-12 所示分别选取两个元件的端面。再单击"放置"对话框中的"偏移"选项下的下拉列表，选取"偏移"选项并在文本框中输入 20，此时的模型显示如图 2-4-13 所示。

（9）单击"装配"操控面板中的 按钮，完成如图 2-4-14 所示的两个零件的装配。最后保存文件。

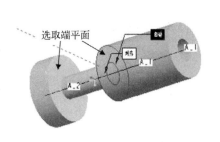 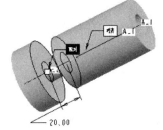 

图 2-4-12　选取端平面　　　图 2-4-13　设置"配对"约束　　　图 2-4-14　完成的装配体

2．创建元件

（1）单击右侧工具栏中的"创建"按钮，或选择"插入"→"元件"→"创建"命令，系统将弹出如图 2-4-15 所示的"元件创建"对话框。

（2）在"类型"选项组中选择"零件"单选按钮，"子类型"选项组中选中"实体"单选按钮，在"名称"文本框中输入文件名，单击"确定"按钮，打开如图 2-4-16 所示的"创建选项"对话框。创建元件的方法有以下 4 种。

图 2-4-15　"元件创建"对话框　　　　图 2-4-16　"创建选项"对话框

复制现有：创建模型的副本并将其定位在组件中。
定位缺省基准：创建元件并自动将其装配到所选参照。
空：创建不具有初始几何的元件。
创建特征：使用现有组件参照创建新零件几何。

（3）选择一种创建方法再单击"确定"按钮，然后就可以像在零件模式下一样进行各种特征的创建。完成特征以及零件的创建后，仍然可以回到组件模式下，定位元件位置以及相对关系，进行装配约束设置。

（四）分解视图

装配好零件模型后，有时候需要重新分解组件以便清楚地表达组件内部结构，查看组件中各个零件的位置状态以及位置关系，这种重新分解而得到的视图称为分解图，又叫爆炸图。

执行"视图"→"视图管理器"命令，系统将弹出如图 2-4-17 所示的"视图管理器"对话框。在该对话框的"分解"选项卡下可创建分解视图。此外，单击"视图"菜单并将鼠标移动到"分解"子菜单上时系统将弹出如图 2-4-18 所示的"分解"子菜单选项。选择相关命令后也可创建分解视图。关闭分解视图时，将保留与元件分解位置有关的信息。

1. 缺省分解视图

在创建或打开一个完整的装配体后,选择"视图"→"分解"→"分解视图"选项,系统将执行自动分解操作,如图 2-4-19 所示。

图 2-4-17 "视图管理器"对话框　　图 2-4-18 "分解"子菜单　　图 2-4-19 缺省分解视图

2. 自定义分解视图

选择"视图"→"分解"→"编辑位置"选项,系统将弹出"编辑位置"操控面板,如图 2-4-20 所示。"编辑位置"操控面板包含以下工具。

图 2-4-20 "编辑位置"操控面板

(1) ▭:沿所选轴平移。
(2) ▭:绕所选参照旋转。
(3) ▭:绕视图平面移动。
(4) ▭:用来切换选定元件的分解状态,将视图状态设置为已分解或未分解。
(5) ▭:创建偏移线。
(6) 参照。在"编辑位置"操控面板中单击"参照"按钮,系统将弹出如图 2-4-21 所示的"参照"对话框。使用该对话框可收集并显示已分解元件的运动参照。
① 要移动的元件:显示对应于所选运动参照的元件。
② 移动参照:激活运动参照收集器并显示所选择的运动参照。
(7) 选项。在"编辑位置"操控面板中单击"选项"按钮,系统将弹出如图 2-4-22 所示的"选项"对话框。使用该对话框可将复制的位置应用于元件、定义运动增量以及移动带有已分解元件的元件子项。
① 复制位置:单击"复制位置"按钮,系统将弹出如图 2-4-23 所示的"复制位置"对话框。在该对话框中可将另一个元件位置应用于所选的已分解元件。已分解元件在"要移动的元件"下定义,位置参照在"复制位置自"下定义。
② 运动增量:设置运动增量值或指定"平滑"运动。系统提供了"平滑"、1、5、10 等 4 种选项供选择。也可以在参数框中直接输入其他数值。例如,在参数框中输入数值 6 后,元件将以每隔 6 个单位的距离移动。

图 2-4-21 "参照"对话框　　图 2-4-22 "选项"对话框　　图 2-4-23 "复制位置"对话框

③ 随子项移动：选中此复选框后，子组件将随组件主体的移动而移动，但移动子组件不影响主元件的存在状态。

（8）分解线。在"编辑位置"操控面板中单击"分界线"按钮，系统将弹出如图 2-4-24 所示的"分界线"对话框。使用该对话框可以创建、修改和删除元件之间的分解线。

① ：创建修饰偏移线，以说明分解元件的运动。单击该按钮，系统将弹出如图 2-4-25 所示的"修饰偏移线"对话框，该对话框包含两个参照收集器，可用于收集创建已分解元件轨迹偏移线所需参照对象。单击每个参照收集器旁边的相应"反向"按钮可以切换参照方向。

图 2-4-24 "分界线"对话框　　　　图 2-4-25 "修饰偏移线"对话框

② ：编辑分解线或偏移线。
③ ：删除所选的分解线或偏移线。
④ "编辑线造型"：打开"线造型"对话框以更改所选的分解线或偏移线的外观。
⑤ "缺省线造型"：打开"线造型"对话框以设置分解线或偏移线的缺省外观。

（五）装配体中元件的编辑

和实体零件设计一样，当组件装配完成后，可以采以下几种方法对各组成零件进行编辑。

（1）在模型树（或绘图窗口）中选择零件，然后右键单击，在弹出的快捷菜单中选择"激活"命令以进入该零件的设计模式。在该模式下可以修改零件的尺寸，对现有特征进行修改或者创建新的特征。

（2）从模型树（或绘图窗口）中选择零件或者装配特征，右击，在弹出的快捷菜单中选择"编辑"命令，可以修改零件中的任何一个尺寸，包括零件尺寸、装配特征尺寸或零件装配时的偏移尺寸。

（3）在模型树（或绘图窗口）中选择零件，然后右击，在弹出的快捷菜单中选择"打开"命令，系统将打开一个包含该元件的新窗口。在该窗口中可以对零件进行编辑。

图 2-4-26 "元件"菜单

（4）执行"编辑"→"元件操作"命令，系统将弹出如图 2-4-26

所示的"元件"菜单。该菜单中包含了复制、合并、切除、变换等命令。

（5）选择"视图"→"分解"→"编辑位置"命令或者执行"视图"→"视图管理器"命令可以修改分解视图中零件的位置。

（六）元件阵列装配

1. 元件阵列装配简介

前面介绍的重复装配可以快速地在组件中重复装配同一元件。但这样做还是需要一步步地在组件中定义组件参照。在某些特殊情况下，某一元件需要大量地重复插入，且组件参照也是有着特殊的排布规律时，可以用阵列装配元件方法来装配大量重复元件。

阵列装配工具和特征阵列工具的调用方法、使用界面、使用方法等基本相同。在模型树中选取需要阵列的元件，右击，在弹出的快捷菜单中选择"阵列"命令，打开如图 2-4-27 所示的"阵列"特征操控面板，可以使用不同阵列方法阵列装配体中均匀分布的元件。以下为几种阵列方式的操作步骤。

图 2-4-27 "阵列"特征操控面板

（1）参照。一个元件在被装配到组件中某一阵列的参照上后，可以通过参照此阵列来阵列化该元件。当出现"阵列"操控面板后，系统自动选取"参照"选项。该方法只有在阵列已经存在时才可用。

（2）尺寸。在曲面上使用"配对"或"对齐"偏移约束装配第一个元件。使用所应用约束的偏移值作为参考尺寸以创建非表达式的独立阵列。

（3）方向。沿指定方向装配元件。选取平面、平整曲面、线性曲线、坐标系或轴以定义第一方向，选取类似的参照定义第二方向。

（4）轴。将元件装配到阵列中心。选取一个要定义的基准轴，然后输入阵列成员之间的角度以及阵列中成员的数量。

（5）填充。在曲面上装配第一个元件，然后使用同一曲面上的草绘生成元件填充阵列。

（6）表。在曲面上使用"配对"或"对齐"偏移约束装配第一个元件。使用所应用约束的偏移值作为尺寸。单击"编辑"创建表，或单击"表"并从列表中选取现有的表阵列。

（7）曲线。将元件装配到组件中的参照曲线上。如果在组件中不存在现有的曲线，可以从"参照"对话框中打开"草绘器"以草绘曲线。

注：阵列装配元件时，阵列导引用 ● 表示，阵列成员用 ● 表示。要排除某个阵列成员，只要单击相应黑点并使黑点变为 ○ 即可。再次单击该点则可以增加该阵列成员。

2. 元件阵列装配实例

常用的元件阵列装配类型主要包括参照阵列、尺寸阵列和轴阵列。

（1）参照阵列。参照阵列是以装配体中某一零件中的特征阵列为参照来进行元件的阵列。

① 将工作目录设置至 D:\Proe5.0\work\original\ch2\ch2.4，打开如图 2-4-28 所示的文件 canzhao_zp.asm。

② 在装配模型树界面中右击元件 luoding1，在弹出的快捷菜单中选择"阵列"命令。

③ 在弹出的"阵列"操控面板的阵列类型框中选取"参照"，并单击"完成"按钮☑。

④ 系统自动参照 di_ban 元件中孔的阵列，创建如图 2-4-29 所示的元件参照阵列。

 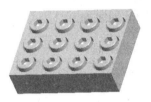

图 2-4-28　canzhao_zp.asm　　　　　　图 2-4-29　元件参照阵列

⑤ 执行命令"文件"→"保存副本"，系统弹出"保存副本"对话框。在"新名称"文本框中输入 canzhao_zp1.asm，然后单击对话框中的"确定"按钮完成文件的保存。

（2）尺寸阵列。元件的尺寸阵列是使用装配中的约束尺寸创建阵列，所有只有使用诸如"配对偏距"或"对齐偏距"这样的约束类型才能创建元件的尺寸阵列。

① 将工作目录设置至 D:\ Proe5.0\work\ original\ch2\ch2.4，打开如图 2-4-30 所示的文件 chicun_zp.asm。

② 在装配模型树界面中右击元件 huan,在弹出的快捷菜单中选择"阵列"命令。

③ 在弹出的"阵列"操控面板的阵列类型框中选取"尺寸"，系统提示"选取要在第一方向上改变的尺寸"。

④ 选取如图 2-4-31 中的尺寸 1.00，再在出现的"增量尺寸"文本框中输入数值 15 并按回车键。

⑤ 在"阵列"操控面板中输入阵列数目 6，然后单击"完成"按钮☑，完成如图 2-4-32 所示的元件尺寸阵列。

图 2-4-30　chicun_zp.asm　　　图 2-4-31　选取阵列尺寸　　　图 2-4-32　元件尺寸阵列

⑥ 执行命令"文件"→"保存副本"，系统弹出"保存副本"对话框。在"新名称"文本框中输入 chicun_zp1.asm，然后单击对话框中的"确定"按钮完成文件的保存。

（3）轴阵列。

① 将工作目录设置至 D:\ Proe5.0\work\ original\ch2\ch2.4，打开如图 2-4-33 所示的文件 zhou_zp.asm。

② 在装配模型树界面中右击元件 luoding1,在弹出的快捷菜单中选择"阵列"命令。

③ 在弹出的"阵列"操控面板的阵列类型框中选取"轴"，系统提示"选取基准轴、坐标系轴来定义阵列中心"。

④ 选取如图 2-4-34 中的轴线 A_1。再在出现的"角度增量"文本框中输入数值 60 并按回车键。

⑤ 在"阵列"操控面板中输入阵列数目 6，然后单击"完成"按钮☑，完成如图 2-4-35 所示的元件轴阵列。

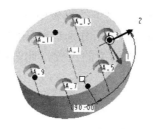

图 2-4-33　zhou_zp.asm　　　　图 2-4-34　选取轴线 A_1　　　　图 2-4-35　元件轴阵列

⑥ 执行命令"文件"→"保存副本"，系统弹出"保存副本"对话框。在"新名称"文本框中输入 zhou_zp1.asm，然后单击对话框中的"确定"按钮完成文件的保存。

 任务实施

本实例完成文件：G:\Proe5.0\work\result\ch2\ch2.4\ ji_qi_ren.asm。
本实例视频文件：G:\Proe5.0\video\ch2\2_4.exe。

1．设置工作目录、新建文件

（1）将工作目录设置至 D:\ Proe5.0\work\ original\ch2\ch2.4。

（2）单击 按钮，在弹出的"新建"对话框中选中"类型"选项组中的 组件，选中"子类型"选项组中的 设计 单选项。单击"使用缺省模板"复选框取消使用默认模板，在"名称"栏输入文件名 Ji_qi_ren。单击"确定"按钮，打开"新文件选项"对话框。选择"mmns_asm_solid"模板，单击"确定"按钮，进入组件的创建环境。

2．装配元件 BODY

（1）单击"装配"按钮 ，系统弹出"打开"对话框。在该对话框中选择文件 BODY，单击"打开"按钮，系统将弹出"装配"操控面板，同时所选取的文件出现在组件环境中。

（2）在"装配"操控面板"自动"栏下拉列表中选择"坐标系"选项，系统提示"选取模型的坐标系"。

（3）单击按钮 与 ，同时打开主窗口及子窗口。然后根据系统提示，按图 2-4-36 所示分别选取组件坐标系 ASM_DEF_CSYS 和元件坐标系 CSO，最后单击 按钮，完成第一个零件的装配，如图 2-4-37 所示。

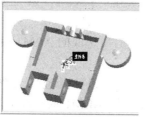

图 2-4-36　选取坐标系　　　　　　　　图 2-4-37　装配元件 BODY

3．装配元件 HEAD

（1）单击"装配"按钮 ，系统弹出"打开"对话框。在该对话框中选择文件 HEAD，单击"打开"按钮,系统将弹出"装配"操控面板,同时所选取的 HEAD 模型出现在组件环境中。

(2) 在"装配"操控面板"自动"栏下拉列表中选择"对齐"选项并单击☑按钮打开显示元件的子窗口。然后,如图 2-4-38 所示分别选取 BODY 的轴线 A_3 和 HEAD 的轴线 A_1,最后单击☑按钮,完成"对齐"约束的设置,此时的状态栏显示为部分约束,模型状态如图 2-4-39 所示。

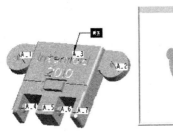

图 2-4-38　选取对齐轴线　　　　　　　图 2-4-39　"对齐"约束

(3) 在"装配"操控面板中单击"放置"按钮,再在系统弹出的"放置"对话框中单击"新建约束"按钮,新增约束"配对"。然后按照图 2-4-40 所示分别选取组件和元件的配对平面。此时的"放置"对话框如图 2-4-41 所示,状态栏显示为完全约束。

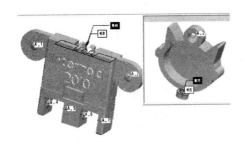

图 2-4-40　选取配对平面　　　　　　　图 2-4-41　"放置"对话框

(4) 最后单击"放置"对话框中的"完成"按钮☑,完成如图 2-4-42 所示第二个零件的装配。

4. 装配元件 ARM1 和 ARM2

(1) 单击"装配"按钮☑,系统弹出"打开"对话框。在该对话框中选择文件 ARM1,单击"打开"按钮,系统将弹出"装配"操控面板,同时所选取的 ARM1 模型出现在组件环境中。

(2) 在"装配"操控面板"自动"栏下拉列表中选择"对齐"选项并单击☑按钮打开显示元件的子窗口。然后,如图 2-4-43 所示分别选取 ARM1 的基准平面 DTM1 和 BODY 的基准平面 DTM4,最后单击操控面板中的"完成"按钮☑,完成"对齐"约束的设置。此时的状态栏显示为部分约束。

图 2-4-42　装配元件 HEAD

(3) 在"装配"操控面板中单击"放置"按钮,再在系统弹出的"放置"对话框中单击"新建约束"按钮,新增约束"对齐"。然后,如图 2-4-44 所示分别选取 ARM1 的基准平面

DTM3 和 BODY 的基准平面 DTM3，最后单击操控面板中的"完成"按钮☑，完成"对齐"约束的设置。此时的状态栏仍显示为部分约束。

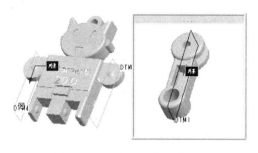
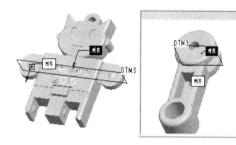

图 2-4-43　选取对齐基准平面 1　　　　　图 2-4-44　选取对齐基准平面 2

（4）再在"放置"对话框中单击"新建约束"按钮，新增约束"配对"。然后，如图 2-4-45 所示分别选取 ARM1 和 BODY 元件的对应平面，再单击"放置"对话框中的"偏移"选项下的下拉列表，选取"偏移"选项并在文本框中输入 0.05，此时的"放置"对话框如图 2-4-46 所示，状态栏显示为完全约束。

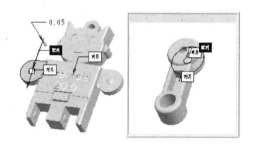

图 2-4-45　选取配对平面　　　　　　图 2-4-46　"放置"对话框

（5）最后单击"放置"对话框中的"完成"按钮☑，完成如图 2-4-47 所示第三个零件 ARM1 的装配。

（6）再次单击"装配"按钮，系统弹出"打开"对话框。在该对话框中选择文件 ARM2，单击"打开"按钮，系统将弹出"装配"操控面板，同时所选取的 ARM2 模型出现在组件环境中。

（7）在"装配"操控面板"自动"栏下拉列表中选择"插入"选项并单击按钮打开显示元件的子窗口。然后，如图 2-4-48 所示分别选取 ARM2 的圆柱孔和 BODY 的半圆柱面，最后单击操控面板中的"完成"按钮☑，完成"插入"约束的设置。此时的状态栏显示为部分约束。

图 2-4-47　装配元件 ARM1

（8）在"装配"操控面板中单击"放置"按钮，再在系统弹出的"放置"对话框中单击"新建约束"按钮，新增约束"配对"。然后，如图 2-4-49 所示分别选取 ARM2 和 BODY 元件的对应平面，再单击"放置"对话框中的"偏移"选项下的下拉列表，选取"偏移"选项并在文本框中输入 0.05，此时的状态栏显示为完全约束。

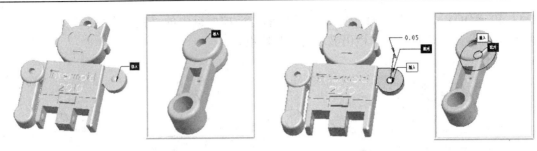

图 2-4-48 设置"插入"约束　　　　图 2-4-49 选取对齐基准平面 2

（9）最后单击"放置"对话框中的"完成"按钮，完成如图 2-4-50 所示第四个零件 ARM2 的装配。

5. 装配元件 LEG1 和 LEG2

（1）单击"装配"按钮，系统弹出"打开"对话框。在该对话框中选择文件 LEG1，单击"打开"按钮，系统将弹出"装配"操控面板，同时所选取的 LEG1 模型出现在组件环境中。

（2）在"装配"操控面板"自动"栏下拉列表中选择"对齐"选项并单击按钮打开显示元件的子窗口。然后，如图 2-4-51 所示分别选取 LEG1 元件的 A_1 轴线和 BODY 元件的 A_4 轴线，最后单击操控面板中的"完成"按钮，完成"对齐"约束的设

图 2-4-50 装配元件 ARM2

置。此时的状态栏显示为部分约束。

（3）再在"放置"对话框中单击"新建约束"按钮，新增约束"配对"。然后，如图 2-4-52 所示分别选取 LEG1 和 BODY 元件的对应平面，再单击"放置"对话框中的"偏移"选项下的下拉列表，选取"偏移"选项并在文本框中输入数值 0.1，此时的"放置"对话框如图 2-4-53 所示，状态栏显示为完全约束。

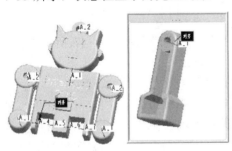 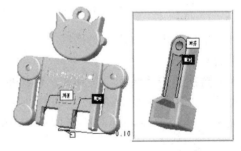

图 2-4-51 选取对齐轴线　　　　　　图 2-4-52 选取配对平面

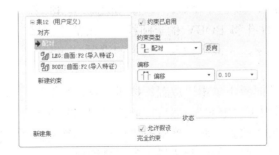

图 2-4-53 "放置"对话框

（4）最后单击"放置"对话框中的"完成"按钮☑，完成如图 2-4-54 所示第 5 个零件 LEG1 的装配。

（5）重复步骤（1）～（4），完成如图 2-4-55 所示第 6 个零件 LEG2 的装配。

图 2-4-54　装配元件 LEG1　　　　图 2-4-55　装配元件 LEG2

6．创建分解视图

（1）执行"视图"→"视图管理器"命令，在弹出的"视图管理器"对话框的"分解"选项卡中单击"新建"按钮，输入分解的名称 jqr，并按回车键。

（2）单击"视图管理器"对话框中的"属性"按钮，再在对话框中单击❀按钮，系统弹出"编辑位置"操控面板。

（3）在"编辑位置"操控面板中单击"平移"按钮⬚，并激活"单击此处添加项目"选项，再选取 BODY 元件的垂直边线为运动参照。

（4）单击操控面板中的"选项"按钮，然后选择"随子项移动"复选框。

（5）选取 HEAD 元件，此时系统会在该元件上显示一个参照坐标系，移动鼠标选择好坐标系的方向后单击并移动鼠标即可拖动 HEAD 元件。调整后的模型如图 2-4-56 所示。

（6）同理选择其余的 ARM1、ARM2、LEG1 和 LEG2 等元件，并分别将其调整至合适位置，如图 2-4-57 所示。

（7）在"编辑位置"操控面板中单击"旋转"按钮⬚，并激活"单击此处添加项目"选项，然后选择 BODY 上的轴线 A_1。

（8）选取元件 ARM1，此时元件上会出现白色方形控制块，移动控制块即可旋转 ARM1 的位置。同理，分别旋转 ARM2、LEG1 和 LEG2 等三个元件的角度，最后完成的图形如图 2-4-58 所示。

图 2-4-56　移动 HEAD　　　图 2-4-57　移动元件　　　图 2-4-58　分解图形

（9）单击"编辑位置"操控面板中的"分界线"按钮，在弹出的对话框中单击"创建修饰偏移线"按钮 。

（10）系统弹出"修饰偏移线"对话框，分别选取 HEAD 的 A_1 轴线和 BODY 的 A_3 轴线后，单击对话框中的"应用"按钮，此时的模型如图 2-4-59 所示。

（11）同理分别创建其余的分解偏距线，完成后的模型如图 2-4-60 所示。

图 2-4-59　创建偏距线 1　　　　　　　图 2-4-60　具有偏距线的分解图形

（12）完成以上分解运动后，单击"编辑位置"操控面板中的"完成"按钮 ，再在"视图管理器"对话框中单击 按钮。

（13）然后，依次单击"编辑"、"保存"按钮，再在系统弹出的"保存显示元素"对话框中单击"确定"按钮，完成分解图形 jqr 的保存。最后单击"视图管理器"对话框中的"关闭"按钮。

（14）单击工具栏"保存"按钮 ，系统弹出"保存对象"对话框，采用默认名称并单击"确定"按钮完成文件的保存。

拓展任务

在 Pro/E 5.0 装配模块中完成如图 2-4-61 所示脚轮装配模型的创建并生成爆炸图。

图 2-4-61　脚轮装配模型

项目 3　两板式注塑模具设计

 学习目标

1. 了解注塑模具设计的基础知识；
2. 了解 Pro/E 5.0 软件中注塑模具设计模块的界面及基本术语；
3. 掌握 Pro/E 5.0 软件中注塑模具设计的基本流程；
4. 掌握手动创建工件的方法；
5. 掌握阴影曲面的创建方法；
6. 掌握分割法创建体积块的方法；
7. 掌握分流道的创建方法。
8. 了解注塑模具的设计步骤；
9. 掌握裙边曲面的创建方法；
10. 掌握"遮蔽"与"隐藏"元件的操作方法；
11. 掌握定位参照零件的操作方法；
12. 掌握顶杆孔的创建方法。

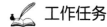 工作任务

在 Pro/E 5.0 模具设计模块中，完成零件的注塑模具设计。

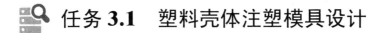 任务 3.1　塑料壳体注塑模具设计

 学习目标

1. 了解注塑模具设计的基础知识；
2. 了解 Pro/E 5.0 软件中注塑模具设计模块的界面及基本术语；
3. 掌握 Pro/E 5.0 软件中注塑模具设计的基本流程；
4. 掌握手动创建工件的方法；
5. 掌握阴影曲面的创建方法；
6. 掌握分割法创建体积块的方法；
7. 掌握分流道的创建方法。

 工作任务

在 Pro/E 5.0 注塑模具设计模块中，完成如图 3-1-1 所示塑料壳体注塑模具的设计。

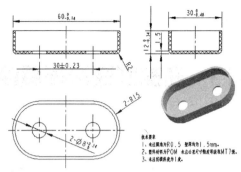

图 3-1-1 塑料壳体

 任务分析

该塑件外轮廓为长方形,两端为半圆形,顶部有两个通孔。塑件壁厚为 1.5mm,尺寸精度要求不高。塑件材料为聚甲醛(POM),成型工艺性较好,可以注塑成型。

塑件的最大截面为底平面,故分型面应选在底平面处。考虑到该塑件尺寸精度要求不高,尺寸较小,决定采用最简单的两板模结构形式,一模两腔,顶杆推出,平衡浇道,侧浇口,动、定模上均开设冷却通道。表 3-1-1 所示为该塑件注塑模具的设计思路。

表 3-1-1 塑料壳体注塑模具的设计思路

任务	1. 装配参照模型	2. 创建工件	3. 创建分型面
应用功能	装配、收缩	元件创建	分型面、阴影曲面
完成结果			
任务	4. 抽取模具元件	5. 修改成型零件	6. 创建小镶件
应用功能	分割体积块、抽取元件	拉伸	元件创建、拉伸
完成结果			
任务	7. 创建浇注系统	8. 铸模	9. 模拟开模
应用功能	拉伸、旋转、流道	铸模	模具开模
完成结果			

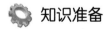 **知识准备**

(一)注塑模具设计基础知识

1. 塑料的类型及性能

塑料一般由树脂和添加剂(助剂)组成。树脂是塑料中重要的成分,它决定了塑料的类型,影响着塑料的基本性能。塑料添加剂的种类很多,常见的有填充剂、增塑剂、着色剂、润滑剂、稳定剂等。根据塑料中合成树脂的分子结构及热性能，塑料可分为热塑性塑料和热固性塑料。而根据其性能及用途，塑料又可分为通用塑料、工程塑料和特种塑料。常用的热塑性塑料有聚乙烯（PE）、聚氯乙烯（PVC）、聚丙烯（PP）、聚苯乙烯（PS）、聚碳酸酯（PC）、聚甲醛（POM）、ABS等。

塑料的性能主要指塑料在成型工艺过程中所表现出来的成型特性。在模具的设计过程中，要充分考虑这些因素对塑件的成型过程和成型效果的影响。塑料的主要特性有：①收缩性；②流动性；③结晶性；④吸湿性；⑤热敏性。

2．注塑成型工艺简介

注塑成型又称注射成型，是热塑性塑料制品生产的一种重要方法，可以用来生产空间几何形状非常复杂的塑料制品。注塑成型有三大工艺条件，即温度、压力和成型时间。

注塑成型是通过注塑机来实现的。每副模具都只能安装在与其相适应的注塑机上进行生产，因此模具设计与所选用的注塑机关系十分密切。在设计模具时，应详细地了解注塑机的技术规范，才能设计出合乎要求的模具。从模具设计角度出发，首先应了解的技术规范有：注塑机的最大注塑量、最大注塑压力、最大锁模力、最大成型面积、模具最大厚度和最小厚度、最大开模行程以及机床模板安装模具的螺钉孔的位置和尺寸等。

3．注塑模概述

注塑模具一般由动模和定模两部分组成，动模安装在注塑机的移动模板上，定模安装在注塑机的固定模板上。成型时，动模与定模闭合构成浇注系统和型腔，开模时动模与定模分离，以便取出塑料制品。注塑模具一般由以下8个组成部分。

① 浇注系统，又称流道系统，指熔体从注塑机的喷嘴开始到型腔为止的流动通道。包括主流道、分流道、浇口、冷料穴、拉料杆等。

浇注系统的主要作用是将成型材料顺利、平稳、准确地输送充满模具型腔深处，以便获得外形轮廓清晰、内部组织质量优良的制件。

② 成型零部件，包括型腔、型芯、镶件等。型腔形成制品的外表面，型芯形成制品的内表面。

③ 导向部件，用于确定动模与定模合模时的相对位置，通常由导柱、导套或导滑槽等组成。

④ 推出机构，又称顶出机构或脱模机构，其作用是将塑件从模具中脱出以及拉出流道凝料。其结构形式很多，通常由推杆、推杆固定板和推板组成。

⑤ 温控系统，为满足注塑成型工艺对模具温度的要求，注塑模具需要设置冷却或加热系统。一般对热塑性塑料注塑模具需要设计冷却系统，即在型腔或型芯周围开设冷却水道。而对热固性塑料注塑模具需要采用加热装置，即在模具内部或周围安装加热元件。

⑥ 排气结构。为了在注塑过程中排除型腔中的空气和成型过程中产生的气体，常在分型面上开设排气槽，或利用型芯或推杆与模板间的间隙排气。

⑦ 侧向分型或侧向抽芯机构。对于带有侧凹、侧凸或侧孔的塑件，需要设置侧向分型或侧向抽芯机构，以便在成型后顺利脱出塑件。

⑧ 模架。模具的支撑称为模架，用来将各结构件连接成整体。包括定模座板、定模板、动模座板、动模板、螺钉等。通常采用标准模架，以提高生产效率、降低成本。

4．注塑模类型

注塑模的结构形式较复杂，其分类方法也多种多样。按模具成型数目可分为单型腔注塑模和多型腔注塑模，按固定方式可分为固定式注塑模和移动式注塑模。而按总体结构特征可分为两板模和三板模。

（1）两板模。单分型面注塑模习惯上又称为两板式注塑模。它是注塑模结构中最简单的一种，由动模和定模两大部分构成。其型腔一部分设在动模上，一部分设在定模上，主流道设在定模上，分流道和浇口设在分型面上，开模后塑料制品连同流道凝料一起留在动模一侧。动模一侧设有推出机构，用以推出塑料制品及流道凝料(又称脱模)。这类模具的特点是结构简单，对塑料制品成型的适应性很强，所以应用十分广泛。

（2）三板模。三板模是由两个分型面将模具分成三部分的注塑模具，包括定模、动模和流道板。其结构较复杂，设计和加工的难度也较高。

两板模与三板模的主要区别是：

① 浇口不同。后者一般采用点浇口，有流道板，流道多采用梯形浇道。可以多浇口进料，适用于面积比较大的产品。前者常采用圆浇道、边浇口，或潜伏浇口、直浇口和扇形浇口等，易充模，常用于大型制件。

② 顶出机构不同。后者要两次分型，需两次顶出，需设置定距分型机构，常采用联合推出机构。而前者一般一次顶出即可。

③ 结构不同。后者比前者多一块板，结构较复杂。而前者结构很简单，比较常见。

④ 成本不同。两板模结构简单，减少了浇道系统凝料，制作成本低，成型周期短，生产效率高。三板模模具制造成本高，产品可自动分离脱落，效率高。

⑤ 适用场合不同。小型制件多选择三板模，而大型制件常选用两板模。当然三板模也可用于大型制件。

（二）Pro/E 5.0 模具设计模块

Pro/E 5.0 软件提供了专门用于模具设计的模具模块（Pro/Moldesign）。该模块中包含了许多方便实用的模具设计及分析工具。利用这些工具可以快速、方便地完成模具设计工作。用户可以在模具模式中完成注塑模或压铸模的设计，也可在铸造模式中进行浇注模设计。

Pro/E 5.0 模具设计模块包含以下常用功能。

① 包含零件模块和装配模块功能、允许创建或装配参考零件。

② 对输入参考模型可进行数据诊断并修复产品有缺陷的区域。

③ 对分模模型可进行拔模斜度及塑料厚度检测。

④ 可自动创建分模坯料（工件）并可随时更改数据。

⑤ 可自动寻找分型线和创建分型面。

⑥ 可利用分型面自动分割工件为体积块并可以自动抽取为可加工模具零件。

⑦ 可以自动创建浇注系统、冷却系统、顶针孔等。

⑧ 可模拟开模、仿真生产以及利用分析功能检测模具元件之间的配合情况等。

（三）模具设计模块界面

1. 模具设计模块界面

进入模具设计模块的操作步骤如下：

（1）单击"新建"按钮 或依次选择菜单"文件"→"新建"命令，系统弹出"新建"对话框。

（2）在对话框中，选中"类型"选项组中的"制造"单选按钮和"子类型"选项组中的"模具型腔"单选按钮，如图 3-1-2 所示。

（3）在"名称"文本框中输入文件名或接受系统默认名称。去掉"使用缺省模板"选项前的钩号，再单击"确定"按钮，系统将弹出如图 3-1-3 所示的"新文件选项"对话框。

图 3-1-2 "新建"对话框　　　　　图 3-1-3 "新文件选项"对话框

（4）选取 mmns_mfg_mold 模板，再单击"确定"按钮进入如图 3-1-4 所示的模具设计界面。

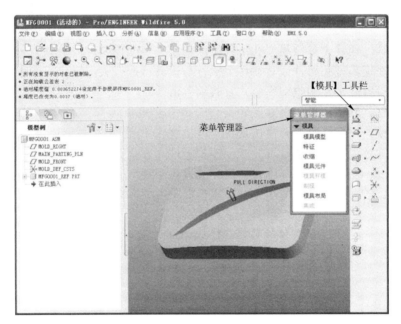

图 3-1-4 模具设计模块界面

其他模块的用户界面相似，模具设计模块界面也由标题栏、菜单栏、工具栏、信息区、导航区、状态栏和图形区等部分组成。另外，在窗口的右侧，出现了控制模具设计过程的"模具"菜单管理器和"模具"工具栏。

2．"模具"菜单管理器

菜单管理器是在创建或修改对象时根据需要进行扩展，以提供选项提示的浮动菜单栏。当单击某个菜单命令后，系统将自动弹出与之相关的下一级菜单，如图 3-1-5 所示。

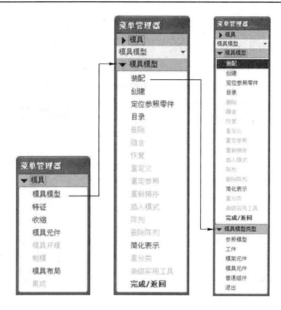

图 3-1-5 "模具"菜单管理器

Pro/E 5.0 模具设计模块中的"模具"菜单命令主要由菜单管理器中的命令来实现，这些命令从上到下的排列顺序与模具设计的流程大致相同。对于简单的参照模型，从上到下依次执行每个命令后即可完成模具设计。下面介绍这些命令的含义。

① 模具特征。创建由参照模型和工件组成的模具装配模型。
② 特征。在模具型腔组件或其元件上执行与模具特征有关的操作，如水线、流道等。
③ 收缩。设置注塑件的收缩率公式及收缩率值。
④ 模具元件。创建模具成型零件。
⑤ 模具开模。进行模具的开模仿真及干涉检查。
⑥ 铸模。通过浇口、流道、型腔来创建模塑件，并检查拆模流程的正确性。
⑦ 模具布局。创建模具布局或打开已有的模具布局。
⑧ 集成。比较同一模型的两个不同版本，如果需要，可对差异进行集成。

3．"模具"工具栏

图 3-1-6 所示为"模具"工具栏。在缺省的情况下，该工具栏位于主窗口的右侧，并以垂直位置放置，用户可以根据需要将该工具栏拖到其他位置。下面简单介绍各个设计工具的功能。

（1）按钮：用于选取零件以及定义零件在模具中的位置和方向。
（2）按钮：用于以按比例的方法来指定零件的收缩值。
（3）按钮：用于以按尺寸的方法来指定零件的收缩值。
（4）按钮：用于自动创建工件。
（5）按钮：用于直接创建模具体积块。
（6）按钮：用于创建或编辑模具元件。
（7）按钮：用于创建侧面影像曲线。
（8）按钮：用于创建分型曲面。

图 3-1-6 "模具"工具栏

（9）按钮：用于将工件、模具体积块以及选取的元件分割为模具体积块。

（10）按钮：用于分割实体零件。

（11）按钮：用于通过抽取模具体积块来创建模具元件。

（12）按钮：用于定义模具开模。

（13）按钮：用于修剪零件。

（14）按钮：用于切换到模具布局中。

（四）Pro/E 模具设计术语

1．设计模型

设计模型是模具要制造的产品原型，是指用计算机设计的各种三维模型文件，可以多种文件格式存在，如.prt、.igs、stp、stl 等。设计模型是模具设计的基础，它决定了模具成型零件的形状以及浇注系统、冷却系统的布置方式。

2．参照模型

参照模型是将设计模型装配到模具模式中时，系统自动生成的零件模型。此时参照模型代替了设计模型，成为模具组件中的元件。设计模型是参照模型的重要来源，而设计模型与参照模型之间的关系取决于创建参照模型时所用的方法。

3．工件模型

工件模型表示直接参与注塑成型的模具元件的总体积，也称为坯料模型。

4．模具模型

模具模型是扩展名为.mfg 的装配体模型，它一般由参照模型、工件模型、模板、镶件等元件组成。

5．分型面

模具型腔一般由两部分或更多部分组成，这些可分离部分的接触表面称为分型面。分型面一般由一个或多个曲面组合而成，分型面可以分割工件或已存在的模具体积块。

6．收缩率

衡量塑件收缩程度大小的参数称为收缩率。设置收缩率的方法有两种，可以在零件设计模式下设置，也可以在模具模型中进行设置。在模具设计界面中，执行"模具"→"收缩"命令，系统弹出如图 3-1-7 所示的"收缩"菜单。在菜单中有两种设置收缩率的命令："按尺寸"、"按比例"。

图 3-1-7 "收缩"菜单

而在零件模式下，选择"编辑"→"缩放模型"命令，系统将弹出如图 3-1-8 所示的"输入比例"文本框，输入数值后，单击"完成"按钮。系统将弹出如图 3-1-9 所示的"确认"对话框，单击"是"按钮，完成零件尺寸缩放。可以利用"分析"菜单下的有关命令验证缩放效果。

图 3-1-8 "输入比例"文本框

图 3-1-9 "确认"对话框

7. 拔模斜度

塑料冷却后会产生收缩，使塑料制件紧紧地包住模具型芯或型腔凸出部分，造成脱模困难。因此，为了便于脱模，防止塑件表面在脱模时划伤、擦毛等，应在塑件表面沿脱模方向设置合理的脱模斜度。

8. 分模

由工件得到模具元件的过程称为分模，也称为拆模。常用的分模方法有分型面法和体积块法。

① 分型面法。先创建模具分型面，再用分型面分割工件得到模具体积块，最后经抽取后得到模具元件。

② 体积块法。先创建模具体积块，再经过抽取得到模具元件。

（五）Pro/E 5.0 模具设计流程

模具设计模块下，模具设计的基本流程如下。

（1）创建模具模型。模具模型包括参照零件和工件两部分。在一般情况下，参照零件在零件模式中创建，然后将其装配到模具模式中，而工件则直接在模具模式中创建。

创建参照模型的方法有两种，分别是装配与定位参照。其中装配方案是针对一模一件或多件，相同的或不相同的产品进行手动装配；定位参照方案则针对一模一件或多件相同的产品进行自动布局放置。两者的区别在于装配方案可以加载相同和不相同的产品，而定位参照则只能加载相同的产品。

加入工件模型的方法也有两种，一种为使用"装配"→"工件"命令装配一个已经存在的工件模型，另一种为使用"创建"→"工件"命令创建一个新的工件模型。创建的具体方法有两种，即手动和自动。常采用手动方法创建工件。

（2）拔模检测和厚度检测。在进行模具设计前，应根据开模方向对参照零件的拔模斜度和厚度进行检测。不合理的地方则需要更改设计零件。

（3）设置产品收缩率。由于塑件在冷却和固化时会产生收缩，所以在设计时需要增加参照零件的尺寸。

（4）创建分型曲面或模具体积块。创建分型曲面时，需要用到曲面设计的各种功能。而模具体积块是没有质量的封闭曲面面组，也可以用来分割工件。

① 创建分型面。Pro/E 5.0 中的分型面也是一种曲面特征，是用来分割工件或模具体积块的。因此，完全可以采用零件模块中的各种方法来创建分型面。

根据需要，一副注塑模具可能有一个或两个以上的分型面。常见的分型面型式有平面分型面、阶梯分型面、斜分型面和曲面分型面等。在 Pro/E 5.0 中所创建的分型面应当满足以下两点要求：分型面不能自身相交，即同一分型面不能自身交叠；分型面必须与工件或模具体积块完全相交。

分型面的设计方法有自动创建分型面和手动创建分型面两种。前者是通过执行"模具"菜单管理器中的相应命令来创建，主要包括"阴影曲面"和"裙边曲面"两种方法。而手动创建分型面的方法则很多，可以解决自动创建分型面中难于生成或易于失败的问题。因此，具体实践中，应在详细分析模型结构特点的基础上综合运用各种方法来创建分型面。

依次选择主菜单中的"插入"→"模具几何"→"分型曲面"命令或直接单击右侧工具栏上的"分型面"按钮，系统将进入分型曲面设计界面。此时，主窗口的右侧将显示"基础特征"、"编辑特征"及"MFG 体积块"等工具栏。用户可以单击"基础特征"工具栏上相应的图标按钮来创建各种曲面特征,也可以通过"编辑"菜单下的相应命令来创建或编辑分型曲面。完成分型曲面的创建后,单击"MFG 体积块"工具栏上的"完成"按钮☑,系统将退出分型曲面设计界面,返回到模具设计主界面。

② 创建模具体积块。模具体积块是三维的、无质量的封闭曲面面组。所谓创建模具体积块,就是将已经创建的工件以分型面为参照,分割为数个体积块,即动模、定模以及其他成型零件。模具体积块创建完成后,必须将其抽取为模具元件,使其成为实体零件。可以说模具体积块是从工件及参照模型几何到最终抽取元件的中间步骤。

Pro/E 5.0 提供了两种创建模具体积块的方法:第一种是使用分割法自动创建模具体积块;第二种是使用聚合法和草绘法手动创建模具体积块。这两种方法的不同之处在于自动分割法要求事先创建的该塑件的分型面完全正确,而手动法可以不事先创建分型面,利用草绘或聚合方法直接生成模具体积块。

(5) 分割工件。利用创建的分型面或模具体积块将工件分割成为单独的体积块。

(6) 创建模具元件。抽取模具体积块以生成模具元件,抽取完成后,模具元件就成为实体零件。

(7) 创建浇注系统、顶出系统和冷却系统。利用组件特征创建浇注系统、顶出系统和冷却系统。

(8) 创建注塑件(铸模)。模拟创建注塑件以检查模具设计的准确性。

(9) 仿真开模。定义打开模具的步骤,并对每一步骤进行干涉检查。

(10) 创建其他部件。在模具模式或组件模式下创建模板、滑块等零件,也可以在 EMX 模块中调用标准模架及标准件。

(11) 创建二维工程图。创建模具的二维装配图和零件图。

(六)浇注系统的设计

浇注系统主要包括主流道、分流道和浇口。在 Pro/E 5.0 中,可采用以下两种方法来创建浇注系统:①依次执行"模具"菜单管理器中的"特征"→"型腔组件"→"实体"→"切减材料"命令后,再选择具体的特征操作方法来创建。②运用 Pro/E 5.0 软件提供的专门创建流道特征的命令快速创建标准流道。由于后者只能创建截面形状恒定的流道,故主要适用于分流道以及浇口的创建,而主流道一般采用"实体"命令中切减材料的方法来创建。

在"模具"菜单中依次选择"特征"→"型腔组件"→"模具"→"流道"命令,系统弹出如图 3-1-10 所示的"流道"对话框。该对话框中各选项的含义介绍如下。

(1)名称。该选项用于指定流道的名称。在缺省的情况下,系统自动生成流道的名称。

(2)形状。该选项用于指定流道的形状。双击该选项,系统弹出如图 3-1-11 所示的"形状"菜单。该菜单中包含了以下 5 种流道形状。

图 3-1-10 "流道"对话框

图 3-1-11 "形状"菜单

① 倒圆角：选择该选项时，将生成圆形流道，用户只需指定直径值。
② 半倒圆角：选择该选项时，将生成半圆形流道，用户同样只需指定直径值。
③ 六角形：选择该选项时，将生成六边形流道，用户只需指定流道宽度值。
④ 梯形：选择该选项时，将生成梯形流道。该流道的设定较为复杂，用户需指定流道宽度、流道深度、流道侧角度及流道拐角半径值，才能创建流道。
⑤ 倒圆角梯形：选择该选项时，将生成倒圆角梯形流道。用户需指定流道直径和流道侧角度值，才能创建流道。

（3）缺省大小。该选项用于指定流道的尺寸。
（4）随动路径。该选项用于创建流道的路径。双击该选项，系统弹出如图 3-1-12 所示的"设置草绘平面"菜单和"选取"对话框，用户可进入草绘环境后绘制具体的路径。
（5）方向。该选项用于定义流道产生的方向。
（6）段大小。该选项用于修改某一段流道的尺寸。
（7）求交零件。该选项用于选取与流道相交的模具元件。双击该选项，系统弹出如图 3-1-13 所示的"相交元件"对话框。在该对话框中，用户可以自己选择相交零件，也可以单击"自动添加"按钮，系统会自动选择相交零件。最后单击"确定"按钮，完成流道的设计。

图 3-1-12 "设置草绘平面"菜单和"选取"对话框

图 3-1-13 "相交元件"对话框

 任务实施

本实例完成文件：G:\Proe5.0\work\result\ch3\ch3.1\ ke_ti.asm。
本实例视频文件：G:\Proe5.0\video\ch3\3_1.exe。

1．设置工作目录、新建文件
（1）将工作目录设置至 D:\Proe5.0\work\original\ch3\ch3.1。
（2）单击"新建"按钮，在弹出的"新建"对话框中选中"类型"选项组中的 制造 选项和"子类型"选项组中的 模具型腔 单选项。再单击"使用缺省模板"复选框取消使用默认模板，在"名称"栏输入文件名 ke_ti。单击"确定"按钮，打开"新文件选项"对话框。选择 mmns_mfg_mold 模板，单击"确定"按钮，进入模具设计环境。

2．装配参照模型
（1）依次选择菜单"模具模型"→"装配"→"参照模型"命令，系统弹出"打开"对

(2) 在对话框中指定 ke_ti 模型后,单击"打开"按钮,系统弹出"装配"操控面板。

(3) 单击操控面板中的"放置"按钮,系统弹出"放置"操控面板,在"约束类型"下拉列表中选择"坐标系"装配。

(4) 在绘图区分别选择参考模型坐标系 CSO 和模具坐标系 MOLD_DEF_CSYS 后。再单击操控面板上的"完成"按钮☑,系统弹出"创建参照模型"对话框。

(5) 在"参照模型"选项下的"名称"文本框中输入 ke_ti_ref,单击"确定"按钮,系统弹出"警告"对话框。接受模型的默认精度设置,单击"确定"按钮完成如图 3-1-14 所示参照模型的装配。

图 3-1-14 装配参照模型

3. 设置收缩率

(1) 选择"模具"→"收缩"命令,系统弹出"收缩"菜单。

(2) 在菜单中选择"按尺寸"命令,系统弹出"按尺寸收缩"对话框。在"比率"选项下的文本框中输入 0.005,单击"确定"按钮☑完成收缩率的设置。最后选择"模具"菜单中的"完成/返回"命令返回到主界面。

4. 创建工件

(1) 选择模型树的"显示"→"层树"命令,进入层树界面,在活动层选项中激活零件模型,然后隐藏参考模型的基准面、基准坐标系及其他辅助建模基准。

(2) 在"模具"菜单管理器中依次选择"模具模型"→"创建"→"工件"→"手动"命令,系统弹出"元件创建"对话框。

(3) 在对话框中分别选择"零件"和"实体"单选项并在"名称"文本框中输入工件名称 ke_ti_wp,单击"确定"按钮,系统自动进入"创建选项"对话框。

(4) 在对话框中选择"创建特征"单选项后单击"确定"按钮,系统弹出"特征操作"菜单。依次选择"实体"→"加材料"→"拉伸"→"实体"→"完成"命令,系统弹出"拉伸"操控面板。

(5) 在操控面板中依次单击"放置"→"定义"命令,系统弹出"草绘"对话框。在绘图区选择 MAIN_PARTING_PLN 基准平面为草绘平面,选择 MOLD_RIGHT 基准平面为参照平面,方向为"右",然后单击"草绘"按钮进入草绘模式。

(6) 在草绘环境下绘制如图 3-1-15 所示截面后单击"完成"按钮☑,返回到操控面板。在操控面板中单击"盲孔"按钮,再在选项中设置双侧深度分别为 35、32,最后单击操控面板中的按钮☑,完成如图 3-1-16 所示工件模型的创建。

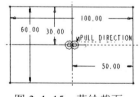

图 3-1-15 草绘截面

图 3-1-16 工件模型

5. 创建分型面

(1) 单击右侧工具栏上的"分型面"按钮,系统自动进入分型面设计界面。

(2) 执行菜单"特征"→"型腔组件"→"曲面"→"着色"→"完成"命令,系统弹出"阴影曲面"对话框。也可直接执行"编辑"→"阴影曲面"命令,系统弹出"阴影曲面"对话框。

(3)系统提示"所有元素已定义。请从对话框中选取元素或动作"。单击对话框中的"确定"按钮,完成阴影曲面的创建。最后单击右侧工具栏上的"完成"按钮  返回到模具设计主界面。图 3-1-17 所示为自动创建的分型面。

图 3-1-17　阴影分型面

6. 分割模具体积块

(1)单击工具栏"模具体积块分割"按钮 ，系统弹出"分割体积块"菜单。

(2)在菜单中依次选择"两个体积块"→"所有工件"→"完成"命令,系统提示"为分割工件选取分型面"并弹出"分割"和"选取"对话框。

(3)在绘图区选取刚创建的阴影分型面,然后分别单击"选取"和"分割"对话框中的"确定"按钮,系统弹出"属性"对话框。

(4)单击对话框中的"着色"按钮观察所得到的体积块的效果,然后在对话框中输入如图 3-1-18 所示的体积块名称,再单击对话框中的"确定"按钮完成如图 3-1-19 所示型芯体积块的分割。同理,输入另一个体积块的名称后单击"确定"按钮完成如图 3-1-20 所示型腔体积块的分割。

图 3-1-18　"属性"对话框

图 3-1-19　XING_XIN 体积块

图 3-1-20　XING_QIANG 体积块

7. 抽取模具元件

(1)选择"模具"菜单管理器中的"模具元件"命令,系统弹出"模具元件"菜单。

(2)单击"抽取元件"按钮 ，系统弹出"创建模具元件"对话框。

(3)在对话框中单击"全选"按钮 ，再单击"确定"按钮,完成 XING_XIN 和 XING_QIANG 两个元件的抽取。此时模型树中自然增加了所抽取的元件。

8. 修改成型零件

(1)在模型树中右击元件 XING_XIN,在弹出的快捷菜单中选择"打开"命令,系统自动进入产品建模界面。

(2)在模型树中选取整个模型,再单击右侧工具栏的"镜像"按钮,打开"镜像""特征操控面板。

(3)选取模型的前侧面作为镜像平面,然后单击操控面板"完成"按钮 ，完成如图 3-1-21 所示的镜像特征。

(4)单击工具栏上的"拉伸"按钮 。

(5)在弹出的"拉伸"特征"操控"面板中单击"实体类型"按钮 (默认选项)和"移除材料"按钮 。

(6)在操控面板中单击"位置"按钮,然后在弹出的界面中单击 定义... 按钮,系统弹出"草绘"对话框。

（7）选取模型的前侧面为草绘平面，接受系统的默认设置，单击对话框中的"草绘"按钮，进入草绘环境。

（8）在草绘环境下绘制如图 3-1-22 所示的截面草图。完成后，单击☑按钮退出。

（9）在操控面板中单击"拉伸至与所有曲面相交"按钮⫴，然后单击"完成"按钮，完成如图 3-1-23 所示切剪特征的创建（将表面的凸起部分切除）。

图 3-1-21 镜像特征

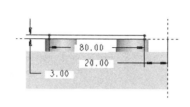
图 3-1-22 截面草图

图 3-1-23 切剪特征

（10）同理，打开模型 XING_QIANG，对其进行镜像操作，完成后的模型如图 3-1-24 所示。

9. 创建定模小镶件

（1）在"模具"菜单管理器中依次选择"模具模型"→"创建"→"模具元件"命令，系统弹出"元件创建"对话框。

（2）在该对话框中分别选择"零件"和"实体"单选按钮（默认选项），在"名称"文本框中输入镶件名称 XIAO_XIANG_JIAN，单击"确定"按钮，系统弹出"创建选项"对话框。

图 3-1-24 镜像后的 XING_QIANG

（3）选择"创建特征"单选项，单击"确定"按钮，菜单管理器中出现"特征操作"菜单。依次选择"实体"→"伸出项"→"拉伸"→"实体"→"完成"命令，系统弹出"拉伸"特征操控面板。

（4）在"拉伸"特征操控面板中依次单击"放置"→"定义"按钮，系统弹出"草绘"对话框，在绘图区选择 XING_QIANG 的顶部表面为草绘平面，接受其他默认设置，然后单击"草绘"按钮进入草绘模式。

（5）在草绘环境下绘制如图 3-1-25 所示截面草图，然后单击"完成"按钮，返回到操控面板。

（6）在操控面板中单击"至选定的"按钮⫴，再选取 XING_XIN 模型的顶部表面。然后单击操控面板中的"预览"按钮，观察所创建的特征效果。最后，在操控面板中单击"完成"按钮☑，完成如图 3-1-26 所示拉伸特征的创建。

（7）在模型树中右击元件 XIAO_XIANG_JIAN，在弹出的快捷菜单中选择"激活"命令，系统自动弹出"修改零件"菜单。

（8）在"模具"菜单中依次选择"特征"→"创建"→"实体"→"伸出项"→"拉伸"→"实体"→"完成"命令，系统弹出"拉伸"特征操控面板。

（9）在"拉伸"特征操控面板中依次单击"放置"→"定义"按钮，系统弹出"草绘"

对话框。在绘图区选择 XIAO_XIANG_JIAN 的顶部表面为草绘平面，接受其他默认设置，然后单击"草绘"按钮进入草绘模式。

（10）在草绘环境下绘制如图 3-1-27 所示截面草图，然后单击"完成"按钮，返回到操控面板。

 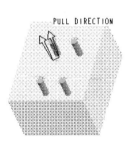 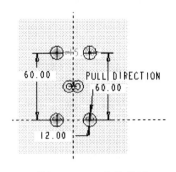

图 3-1-25　草绘截面　　　　图 3-1-26　拉伸特征　　　　图 3-1-27　草绘截面

（11）在操控面板中单击"盲孔"按钮，再在"长度"文本框中输入深度值 5。然后单击操控面板中的"预览"按钮，观察所创建的特征效果。最后，在操控面板中单击"完成"按钮，完成如图 3-1-28 所示拉伸特征的创建。

（12）在"模具"菜单中依次选择"模具模型"→"高级使用工具"→"切除"命令。

（13）系统提示"选取要对其执行切出处理的零件"，选取 XING_QIANG 模型并单击"选取"对话框中的"确定"按钮。系统接着提示"为切出处理选取参照零件"，选取刚创建的 XIAO_XIANG_JIAN 模型，再次单击"选取"对话框中的"确定"按钮。最后选择"完成"命令，完成切除操作。图 3-1-29 所示为最终的 XING_QIANG 模型。

10．创建浇注系统

（1）在"模具"菜单中依次选择"特征"→"型腔组件"→"实体"→"切剪材料"→"旋转"→"实体"→"完成"命令，系统弹出"旋转"特征操控面板。

（2）单击操控面板的"放置"按钮后再单击"定义"按钮，系统弹出"草绘"对话框。在绘图区选择 MOLD_RIGHT 基准平面为草绘平面，选择 MAIN_PARTING_PLN 基准平面为参照平面，方向为"顶"，然后单击"草绘"按钮进入草绘模式。

（3）在草绘环境下绘制如图 3-1-30 所示的草绘图形和中心线，完成后单击 ✓ 按钮退出草绘环境。

（4）在"旋转"操控面板中单击"从草绘平面以指定的角度值旋转"按钮后，在"角度"文本框中输入数值 360。

  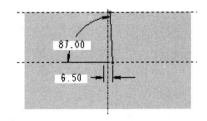

图 3-1-28　拉伸特征　　　　图 3-1-29　XING_QIANG 模型　　　　图 3-1-30　草绘截面

（5）单击"预览"按钮∞观察效果，最后单击☑按钮完成如图3-1-31所示主流道的创建。

（6）在"模具"菜单中依次选择"特征"→"型腔组件"→"模具"→"流道"命令，系统弹出"流道"对话框和"形状"菜单。

（7）在"形状"菜单中选择"倒圆角"命令，系统弹出"输入流道直径"文本框，输入数值5并单击☑按钮后，系统弹出"设置草绘平面"菜单。

（8）选择 MAIN_PARTING_PLN 基准平面为草绘平面，MOLD_FRONT 基准平面为参照平面，方向为"顶"，然后单击"草绘"按钮进入草绘模式。

（9）在草绘环境下绘制如图 3-1-32 所示的流道路径后，单击草绘界面的☑按钮，系统弹出"相交元件"对话框。

（10）选取 XING_QIANG 和 XING_XIN 模型后单击"相交元件"对话框中的"确定"按钮，接着在"流道"对话框中单击"确定"按钮完成分流道的创建。图 3-1-33 所示为 XING_XIN 的分流道。

（11）在模型树中右击元件 XING_QIANG，在弹出的快捷菜单中选择"激活"命令，系统自动弹出"修改零件"菜单。

图 3-1-31 主流道

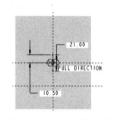
图 3-1-32 流道路径

图 3-1-33 XING_XIN 的分流道

（12）单击"基准平面"按钮▱，系统打开"基准平面"对话框。

（13）选取 MOLD_FRONT 基准平面并在"基准平面"对话框中选择"偏移"选项，然后在"平移"文本框中输入数值30。

（14）单击"基准平面"对话框中的"确定"按钮完成如图 3-1-34 所示基准平面 DTM1 的创建。

（15）在"模具"菜单中依次选择"特征"→"创建"→"实体"→"切剪材料"→"拉伸"→"实体"→"完成"命令，系统弹出"拉伸"特征操控面板。

（16）单击操控面板的"放置"按钮后再单击"定义"按钮，系统弹出"草绘"对话框。在绘图区选择基准平面 DTM1 为草绘平面，再选择 XING_QIANG 元件的底表面为参照平面，方向为"底"，然后单击"草绘"按钮进入草绘模式。

（17）在草绘环境下绘制如图 3-1-35 所示的草绘截面，完成后单击☑按钮退出。

（18）在操控面板中单击"对称"按钮▯，再在"长度"文本框中输入深度值32，然后单击"完成"按钮，完成如图 3-1-36 所示浇口的创建。

图 3-1-34 基准平面 DTM1

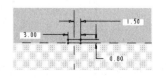
图 3-1-35 草绘截面

图 3-1-36 浇口

（19）在模型树中右击元件 XING_QIANG，在弹出的快捷菜单中选择"打开"命令，系统自动进入产品建模界面。

（20）单击工具栏上的"倒圆角"按钮，在弹出的"倒圆角"特征操控面板的文本框中输入圆角半径 1。再选取如图 3-1-37 所示元件的圆角边线。

（21）在操控面板中单击"完成"按钮，完成如图 3-1-38 所示倒圆角特征的创建。

图 3-1-37　选取倒圆角边线

图 3-1-38　倒圆角特征

11．创建冷料穴和拉料杆

（1）创建冷料穴。

① 在模型树中右击元件 XING_XIN，在弹出的快捷菜单中选择"打开"命令，系统自动进入产品建模界面。

② 单击工具栏上的"拉伸"按钮，在弹出的"拉伸"特征操控面板中单击"实体类型"按钮（默认选项）和"移除材料"按钮。

③ 在操控面板中单击"位置"按钮，然后在弹出的界面中单击 定义... 按钮，系统弹出"草绘"对话框。

④ 选取模型分流道的表面为草绘平面，采用系统中默认的方向为草绘视图方向。选取 RIGHT 基准平面为参照平面，接受系统其他默认设置。单击对话框中的"草绘"按钮，进入草绘环境。

⑤ 在草绘环境下绘制如图 3-1-39 所示的截面草图。完成后，单击按钮退出。

⑥ 在操控面板中单击"从草绘平面以指定的深度值拉伸"按钮，再在"长度"文本框中输入深度值 8.5，然后单击"完成"按钮，完成如图 3-1-40 所示冷料穴的创建。

⑦ 最后，单击"倒圆角"按钮，在弹出的"倒圆角"操控面板的文本框中输入圆角半径 1，对图 3-1-40 所示分流道及冷料穴处的边线进行倒圆角操作。

图 3-1-39　截面草图　　　　　　　　图 3-1-40　拉伸特征

（2）创建拉料杆。

① 在"模具"菜单管理器中依次选择"模具模型"→"创建"→"模具元件"命令，系统弹出"元件创建"对话框。

② 在此对话框中分别选择"零件"和"实体"单选按钮，在"名称"文本框中输入元件名称 LA_LIAO_GAN，单击"确定"按钮，系统弹出"创建选项"对话框。

③ 选择"创建特征"单选项，单击"确定"按钮，系统弹出"特征操作"菜单。依次选择"实体"→"伸出项"→"拉伸"→"实体"→"完成"命令，系统弹出"拉伸"特征操控面板。

④ 在"拉伸"特征操控面板中依次单击"放置"→"定义"按钮，系统弹出"草绘"对话框。在绘图区选取刚创建的冷料穴的底部平面为草绘平面，接受其他默认设置，然后单

击"草绘"按钮进入草绘模式。

⑤ 在草绘环境下绘制如图 3-1-41 所示截面草图,然后单击"完成"按钮,返回到操控面板。

⑥ 在操控面板中单击"从草绘平面以指定的深度值拉伸"按钮,再在"长度"文本框中输入深度值 80,然后单击"完成"按钮,完成如图 3-1-42 所示拉伸特征的创建。

⑦ 在模型树中右击元件 LA_LIAO_GAN,在弹出的快捷菜单中选择"打开"命令,系统自动进入产品建模界面。

⑧ 单击"基准平面"按钮,系统打开"基准平面"对话框。

⑨ 选取元件 LA_LIAO_GAN 的轴线,然后按住 Ctrl 键在元件端部的圆周上单击一点,再单击"基准平面"对话框中的"确定"按钮完成基准平面 DTM2 的创建。

⑩ 单击工具栏上的"拉伸"按钮,在弹出的"拉伸"操控面板中单击"实体类型"按钮(默认选项)和"移除材料"按钮。

(11)在操控面板中单击"位置"按钮,然后在弹出的界面中单击定义...按钮,系统弹出"草绘"对话框。

(12)选取基准平面 DTM2 为草绘平面,采用系统中默认的方向为草绘视图方向。选取元件端平面为参照平面,方向为"顶"。单击对话框中的"草绘"按钮,进入草绘环境。

(13)在草绘环境下绘制如图 3-1-43 所示的截面草图。完成后,单击按钮退出。

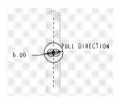
图 3-1-41 草绘截面

图 3-1-42 拉伸特征

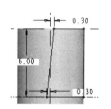
图 3-1-43 截面草图

(14)在操控面板中单击"对称"按钮,再在长度文本框中输入深度值 20,然后单击"完成"按钮,完成如图 3-1-44 所示拉伸切剪特征的创建。

(15)再次单击工具栏上的"拉伸"按钮,在弹出的"拉伸"操控面板中单击"实体类型"按钮(默认选项)。

(16)在操控面板中单击"位置"按钮,然后在弹出的界面中单击定义...按钮,系统弹出"草绘"对话框。

(17)选取 LA_LIAO_GAN 的端平面为草绘平面,采用系统中默认的方向为草绘视图方向。接受其他默认设置,单击对话框中的"草绘"按钮,进入草绘环境。

(18)在草绘环境下绘制如图 3-1-45 所示的截面草图。完成后,单击按钮退出。

(19)在操控面板中单击"从草绘平面以指定的深度值拉伸"按钮,再在"长度"文本框中输入深度值 3,然后单击"完成"按钮,完成如图 3-1-46 所示拉料杆的创建。

图 3-1-44 拉伸特征

图 3-1-45 截面草图

图 3-1-46 拉伸特征

（20）在"模具"菜单中依次选择"模具模型"→"高级使用工具"→"切除"命令。

图 3-1-47　XING_XIN 模型

（21）系统提示"选取要对其执行切出处理的零件",选取 XING_XIN 模型并单击"选取"对话框中的"确定"按钮。系统接着提示"为切出处理选取参照零件",选取刚创建的 LA_LIAO_GAN 模型,再次单击"选取"对话框中的"确定"按钮。最后选择"完成"命令,完成切除操作。图 3-1-47 所示为最终的 XING_XIN 模型。需要注意的是,因为拉料杆端部为 Z 形,还需手动切除 XING_XIN 上多余的材料。

12．铸模

（1）依次选择"模具"菜单中的"铸模"→"创建"命令,系统弹出"输入零件名称"文本框。输入 SU_KE_TI 后,单击"完成"按钮,系统又弹出"输入模具零件公用名称"文本框。

（2）直接单击"完成"按钮,铸模成功,模型树中增加了如图 3-1-48 所示的元件 SU_KE_TI。

（3）在模型树中右击元件 SU_KE_TI,在弹出的快捷菜单中选择"打开"命令,系统自动进入产品建模界面。

（4）在模型树中选取整个模型,再单击右侧工具栏的"镜像"按钮,打开"镜像"特征操控面板。

（5）选取主流道的前侧面作为镜像平面,然后单击操控面板"完成"按钮 ✓ ,完成如图 3-1-49 所示的镜像特征。

13．模拟开模

（1）依次选择"模具"菜单中的"模具开模"→"定义间距"命令,系统弹出"选取"对话框并提示"为迁移号码 1 选取构件"。

（2）选取元件 XING_QIANG 后单击对话框中的"确定"按钮,系统提示"通过选取边、轴或表面选取分解方向"。

（3）选取模型的一竖直边后,系统加亮所选边并弹出"输入沿指定方向的位移"文本框,输入数值 50 后单击 ✓ 按钮,系统返回到"定义间距"菜单。

（4）重复步骤（2）～（3）,完成其余元件的移动间距设置。最后单击"定义间距"菜单中的完成命令完成如图 3-1-50 所示的模拟开模。

图 3-1-48　元件 SU_KE_TI

图 3-1-49　镜像特征

图 3-1-50　模拟开模

拓展任务

在 Pro/E 5.0 模具设计模块中,完成如图 3-1-51 所示塑件注塑模具的设计。

项目 3　两板式注塑模具设计

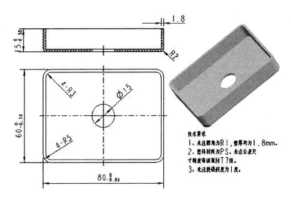

图 3-1-51　塑件

任务 3.2　鼠标盖注塑模具设计

学习目标

1. 了解注塑模具的设计步骤；
2. 掌握裙边曲面的创建方法；
3. 掌握"遮蔽"与"隐藏"元件的操作方法；
4. 掌握定位参照零件的操作方法；
5. 掌握顶杆孔的创建方法。

工作任务

在 Pro/E 5.0 模具设计模块中，完成如图 3-2-1 所示鼠标盖注塑模具的设计。

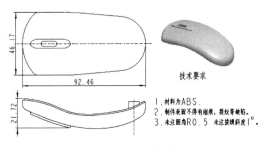

图 3-2-1　鼠标盖

任务分析

该塑件外表面为曲面，顶部有一狭长通孔。内表面分布有 3 个用于连接的圆柱。塑件材料为 ABS，成型工艺性较好，可以注塑成型。

塑件的分型面应选底部的曲面分型面。考虑到该塑件尺寸精度要求不高，尺寸较小，决定采用最简单的两板模结构形式，一模两腔，顶杆推出，平衡浇道，潜伏式浇口，动、定模上均开设冷却通道。表 3-2-1 所示为该塑件注塑模具的设计思路。

表 3-2-1　鼠标上盖注塑模具的设计思路

任务	1. 装配参照模型	2. 创建工件	3. 创建分型面
应用功能	定位参照模型、收缩	元件创建、拉伸	分型面、侧面影像曲线、裙边曲面
完成结果			
任务	4. 抽取模具元件	5. 创建镶件	6. 创建顶杆孔
应用功能	分割体积块、抽取元件	元件创建、复制、延伸、填充、合并、实体化、拉伸	插入、偏移平面、点、顶杆孔、相交元件
完成结果			
任务	7. 修改成型零件	8. 模拟开模	
应用功能	切除、镜像	模具开模	
完成结果			

知识准备

（一）注塑模具的设计步骤

1．设计前的准备工作

（1）熟悉设计任务书。

（2）熟悉塑件，包括其几何形状，塑件的原料及使用要求。

（3）检查塑件的成型工艺性。

（4）明确注塑机的型号和规格。

2．制定成型工艺卡

（1）了解产品的概况。如简图、重量、壁厚、投影面积、外形尺寸、有无侧凹和嵌件等。

（2）了解产品所用的塑料概况。如品名、型号、生产厂家、颜色、干燥情况等。

（3）查阅所选注塑机的主要技术参数。如注塑机与安装模具间的相关尺寸、螺杆类型、功率、注塑机的压力与行程等。

（4）了解注塑成型条件。如温度、压力、速度、锁模力等。

3．设计注塑模具结构

（1）确定型腔的数目。依据条件：最大注塑量、锁模力、产品的精度要求、经济性。

（2）选择分型面。应以模具结构简单、分型容易且不影响塑件的外观和使用为原则。

（3）确定型腔的布置方案。尽可能采用平衡式排列。

（4）确定浇注系统。包括主流道、分流道、浇口、冷料穴等。

（5）确定脱模方式。根据塑件所留在模具的不同部位而设计不同的脱模方式。

（6）确定模具温控系统结构。调温系统主要由塑料种类所决定。

（7）确定型腔或型芯结构。采用镶块结构时，应考虑镶块的可加工性及安装固定方式。

（8）确定排气形式。一般可以利用模具分型面和推出机构与模具的间隙来排气，而对于大型和高速成型的注塑模，必须设计相应的排气形式。

（9）决定注塑模的主要尺寸。根据相应的公式计算成型零件的工作尺寸及模具型腔的侧壁厚度、型腔底板、型芯垫板、动模板的厚度、拼块式型腔的型腔板厚度及注塑模的闭合高度。

（10）选用标准模架。根据设计、计算的注塑模的主要尺寸选用注塑模的标准模架并选择标准模具零件。

（11）校核模具与注塑机的有关尺寸。对所使用的注塑机的参数进行校核：包括最大注塑量、注塑压力、锁模力及模具安装部分的尺寸、开模行程等。

（12）绘模模具结构图。包括装配图和非标准零件的零件图。

（二）遮蔽与隐藏

在模具设计过程中，为便于操作，常需要将分型面、模具体积块、模具元件等遮蔽或隐藏，使其不显示在图形窗口中。此时用户可以直接在模型树中右击需要遮蔽的元件或特征，并在弹出的如图 3-2-2 所示的快捷菜单中选择"遮蔽"命令，即可将其遮蔽。用户也可以选择快捷菜单中的"隐藏"命令，将选中的元件或特征隐藏。

Pro/E 5.0 还提供了一个如图 3-2-3 所示的"遮蔽-取消遮蔽"对话框，用来管理图形窗口中各个对象的显示与否。依次执行菜单"视图"→"模型设置"→"模型显示"命令，或者单击工具栏上的"遮蔽-取消遮蔽"按钮，系统弹出"遮蔽-取消遮蔽"对话框。下面将详细介绍该对话框中各个选项的功能。

（1）"遮蔽"选项卡。在该选项卡中，可以隐藏选中的元件、分型面和体积块等。

① "可见元件"列表：在该列表中显示了所有可见的元件。元件的类型由其右侧的"过滤"选项组决定。

② 按钮：单击该按钮，可以在图形窗口或模型树中选取对象。

③ 按钮：单击该按钮，将选取所有对象。

④ 按钮：单击该按钮，将取消选取所有对象。

⑤ 遮蔽 按钮：单击该按钮，可以将选中的对象遮蔽。

⑥ "过滤"选项组：在该选项组中，可以选择过滤器类型以及控制在列表中显示的元件类型。

- 分型面 按钮：单击该按钮，将切换到"分型面"过滤类型。
- 体积块 按钮：单击该按钮，将切换到"体积块"过滤类型。
- 元件 按钮：单击该按钮，将切换到"元件"过滤类型。
- 按钮：单击该按钮，将选取所有元件类型。
- 按钮：单击该按钮，将取消选取所有元件类型。

（2）"取消遮蔽"选项卡。在该选项卡中，可以显示遮蔽的元件、分型面和体积块，如图 3-2-4 所示。

① "遮蔽的元件"列表：在该列表中显示了所有遮蔽的元件。

② 取消遮蔽 按钮：单击该按钮，可以将选中的对象显示出来。

注：只有在模具设计主界面中创建的分型面才可以进行遮蔽、着色等操作。

图 3-2-2　快捷菜单　　　图 3-2-3　"遮蔽-取消遮蔽"对话框　　　图 3-2-4　"取消遮蔽"选项卡

（三）定位参照零件

Pro/E 5.0 提供了一个定位参照零件的功能，用于将参照零件快速放置到模具组件中。利用定位参照零件功能，可以根据矩形、圆形及用户定义的阵列方式来装配多个参照模型。

下面介绍"定位参照零件"的操作步骤。

（1）在"模具"菜单管理器中依次选择"模具模型"→"定位参照零件"命令或单击工具栏中的"模具型腔布局"按钮，系统弹出如图 3-2-5 所示的"布局"对话框。接着单击"参照模型"选项下的"打开"按钮，系统弹出如图 3-2-6 所示的"打开"对话框。

 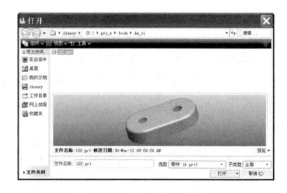

图 3-2-5　"布局"对话框　　　　　　　　　图 3-2-6　"打开"对话框

图 3-2-7　"创建参照模型"对话框

（2）选择 122.prt 文件，单击"打开"按钮，系统弹出如图 3-2-7 所示的"创建参照模型"对话框。该对话框中含有"按参照合并"、"同一模型"和"继承"等三个单选按钮，它们的含义分别介绍如下。

① 按参照合并。系统复制一个与塑件设计模型一样的零件文件作为参照模型加入到模具装配模型，后续的模具设计工作就针对这一复制的模型进行，并不改动原始的塑件设计

模型。

② 同一模型。系统直接将塑件设计模型加入到模具装配模型中，后续的模具设计工作直接对塑件设计模型进行。

③ 继承。创建的参照模型会继承设计零件中的全部几何特征，并且可在继承特征上标识出要修改的特征数据，而不更改原始零件。

（3）选择"按参照合并"单选按钮，单击"确定"按钮，在"名称"文本框中输入参照模型的名称 KE_TI_REF 后单击"确定"按钮，完成参照模型的创建。

（4）在"布局"对话框中，单击"参照模型起点与定向"下的 按钮，系统弹出如图3-2-8 所示的菜单管理器和"选取"对话框。

（5）在"获得坐标系类型"对话框中选择"动态"选项，系统弹出如图 3-2-9 所示的"参照模型方向"对话框与模型显示次窗口。

"参照模型方向"对话框中常用选项的含义如下。

① 投影面积：该选项用于根据当前方向计算投影面积。单击 按钮，系统将自动计算投影面积。

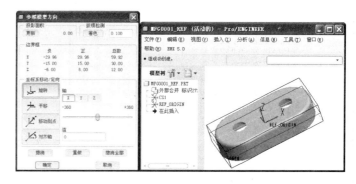

图 3-2-8 菜单管理器和"选取"对话框　　图 3-2-9 "参照模型方向"对话框与模型显示次窗口

② 拔模检测：该选项用于对参照零件进行简单的拔模检测。在"角度值"文本框中输入拔模角度，然后单击 按钮，系统将自动进行计算。计算完成后，系统将在图形窗口中显示计算结果，并提供光谱图供用户分析观察。

③ 边界框：该列表显示了参照零件的最大尺寸。

④ 坐标系移动/定向：该选项组用于改变参照零件的位置和方向。在缺省的情况下，系统会自动选中 按钮和 按钮，表示将沿 X 轴旋转零件的坐标系。

（6）从图中可以看出，模型的 Z 方向恰好向上，与该塑件的开模方向一致。单击"参照模型方向"对话框中的"确定"按钮，完成参照模型的定向。

注：在"参照模型方向"对话框中，可以通过旋转、平移、移动到点和对齐轴等方式调整模型的 Z 方向与开模方向一致，避免以后自动分模中重新更改方向和在 EMX 中调整模型摆放方位。

（7）"布局"对话框的"布局起点"的坐标系是产品布局的参考中心，默认为模具参考坐标系，产品布局的类型有 4 种，如表 3-2-2 所示。

表 3-2-2 布局类型

类型	含义	菜单	简图
单一	只布局一个零件		
矩形	选择 X、Y 方向的型腔数并输入两方向的距离增量即可完成矩形零件布局。在"定向"选项组中，还可以选择零件的布局排列形式为"恒定"、"X 对称"或"Y 对称"		
圆形	选择型腔数并输入半径即可完成圆形零件布局。在"定向"选项组中，还可以选择零件的布局排列形式为"恒定"或"径向"		
可变	用户可自己设计既非矩形也非圆形的零件布局。也可以在圆形或矩形零件布局中插入额外的零件，构成新的布局		

（四）裙边曲面

裙边曲面是一种特殊的分型曲面，它只产生了模具的靠破面，并不包含参照零件的成形表面。创建裙边曲面时，必须具备以下两个前提条件。

① 必须先创建一个工件，并且使其处于显示状态。如果工件处于遮蔽状态，则"裙边曲面"命令不可用。

② 创建裙边曲面前，需要创建表示分型线的曲线。该曲线可以是一般基准曲线，还可以是侧面影像曲线。

1. 侧面影像曲线

侧面影像曲线是在以垂直于指定平面方向查看时，为创建分型线而生成的特征，包括所有可见的外部和内部参照零件边。

执行主菜单的"插入"→"侧面影像曲线"命令或单击"模具"工具栏上的"侧面影像曲线"按钮 ，系统弹出如图 3-2-10 所示的"侧面影像曲线"对话框。该对话框中各选项的含义说明如下。

① 名称：该选项用于指定侧面影像曲线的名称。在缺省的情况下，系统自动生成侧面影像曲线的名称。

② 曲面参照：该选项用于指定投影轮廓曲线的参照曲面。如果模具模型中只有一个参照零件，系统会自动选取该零件的所有表面。

③ 方向：该选项用于指定光源方向。在缺省的情况下，系统会自动根据缺省的拖拉方向来指定光源方向，即光源方向与拖拉方向相反。

④ 投影画面：如果参照零件侧面上有凹凸部位，则可以使用该选项指定体积块或元件以创建正确的分型线。双击该选项，系统弹出如图 3-2-11 所示"SILH 曲线滑动件"菜单。该菜单包括以下两个命令选项：零件选取和体积块选取。前者用于选取连接到参照零件的模具元件，后者用于选取连接到参照零件的模具体积块。

图 3-2-10 "侧面影像曲线"对话框

图 3-2-11 "SILH 曲线滑动件"菜单

⑤ 间隙关闭：该选项用于检查侧面影像曲线中的断点及小间隙，并将其闭合。

⑥ 环选取：该选项用于选取环或曲线链。双击该选项，系统弹出如图 3-2-12 所示"环选取"对话框。在该对话框中，用户可以排除环以及指定曲线链的状态。

> 注：除了上述两种方法外，还有两种方法可创建侧面影像曲线。一种是执行菜单"特征"→"型腔组件"→"侧面影像"命令，另一种是单击"基准"工具栏中的"插入基准曲线"按钮 ，在弹出的菜单中选择"侧面影像"→"完成"命令。

2. 创建裙边曲面

创建裙边曲面时，系统会将曲线环路分成内部环路和外部环路，并填充内部环路及将外部环路延伸至工件的边界。

在分型曲面设计界面中，选择主菜单中的"编辑"→"裙边曲面"命令，或单击"模具"工具栏上的"裙边曲面"按钮 ，系统弹出如图 3-2-13 所示的"裙边曲面"对话框和"链"菜单并提示"选择包含曲线的特征"。

该对话框中各选项的含义说明如下。

（1）参照模型。该选项用于选取创建裙边曲面的参照零件。如果模具模型中只有一个参照零件，系统会自动选取该零件。

（2）工件。该选项用于选取创建裙边曲面边界的工件。

（3）方向。该选项用于指定光源方向。在缺省的情况下，系统会自动根据缺省的拖拉方向来指定光源方向，即光源方向与拖拉方向相反。

图 3-2-12 "环选取"对话框　　　　　图 3-2-13 "裙边曲面"对话框

（4）曲线。该选项用于选取创建裙边曲面的一般基准曲线或侧面影像曲线。

（5）延伸。该选项用于从曲线中排除一些曲线段、指定相切条件以及改变延伸方向。在缺省的情况下，系统会自动确定曲线的延伸方向。双击该选项后，系统弹出如图 3-2-14 所示的"延伸控制"对话框。在该对话框中可以指定新的延伸方向，以创建正确的裙边曲面。

① "延伸曲线"选项卡：在"包含曲线"列表中显示了要延伸的所有曲线段，用户可以排除一些曲线段。其方法为首先在"包含曲线"列表中选中要排除的曲线段，然后单击 >> 按钮，将其放置到"排除曲线"列表中，即可排除选中的曲线段。

② "相切条件"选项卡：单击"相切条件"按钮，切换到如图 3-2-15 所示的"相切条件"选项卡。在该选项卡中，用户可以指定裙边曲面的延伸方向与相邻的表面相切。用户选取参照零件上的一个表面后，系统将自动选取要延伸的侧面影像曲线线段，并将其显示在"包含曲线"列表中。用户可以排除一些曲线段，其操作方法与"延伸曲线"选项卡的操作方法一样。

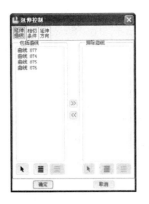 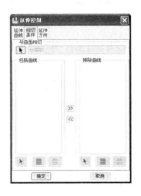

图 3-2-14 "延伸控制"对话框　　　　　图 3-2-15 "相切条件"选项卡

③ "延伸方向"选项卡：单击"延伸方向"按钮，切换到如图 3-2-16 所示的"延伸方向"选项卡。此时，系统将在图形窗口中的参照零件上显示如图 3-2-17 所示的延伸方向箭头。在该选项卡中，用户可以更改裙边曲面的延伸方向。其方法为首先单击"添加"按钮，然后选取要更改延伸方向的曲线端点和延伸方向参照后，即可更改裙边曲面的延伸方向。默认情况下，系统以黄色箭头表示缺省的延伸方向，紫红色箭头表示用户自定义的延伸方向，蓝色箭头表示切向延伸方向。

（6）环闭合。该选项用于封闭裙边曲面上的内部环。双击该选项，系统弹出如图 3-2-18

所示的"环闭合"菜单,该菜单包括以下三个命令选项。

 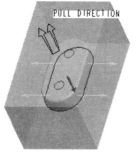 

图 3-2-16 "延伸方向"选项卡　　图 3-2-17 延伸方向　　图 3-2-18 "环闭合"菜单

① 通用规则:该选项用于定义环路闭合的通用规则。单击该选项,系统弹出如图 3-2-19 所示的"闭合类型"菜单,包括标准、中间平面及中间曲面等命令选项。

② 闭合:该选项用于新增加一个闭合。

③ 显示:该选项用于显示当前闭合的方式是通用规则,还是自定义。

(7) 关闭扩展。该选项用于将裙边曲面在放置到关闭平面之前延伸到参照模型之外。同阴影曲面一样,用户也可以使用"关闭距离"和"边界"两个命令选项来延伸裙边曲面。

(8) 拔模角度。该选项用于定义关闭延伸长度与关闭平面之间的过渡曲面的拔模角度。

图 3-2-19 "闭合类型"菜单

(9) 关闭平面。该选项用于选取关闭平面。关闭平面主要用于延伸裙边曲面。

(五) 顶杆孔的创建

"顶杆孔"特征是一个特别的孔特征,它可以在模具中创建一个穿过多个模具元件的间隙孔,而且还可以在不同的模具元件中指定不同的孔径。利用"顶杆孔"特征功能,用户可以快速创建顶杆孔。

在"模具"菜单中依次执行"特征"→"型腔组件"→"模具"→"顶杆孔"命令,系统弹出如图 3-2-20 所示的"顶杆孔:直"对话框。该对话框中各选项的含义介绍如下。

(1) 位置类型。该选项用于指定放置的类型。在缺省的情况下,系统会自动选择该选项并弹出如图 3-2-21 所示的"位置"菜单,该菜单包括下面 4 个命令选项。

① 线性:选择该选项时,可以在两个平面的线性偏移处放置参照。该选项为系统缺省的选项。

② 径向:选择该选项时,可以在轴的径向偏移处及平面的某个角度处放置参照。

③ 同轴:选择该选项时,可以与某一个轴同轴放置参照。

④ 在点上:选择该选项时,可以在基准点上放置参照。该选项主要用于同时创建多个顶杆孔。

(2) 放置参照。该选项用于为所选择的位置类型选择相应的设置参照。

(3) 方向。该选项用于定义顶杆孔产生的方向。

　　图 3-2-20 "顶杆孔：直"对话框　　　　　图 3-2-21 "位置"菜单

（4）求交零件。该选项用于选取与顶杆孔相交的模具元件。双击该选项，系统弹出"相交元件"对话框。在该对话框中，用户可以选取相交的模具元件、指定顶杆孔的大小等。

（5）沉孔。该选项用于设置顶杆孔沉孔的直径和深度。

 任务实施

本实例完成文件：G:\Proe5.0\work\result\ch3\ch3.2\ shu_biao_gai.asm。

本实例视频文件：G:\Proe5.0\video\ch3\3_2.exe。

1. 设置工作目录、新建文件

（1）将工作目录设置至 D:\Proe5.0\work\original\ch3\ch3.2。

（2）单击"新建"按钮，在弹出的"新建"对话框中选中"类型"选项组中的 制造 选项和"子类型"选项组中的 模具型腔 单选项。再单击"使用缺省模板"复选框取消使用默认模板，在"名称"栏输入文件名 shu_biao_gai。单击"确定"按钮，打开"新文件选项"对话框。选择 mmns_mfg_mold 模板，单击"确定"按钮，进入模具设计环境。

2. 定位参照模型

（1）在"模具"菜单管理器中依次选择"模具模型"→"定位参照零件"命令或单击工具栏中的"模具型腔布局"按钮，系统弹出"布局"对话框。再单击"参照模型"选项下的"打开"按钮，系统弹出"打开"对话框。

（2）选择 shu_biao_gai.prt 文件，单击"打开"按钮，系统弹出"创建参照模型"对话框。

（3）选择"按参照合并"单选按钮，单击"确定"按钮，在"名称"文本框中输入参照模型的名称 SHU_BIAO_GAI_REF 后单击"确定"按钮，完成参照模型的创建。

（4）在"布局"对话框中，单击"参照模型起点与定向"下的按钮，系统弹出"获得坐标系类型"菜单和"选取"对话框。

图 3-2-22　模型的布局

（5）在"获得坐标系类型"对话框中选择"动态"选项，系统弹出"参照模型方向"对话框与模型显示次窗口。

（6）在"参照模型方向"对话框中选择参考轴 X 并旋转 90°，单击"确定"按钮返回到"布局"菜单。

（7）在"布局"对话框中选择"单一"选项，然后单击"预览"按钮观察效果。最后单击"确定"按钮，完成如图 3-2-22 所示模型的布局。

3. 设置收缩率

（1）选择"模具"→"收缩"命令，系统弹出"收缩"菜单。

（2）在菜单中选择"按尺寸"命令，系统弹出"按尺寸收缩"对话框。在"比率"选项下的文本框中输入 0.005，单击"确定"按钮完成收缩率的设置。最后单击"模具"菜单中的"完成/返回"命令返回到主界面。

4. 创建工件

（1）选择模型树的"显示"→"层树"命令，进入层树界面，在活动层选项中激活零件模型，然后隐藏参考模型的基准面、基准坐标系及其他辅助建模基准。

（2）在"模具"菜单管理器中依次选择"模具模型"→"创建"→"工件"→"手动"命令，系统弹出"元件创建"对话框。

（3）在对话框中分别选择"零件"和"实体"单选项并在"名称"文本框中输入工件名称 shu_biao_gai_wp，单击"确定"按钮，系统自动进入"创建选项"对话框。

（4）在对话框中选择"创建特征"单选项后单击"确定"按钮，系统弹出"特征操作"菜单。依次选择"实体"→"伸出项"→"拉伸"→"实体"→"完成"命令，系统弹出"拉伸"操控面板。

（5）在操控面板中依次单击"放置"→"定义"按钮，系统弹出"草绘"对话框。在绘图区选择 MAIN_PARTING_PLN 基准平面为草绘平面，选择 MOLD_RIGHT 基准平面为参照平面，方向为"右"，然后单击"草绘"按钮进入草绘模式。

（6）在草绘环境下绘制如图 3-2-23 所示截面后单击"完成"按钮✓，返回到操控面板。在操控面板中单击"盲孔"按钮，再在选项中设置双侧深度分别为 40、20，最后单击操控面板中的按钮✓，完成如图 3-2-24 所示工件模型的创建。

图 3-2-23　草绘截面

图 3-2-24　工件模型

5. 创建分型面

（1）单击"模具"工具栏上的"侧面影像曲线"按钮，系统弹出"侧面影像曲线"对话框并在图形中显示一红色箭头。

（2）在对话框中双击"环选取"选项，系统弹出如图 3-2-25 所示的"环选取"对话框，此时的模型如图 3-2-26 所示。

（3）在对话框的"环"选项卡中单击 2 号环，然后单击下方的"排除"按钮将其删除。选取 2 号环，然后单击上方的"链"按钮进入"链"选项卡，再选取 3-1 链并单击下方的"上部"按钮。完成后单击"环选取"对话框中的"确定"按钮退出。

（4）在"侧面影像曲线"对话框中单击"预览"按钮观察所创建侧面影像曲线的效果，最后单击对话框中的"确定"按钮完成如图 3-2-27 所示侧面影像曲线的创建。

（5）单击主菜单中的"分型面"按钮，系统进入分型曲面设计界面。

图 3-2-25　"环选取"对话框

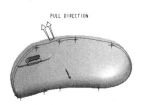

图 3-2-26　环位置

图 3-2-27　侧面影像曲线

(6)选择主菜单中的"编辑"→"裙边曲面"命令,或单击"模具"工具栏上的"裙边曲面"按钮 ,系统弹出如图 3-2-28 所示的"裙边曲面"对话框和"链"菜单并提示"选择包含曲线的特征"。选取刚创建的侧面影像曲线,然后返回到"裙边曲面"对话框。

(7)在对话框中双击"延伸"选项,系统弹出"延伸控制"对话框。在"延伸控制"对话框中单击 "延伸方向"按钮,切换到"延伸方向"选项卡。此时的模型上出现了许多点和箭头,如图 3-2-29 所示。

(8)在"延伸控制"对话框中单击下方的"添加"按钮,系统弹出如图 3-2-30 所示的"一般点选取"对话框。按住 Ctrl 键,在图形中选取合适的点后再单击对话框中的"确定"按钮,系统弹出如图 3-2-31 所示的"一般选取方向"对话框。

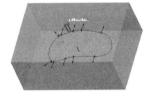

图 3-2-28 "裙边曲面"对话框　　　图 3-2-29 延伸方向　　　图 3-2-30 "一般点选取"对话框 1

(9)选取工件相应的外表面后单击对话框中的"确定"按钮,系统自动在"延伸方向"选项卡中添加"点集 1"。

(10)重复步骤(8)、(9),完成其余点延伸方向的设置。最后单击"延伸控制"对话框中的"确定"按钮返回到"裙边曲面"对话框。

(11)在"裙边曲面"对话框中双击"环闭合"选项,系统弹出"环闭合"菜单。依次选择菜单中的"闭合"→"添加"命令,系统弹出"选取"对话框,然后选择如图 3-2-27 所示侧面影像曲线中的小椭圆形曲线。

图 3-2-31 "一般点选取"对话框 2

(12)单击对话框中的"确定"按钮后,再选择菜单中的"完成"→"完成/返回"命令返回到"裙边曲面"对话框。

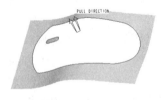

(13)单击"预览"按钮观察所创建裙边曲面的效果,最后单击对话框中的"确定"按钮完成如图 3-2-32 所示裙边曲面的创建。

6. 分割模具体积块

(1)单击工具栏"模具体积块分割"按钮 ,系统弹出"分

图 3-2-32 裙边曲面

割体积块"下拉菜单。

(2)在菜单中依次选择"两个体积块"→"所有工件"→"完成"命令,系统提示"为分割工件选取分型面"并弹出"分割"和"选取"对话框。

(3)在绘图区选取刚创建的裙边曲面,然后分别单击"选取"和"分割"对话框中的"确定"按钮,系统弹出"属性"对话框。

(4)单击对话框中的"着色"按钮观察所得到的体积块的效果,然后在对话框中输入体积块名称 XING_XIN,再单击对话框中的"确定"按钮完成如图 3-2-33 所示型芯体积块的分割。同理,输入另一个体积块的名称 XING_QIANG 后单击"确定"按钮完成如图 3-2-34 所示型腔体积块的分割。

图 3-2-33　XING_XIN 体积块

图 3-2-34　XING_QIANG 体积块

7. 抽取模具元件

（1）选择"模具"菜单管理器中的"模具元件"命令，系统弹出"模具元件"菜单。

（2）在"模具元件"菜单上选择"抽取"命令（也可直接单击工具栏中的 按钮），系统弹出"创建模具元件"对话框。

（3）在对话框上单击"全选"按钮 ，再单击"确定"按钮，完成 XING_XIN 和 XING_QIANG 两个元件的抽取。此时模型树中自然增加了所抽取的元件。

8. 创建镶件

（1）创建动模镶件。

① 单击主工具栏上的"遮蔽-取消遮蔽"按钮 ，系统弹出"遮蔽-取消遮蔽"对话框。在对话框中遮蔽参照模型、工件、体积块、分型面和 XING_QIANG 等元件。

② 在"模具"菜单管理器中依次选择"模具模型"→"创建"→"模具元件"命令，系统弹出"元件创建"对话框。

③ 在此对话框中分别选择"零件"和"实体"单选按钮（默认选项），在"名称"文本框中输入镶件名称 XIANG_JIAN_DONG，单击"确定"按钮，系统弹出"创建选项"对话框。

④ 在弹出的"创建选项"对话框中选择"创建特征"单选按钮，单击"确定"按钮。在弹出的"特征操作"菜单管理器中依次选择"曲面"→"复制"→"完成"命令，系统弹出"复制"操控面板。

⑤ 选中 XING_XIN 顶部表面的任意一曲面为种子面，按住 Shift 键再选择周边的环形小曲面为边界面。然后单击操控面板的"完成"按钮 完成如图 3-2-35 所示复制曲面 1 的创建。

⑥ 选择如图 3-2-35 所示复制曲面 1 的底部边界线，然后执行"编辑"→"延伸"命令，系统弹出"延伸"操控面板。

⑦ 在操控面板中依次单击"参照"→"细节"按钮，系统弹出"链"对话框，然后按住 Ctrl 键选取整周边界线。完成后单击"确定"按钮返回到"延伸"操控面板。

⑧ 在操控面板中单击 按钮，系统提示"选取曲面延伸所至的平面"，选取元件 XING_XIN 的底平面，再单击操控面板中的 按钮完成曲线的延伸。此时的模型如图 3-2-36 所示。

⑨ 执行"编辑"→"填充"命令，系统弹出"填充"操控面板。在图形区空白处单击右键，在弹出的快捷菜单中选择"定义内部草绘…"命令，系统弹出"草绘"对话框。

⑩ 选取 XING_XIN 的底平面为草绘平面，单击对话框中的"草绘"按钮进入草绘界面。

⑪ 在草绘环境下，绘制如图 3-2-37 所示的截面草图。完成后，单击 按钮退出。

图 3-2-35　复制曲面 1　　　　图 3-2-36　延伸曲面　　　　图 3-2-37　草绘截面

⑫ 遮蔽 XING_XIN，然后按住 Ctrl 键选取刚创建的复制曲面和填充曲面，选择"编辑"→"合并"命令，系统弹出"合并"操控面板。单击操控面板中的 ✔ 按钮完成曲面的合并。

⑬ 选取刚合并的曲面，选择"编辑"→"实体化"命令，系统弹出"实体化"操控面板，单击操控面板中的 ✔ 按钮完成曲面的实体化。图 3-2-38 所示为完成的 XIANG_JIAN_DONG。

图 3-2-38　XIANG_JIAN_DONG

（2）创建动模小镶件。

① 在"模具"菜单管理器中依次选择"模具模型"→"创建"→"模具元件"命令，系统弹出"元件创建"对话框。

② 在此对话框中分别选择"零件"和"实体"单选按钮（默认选项），在"名称"文本框中输入镶件名称 XIAO_XIANG_JIAN1，单击"确定"按钮，系统弹出"创建选项"对话框。

③ 在弹出的"创建选项"对话框中选择"创建特征"单选按钮，单击"确定"按钮。在弹出的"特征操作"菜单管理器中依次选择"曲面"→"复制"→"完成"命令，系统弹出"复制"操控面板。

④ 选中 XIANG_JIAN_DONG 顶部小圆柱表面为种子面，按住 Shift 键再选择周边的环形表面为边界面。然后单击操控面板的"完成" ✔ 按钮完成如图 3-2-39 所示复制曲面 2 的创建。

⑤ 选择复制曲面 2 的底部边界线，然后执行"编辑"→"延伸"命令，系统弹出"延伸"操控面板。

⑥ 在操控面板中依次单击"参照"→"细节"按钮，系统弹出"链"对话框，然后按住 Ctrl 键选取整周边界线。完成后单击"确定"按钮返回到"延伸"操控面板。

⑦ 在操控面板中单击 按钮，系统提示"选取曲面延伸所至的平面"，选取元件 XIANG_JIAN_DONG 的底平面，再单击操控面板中的 ✔ 按钮完成曲线的延伸。此时的模型如图 3-2-40 所示。

⑧ 执行"编辑"→"填充"命令，系统弹出"填充"操控面板。在图形区空白处右击，在弹出的快捷菜单中选择"定义内部草绘…"命令，系统弹出"草绘"对话框。

⑨ 选取 XIANG_JIAN_DONG 的底平面为草绘平面，单击对话框中的"草绘"按钮进入草绘界面。

⑩ 在草绘环境下，绘制如图 3-2-41 所示的截面草图。完成后，单击 ✔ 按钮退出。

⑪ 遮蔽 XIANG_JIAN_DONG，然后按住 Ctrl 键选取刚创建的复制曲面和填充曲面，选择"编辑"→"合并"命令，系统弹出"合并"操控面板。单击操控面板中的 ✔ 按钮完成曲面的合并。

⑫ 单击选取刚合并的曲面，选择"编辑"→"实体化"命令，系统弹出"实体化"操

控面板，单击操控面板中的 ✓ 按钮完成曲面的实体化。图 3-2-42 所示为完成的 XIAO_XIANG_JIAN1。

  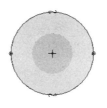

图 3-2-39　复制曲面 2　　　图 3-2-40　延伸曲面　　　图 3-2-41　草绘截面　　　图 3-2-42　XIAO_XIANG_JIAN1

⑬ 在模型树中右击 XIAO_XIANG_JIAN1，在弹出的快捷菜单中选择"打开"命令，系统自动进入产品建模界面。

⑭ 单击"拉伸"按钮 ，系统弹出"拉伸"操控面板。在操控面板中单击"位置"按钮，然后在弹出的界面中单击 定义... 按钮，系统弹出"草绘"对话框。

⑮ 选取刚创建的模型端平面为草绘平面，采用系统中默认的方向为草绘视图方向。接受其他默认设置，单击对话框中的"草绘"按钮，进入草绘环境。

⑯ 在草绘环境下绘制如图 3-2-43 所示的截面草图。完成后，单击 ✓ 按钮退出。

⑰ 在操控面板中单击"盲孔"按钮 ，再在"长度"文本框中输入深度值 3，然后单击"完成"按钮，完成如图 3-2-44 所示 XIAO_XIANG_JIAN1 的创建

⑱ 重复步骤①～⑰，完成其余两个小镶件的创建。图 3-2-45 为最终完成的小镶件。

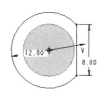

图 3-2-43　草绘截面　　　图 3-2-44　XIAO_XIANG_JIAN1　　　图 3-2-45　小镶件

（3）创建定模镶件。

① 单击主工具栏上的"遮蔽-取消遮蔽"按钮 ，系统弹出"遮蔽-取消遮蔽"对话框。在对话框中只显示 XING_QIANG 元件。

② 在"模具"菜单管理器中依次选择"模具模型"→"创建"→"模具元件"命令，系统弹出"元件创建"对话框。

③ 在此对话框中分别选择"零件"和"实体"单选按钮（默认选项），在"名称"文本框中输入镶件名称 XIANG_JIAN_DING，单击"确定"按钮，系统弹出"创建选项"对话框。

④ 在弹出的"创建选项"对话框中选择"创建特征"单选按钮，单击"确定"按钮。在弹出的"特征操作"菜单管理器中依次选择"曲面"→"复制"→"完成"命令，系统弹出"复制"特征操控面板。

⑤ 选中 XING_QIANG 内表面的任意一曲面为种子面，按住 Shift 键再选择周边的环形曲面为边界面。然后单击操控面板的"完成" ✓ 按钮完成如图 3-2-46 所示复制曲面 3 的创建。

⑥ 选择如图 3-2-46 所示复制曲面 3 的底部边界线，然后执行"编辑"→"延伸"命

令，系统弹出"延伸"特征操控面板。

⑦ 在操控面板中依次单击"参照"→"细节"按钮，系统弹出"链"对话框，然后按住 Ctrl 键选取整周边界线。完成后单击"确定"按钮返回到"延伸"特征操控面板。

⑧ 在操控面板中单击 按钮，系统提示"选取曲面延伸所至的平面"，选取元件 XING_QIANG 的顶平面，再单击操控面板中的 按钮完成曲线的延伸。此时的模型如图 3-2-47 所示。

⑨ 执行"编辑"→"填充"命令，系统弹出"填充"操控面板。在图形区空白处右击，在弹出的快捷菜单中选择"定义内部草绘..."命令，系统弹出"草绘"对话框。

⑩ 选取 XING_QIANG 的顶平面为草绘平面，单击对话框中的"草绘"按钮进入草绘界面。

⑪ 在草绘环境下，绘制如图 3-2-48 所示的截面草图。完成后，单击 按钮退出。

图 3-2-46　复制曲面 3　　图 3-2-47　延伸曲面　　图 3-2-48　草绘截面

⑫ 遮蔽 XING_QIANG，然后按住 Ctrl 键选取刚创建的复制曲面和填充曲面，选择"编辑"→"合并"命令，系统弹出"合并"特征操控面板。单击操控面板中的 按钮完成曲面的合并。

⑬ 单击选取刚合并的曲面，选择"编辑"→"实体化"命令，系统弹出"实体化"操控面板，单击操控面板中的 按钮完成曲面的实体化。图 3-2-49 所示为完成的模型。

⑭ 在模型树中右击 XIANG_JIAN_DING，在弹出的快捷菜单中选择"打开"命令，系统自动进入产品建模界面。

⑮ 单击"拉伸"按钮 ，系统弹出"拉伸"操控面板。在操控面板中单击"位置"按钮，然后在弹出的界面中单击 定义... 按钮，系统弹出"草绘"对话框。

⑯ 选取刚创建的模型端平面为草绘平面，采用系统中默认的方向为草绘视图方向。接受其他默认设置，单击对话框中的"草绘"按钮，进入草绘环境。

⑰ 在草绘环境下绘制如图 3-2-50 所示的截面草图。完成后，单击 按钮退出。

⑱ 在操控面板中单击"盲孔"按钮 ，再在"长度"文本框中输入深度值 3，然后单击"完成"按钮，完成拉伸特征的创建。图 3-2-51 所示为最终完成的 XIANG_JIAN_DING。

　　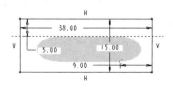　　

图 3-2-49　XIANG_JIAN_DING 模型　　图 3-2-50　草绘截面　　图 3-2-51　XIANG_JIAN_DING

9. 创建顶杆孔

（1）在模型树中右击元件 XIANG_JIAN_DONG，在弹出的快捷菜单中选择"打开"命令,系统自动进入产品建模界面。

(2) 依次执行"插入"→"模型基准"→"偏移平面"命令,系统弹出"在 X 方向中输入偏移数值"文本框,接受默认值 0,单击✓按钮,系统又分别弹出"在 Y 方向中输入偏移数值"和"在 Z 方向中输入偏移数值"文本框,同样接受默认值 0 并单击✓按钮,完成 3 个基准平面 DTM1、DTM2 和 DTM3 的创建。

(3) 单击"点"按钮,系统弹出"基准点"对话框。然后选中模型的上表面,按照图 3-2-52 所示创建基准点 PNT0。

(4) 同理,在"基准点"对话框中单击"新点"按钮,在模型的上表面上创建如图 3-2-53 所示的 8 个基准点。

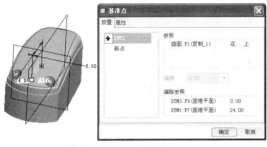
图 3-2-52 基准点 PNT0

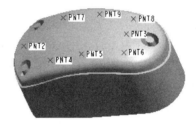
图 3-2-53 8 个基准点

(5) 依次选择"模具"菜单中的"特征"→"型腔组件"→"模具"→"顶杆孔"命令,系统弹出如图 3-2-54 和图 3-2-55 所示的"顶杆孔:直"对话框和"位置"菜单。

(6) 在菜单中依次选择"在点上"→"完成"命令,系统弹出如图 3-2-56 所示的"一般点选取"菜单。

图 3-2-54 "顶杆孔:直"对话框

图 3-2-55 "位置"菜单

图 3-2-56 "一般点选取"菜单

(7) 在图形区选取刚创建的八个基准点后,选择菜单中的"完成"命令,系统提示"选取放置平面",选取 XIANG_JIAN_DONG 元件的底平面为放置平面,系统弹出"方向"菜单。

(8) 在"方向"菜单中选择"确定"命令,系统弹出"相交元件"对话框。单击"选择"按钮后选取 XIANG_JIAN_DONG 元件,系统弹出"输入交集的直径"文本框,输入数值 4 后单击"完成"按钮✓,再单击"相交元件"对话框中的"确定"按钮,系统弹出"输入沉孔直径"文本框。

(9) 在文本框中输入数值 6 后单击"完成"按钮✓,系统又弹出"输入沉孔深度"文本框,输入数值 20 后单击"完成"按钮✓,再单击"顶杆孔:直"对话框中的"确定"按钮,完成如图 3-2-57 所示 XIANG_JIAN_DONG 元件顶杆孔的设计。

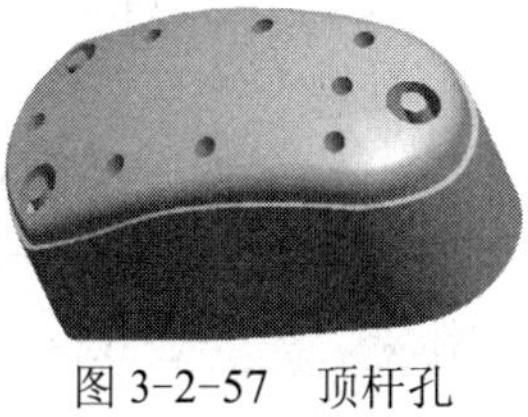

图 3-2-57 顶杆孔

10. 切割元件

（1）执行"窗口"→"激活"命令，再执行"编辑"→"元件操作"命令，系统弹出"元件"菜单。选择菜单中的"切除"命令，系统弹出"选取"对话框并提示"选取要对其执行切出处理的零件"。

（2）在模型树中选取的 XING_XIN 并单击"选取"对话框中的"确定"按钮。系统接着提示"为切出处理选取参照零件"，选取模型 XIANG_JIAN_DONG，再次单击"选取"对话框中的"确定"按钮。最后选择"完成"命令，完成切除操作。图 3-2-58 所示为最终完成的 XING_XIN。

（3）执行"编辑"→"元件操作"命令，系统弹出"元件"菜单。选择菜单中的"切除"命令，系统弹出"选取"对话框并提示"选取要对其执行切出处理的零件"。

（4）在模型树中选取 XIANG_JIAN_DONG 并单击"选取"对话框中的"确定"按钮。系统接着提示"为切出处理选取参照零件"，按住 Ctrl 键，分别选取模型 XIAO_XIANG_JIAN1、XIAO_XIANG_JIAN2 和 XIAO_XIANG_JIAN3，再次单击"选取"对话框中的"确定"按钮。最后选择"完成"命令，完成如图 3-2-59 所示 XIANG_JIAN_DONG 元件的切除操作。

（5）执行"编辑"→"元件操作"命令，系统弹出"元件"菜单。选择菜单中的"切除"命令，系统弹出"选取"对话框并提示"选取要对其执行切出处理的零件"。

（6）在模型树中选取 XING_QIANG 并单击"选取"对话框中的"确定"按钮。系统接着提示"为切出处理选取参照零件"，选取 XIANG_JIAN_DING，再次单击"选取"对话框中的"确定"按钮。最后选择"完成"命令，完成如图 3-2-60 所示 XING_QIANG 元件的切除操作。

  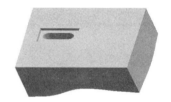

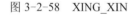

图 3-2-58　XING_XIN　　　图 3-2-59　XIANG_JIAN_DONG　　　图 3-2-60　XING_QIANG

11. 修改成型零件

（1）在模型树中右击元件 XING_XIN，在弹出的快捷菜单中选择"打开"命令，系统自动进入产品建模界面。

（2）在模型树中选取元件 XING_XIN，再单击"镜像"按钮，系统弹出"镜像"操控面板，选取元件 XING_XIN 的前侧面为镜像平面后单击操控面板中的"完成"按钮。图 3-2-61 所示为镜像后的 XING_XIN。

（3）在模型树中右击元件 XING_QIANG，在弹出的快捷菜单中选择"打开"命令，系统自动进入产品建模界面。

（4）在模型树中单击选取元件 XING_QIANG，再单击"镜像"按钮，系统弹出"镜像"操控面板，选取元件 XING_QIANG 的前侧面为镜像平面后单击操控面板中的"完成"按钮。图 3-2-62 所示为镜像后的 XING_QIANG。

(5) 在模型树中右击元件 XIANG_JIAN_DONG, 在弹出的快捷菜单中选择"打开"命令, 系统自动进入产品建模界面。

(6) 单击"平面工具"按钮 , 系统弹出"基准平面"对话框, 输入平移距离 32.5, 创建如图 3-2-63 所示的基准平面 DTM4。

  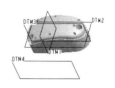

图 3-2-61 镜像后的 XING_XIN   图 3-2-62 镜像后的 XING_QIANG   图 3-2-63 基准平面 DTM4

(7) 在模型树中选取元件 XIANG_JIAN_DONG, 再单击"镜像"按钮 , 系统弹出"镜像"操控面板, 选取基准平面 DTM4 为镜像平面后单击操控面板中的"完成"按钮 。图 3-2-64 所示为镜像后的 XIANG_JIAN_DONG。

(8) 在模型树中右击元件 XIANG_JIAN_DING, 在弹出的快捷菜单中选择"打开"命令, 系统自动进入产品建模界面。

(9) 在模型树中选取元件 XIANG_JIAN_DING, 再单击"镜像"按钮 , 系统弹出"镜像"操控面板。

(10) 单击"平面工具"按钮 , 系统弹出"基准平面"对话框, 然后选取 MOLD_FRONT 基准平面并在"平移"文本框中输入数值 32.5, 再单击"确定"按钮完成辅助基准平面的创建。

(11) 激活"镜像"操控面板, 然后单击操控面板中的"完成"按钮 完成镜像操作。图 3-2-65 所示为镜像后的 XIANG_JIAN_DING。

(12) 重复步骤(8)~(11), 分别完成 XIAO_XIANG_JIAN1、XIAO_XIANG_JIAN2 和 XIAO_XIANG_JIAN3 等元件的镜像操作。

12. 模拟开模

(1) 执行"视图"→"分解"→"编辑位置"命令, 系统弹出"编辑位置"操控面板。

(2) 单击"平移"按钮 , 再单击元件 XING_QIANG, 此时模型上会显示一个参照坐标系, 选择 Z 轴并移动鼠标, 模型也随着沿 Z 轴移动。

(3) 同理, 单击其他元件并移动该元件, 最终完成的分解图如图 3-2-66 所示。

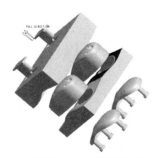

图 3-2-64 镜像后的 XIANG_JIAN_DONG   图 3-2-65 镜像后的 XIANG_JIAN_DING   图 3-2-66 模拟开模

拓展任务

在 Pro/E 5.0 模具设计模块中，完成如图 3-2-67 所示塑件注塑模具的设计。

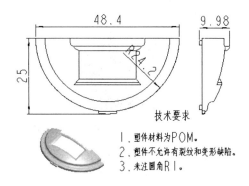

图 3-2-67　塑件

项目 4 三板式注塑模具设计

学习目标

1. 了解三板式注塑模具的结构特点;
2. 掌握冷却系统的创建方法;
3. 掌握自动创建工件的方法;
4. 了解产品布局的经验数值;
5. 了解镶件上紧固螺钉位置的确定方法;
6. 了解模板上避空角的确定方法;
7. 掌握手动法创建模具体积块的方法;
8. 掌握排气系统的创建方法;
9. 掌握模具定位装置的设计方法;
10. 掌握拔模检测与厚度检查方法;
11. 掌握投影面积检测方法。

工作任务

在 Pro/E 5.0 模具设计模块中,完成零件的注塑模具设计。

任务 4.1 果品盒注塑模设计

学习目标

1. 了解三板式注塑模具的结构特点;
2. 掌握冷却系统的创建方法;
3. 掌握自动创建工件的方法;
4. 了解产品布局的经验数值;
5. 了解镶件上紧固螺钉位置的确定方法;
6. 了解模板上避空角的确定方法。

工作任务

在 Pro/E 5.0 模具设计模块中,完成如图 4-1-1 所示果品盒注塑模具的设计。

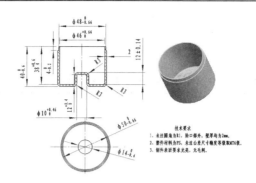

图 4-1-1　果品盒

任务分析

该塑件结构简单，外轮廓为圆柱形（直径 50mm、高 40mm），盒的口部有一台阶，壁厚为 1mm。塑件尺寸精度不高，无特殊要求。除口部外，其余部分壁厚均为 2mm，属薄壁塑件。塑件材料为聚苯乙烯（PS），成型工艺性较好，可以注塑成型。

塑件的最大截面为底平面，故分型面应选在底平面处。为满足制品光亮的要求，决定采用双分型面的三板模结构形式，点浇口、一模四腔，推件板推出，平衡浇道，动、定模上均开设冷却通道。表 4-1-1 所示为该塑件注塑模具的设计思路。

表 4-1-1　果品盒注塑模具的设计思路

任　　务	1. 装配参照模型	2. 创建工件	3. 创建分型面
应用功能	装配、收缩	元件创建、自动工件	分型面、复制、拉伸、合并
完成结果			
任　　务	4. 抽取模具元件	5. 创建模板、镶件	6. 创建浇注系统
应用功能	分割体积块、抽取元件	元件创建、复制、延伸、合并、实体化、拉伸、切除	元件创建、旋转、拉伸、倒圆角
完成结果			
任　　务	7. 创建冷却系统	8. 铸模	9. 模拟开模
应用功能	基准平面、等高线、拉伸	铸模	模具开模
完成结果			

知识准备

（一）三板式模具的结构特点

双分型面注塑模也称为三板式注塑模，主要用来成型以下制品：①一模一腔要求点浇口进料的中、大型制品。②一模多腔点浇口进料的制品。③一模一腔多点浇口进料的制品。

1. 双分型面注塑模结构特点

（1）采用点浇口的双分型面注塑模可以把制品和浇注系统凝料在模内分离，为此应该设计浇注系统凝料的脱出机构，保证将点浇口拉断，还要可靠地将浇注系统凝料从定模板或流道板（推料板）上脱离。

（2）为保证两个分型面的打开顺序和打开距离，模具上需增加必要的辅助装置如定距分型装置、开闭器等，因此模具结构较复杂。

2. 双分型面注塑模的构成

双分型面注塑模由以下几部分组成。

（1）成形零部件，包括型芯、中间板（流道板、推料板）、型腔等。

（2）浇注系统，包括浇口套、中间板等。

（3）导向部分，包括导柱、导套、中间板与拉料板上的导向孔等。

（4）推出装置，包括推杆、推杆固定板和推板等。

（5）二次分型部分，包括定距拉板、限位销、销钉、拉杆和限位螺钉等。

（6）结构零部件，包括动模座板、垫块、支承板、型芯固定板和定模座板等。

（二）冷却系统的创建

与浇注系统的创建方法一样，也有两种方式可用来创建冷却系统：①依次执行"模具"菜单管理器中的"特征"→"型腔组件"→"实体"→"切减材料"命令后，再选择具体的特征操作方法来创建。②运用 Pro/E 5.0 软件提供的专门创建等高线（水孔）特征的命令来快速创建冷却水道。

在"模具"菜单管理器中依次执行"特征"→"型腔组件"→"模具"→"等高线"命令，系统弹出如图 4-1-2 所示的"等高线"对话框。该对话框中各选项的含义介绍如下。

（1）名称。该选项用于指定等高线的名称。缺省的情况下，系统自动生成等高线的名称。

（2）直径。该选项用于指定冷却水孔的大小。双击该选项，系统弹出如图 4-1-3 所示的"输入等高线圆环的直径"文本框。用户可在该文本框中指定水孔直径。

图 4-1-2 "等高线"对话框　　　图 4-1-3 文本框

（3）回路。该选项用于创建等高线的路径。双击该选项，系统弹出如图 4-1-4 所示的"设置草绘平面"菜单和"选取"对话框，用户可进入草绘环境后绘制具体的等高线路径。

（4）末端条件。该选项用于定义冷却水孔的末端形状与大小。双击该选项，系统弹出如图 4-1-5 所示的"尺寸界线末端"菜单。选取等高线路径的末端后单击该菜单中

图 4-1-4 "设置草绘平面"菜单和
"选取"对话框

的"完成/返回"命令，系统弹出如图 4-1-6 所示的"规定端部"菜单，该菜单包括下面 4 个命令选项。

① 无：选择该选项时，等高线在指定端点处停止。
② 盲孔：选择该选项时，等高线从指定端点处延伸一段距离。
③ 通过：选择该选项时，等高线从指定端点处延伸至工件的表面，即创建一个通孔。
④ 通过 W/沉孔：选择该选项时，除了可以创建一个通孔外，还可以创建一个沉孔。

（5）求交零件。该选项用于选取与等高线相交的模具元件。双击该选项，系统弹出如图 4-1-7 所示的"相交元件"对话框。在该对话框中，用户可以选取相交的模具元件。

图 4-1-5 "尺寸界线末端"菜单　　图 4-1-6 "规定端部"菜单　　图 4-1-7 "相交元件"对话框

冷却水道的创建过程如下：

（1）依次选择"模具"菜单管理器中的"特征"→"型腔组件"→"等高线"命令，系统弹出"等高线"对话框和"输入等高线圆环的直径"文本框。

（2）在文本框中输入所要创建的水孔直径，单击"完成"按钮，系统弹出"设置草绘平面"菜单和"选取"对话框。

（3）选择适当的草绘平面和参照平面后进入草绘环境，绘制冷却水道轨迹。绘制完成后退出草绘器，系统弹出"相交元件"对话框。

（4）可以自己选择相交零件，也可以单击"自动添加"按钮，系统会自动选择相交零件。最后单击"确定"按钮，完成冷却水道的设计。

（三）自动法创建工件模型

在"模具"菜单管理器中依次执行"模具模型"→"创建"→"工件"→"自动"命令或单击右侧工具栏中的"自动工件"按钮，系统弹出如图 4-1-8 所示的"自动工件"对话框。该对话框中各选项的含义介绍如下。

（1）工件名。系统自动为工件命名，也可在"工件名"下的文本框中输入新的工件名称。

（2）参照模型。"参照模型"下的文本框中显示出系统自动检测的参照模型名称，也可以单击"参照模型"下的按钮重

图 4-1-8 "自动工件"对话框

新选择参照模型。

（3）模具原点。"自动工件"对话框打开后，系统提示"选择铸模原点坐标系"。在图形区或模型树中单击选取模具参考坐标系 MOLD_DEF_CSYS，此时"模具原点"下的文本框中也显示了选取的坐标系。

（4）形状。该选项组中包含以下三种工件形状。

① "创建矩形工件"按钮：是默认的工件形状，表示标准的矩形盒状。

② "创建圆形工件"按钮：表示标准的圆柱形状。

③ "创建定制工件"按钮：表示自定义形状。

此外，单击"标准矩形"右侧的黑三角，系统弹出如图 4-1-9 所示的下拉菜单，内有多种自定义的工件形状。

图 4-1-9 工件形状

（5）单位。"单位"下拉列表中包含两种尺寸单位：mm 和 in。默认情况下应该与模具模型所采用的单位制一致。

（6）偏移。用于设置工件几何形状。在"统一偏移"文本框中输入工件偏移值，可以同时更新 X、Y 和 Z 正负方向的值和整体尺寸值。

（7）整体尺寸。用于设置工件的总体尺寸。整体尺寸和偏移尺寸是联动的。

（8）平移工件。可在 X 和 Y 方向平移工件。

自动法创建工件模型的操作步骤如下：

① 在右侧的工具栏中单击"自动工件"按钮，系统弹出"自动工件"对话框。

② 系统自动为工件命名并选取参照模型。单击"模具原点"选项下的"选取"按钮，系统提示"选择铸模原点坐标系"，选取坐标系 MOLD_DEF_CSYS。

③ 分别在下拉菜单中选取"标准矩形"和"mm"选项，然后在"偏移"选项下的文本框对数据进行设置。

④ 单击"预览"按钮观察所创建工件的效果，最后单击"确定"按钮完成工件的创建。

（四）产品布局的设计

现代注塑模具的成型零件一般采用镶嵌式结构形式，镶件的大小、数量需要根据具体的产品结构以及设计要求来确定。

产品的布局包括两方面的内容：产品与产品间距离的确定，产品与镶件间距离的确定。一般来说，产品在模板内的排位应以最佳效果形式排放位置，要考虑进浇位置和分型面因素，要与产品的外形大小，深度成比例。需要注意的是，以下所介绍的数据均为经验数值，如果塑件尺寸很大、结构复杂，则其相应尺寸也应加大。

1. 产品与产品间的距离

一般来说，小件产品与小件产品间的距离为 15～20mm，大件产品与大件产品之间的距离为 20～30mm，如图 4-1-10 所示。如果产品间布置有流道，则两者间的距离要加大。塑件大小的划分是相对的，一般可认为 80mm 以下的塑件为小塑件。

2. 产品与镶件边的距离

镶件的大小一般由产品大小和腔位数来决定，小件产品与镶件边的距离为 25～30mm，大件产品与镶件边的距离为 35～50mm，如图 4-1-11 所示。

图 4-1-10 产品与产品间的距离

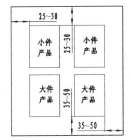
图 4-1-11 产品与镶件边的距离

3. 产品与镶件底部的距离

小件产品与镶件底部的距离为 25～30mm，大件产品与镶件底部的距离为 35～50mm，如图 4-1-12 所示。

4. 镶件到模板边的距离

一般情况下，型腔（型芯）镶件到定（动）模板边线的距离为 30～50mm，如图 4-1-13 所示。

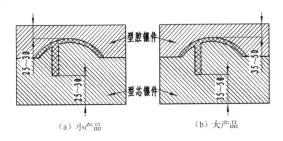
图 4-1-12 产品与镶件底部的距离

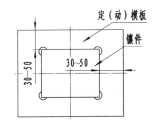
图 4-1-13 镶件到模板边的距离

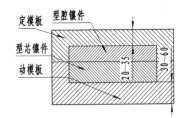
图 4-1-14 镶件底部到模板的距离

5. 镶件底部到模板端平面的距离

一般情况下，型腔镶件的顶部到定模板端平面的距离为 20～35mm，型芯镶件的底部到动模板端平面的距离为 30～60mm，如图 4-1-14 所示。

（五）镶件上紧固螺钉位置的确定

一般采用紧固螺钉将镶件固定在模板上，螺钉的大小、数量依据镶件的大小来确定。小镶件用四颗 M6 螺钉，大镶件用 6 颗 M10 螺钉，如图 4-1-15 所示。图中 C 为螺钉固定中心到镶件边的距离、D 为螺钉外表面到镶件边的最短距离，各螺钉的具体参数参见表 4-1-2。

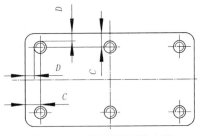
图 4-1-15 紧固螺钉的布置

表 4-1-2　紧固螺钉参数的确定　　　　　　　　　　　　　单位：mm

序号	螺钉	C	D	备注
1	M6	8	5	均为最小数值
2	M8	10	6	
3	M10	12	7	

（六）模板上避空角的确定

为便于安装镶件，通常在模板的 4 个角做出避空角，如图 4-1-16 所示。图中的 R 为避空角的半径，L 为避空角中心到镶件边线的距离。具体参数可参考表 4-1-3 进行选择。

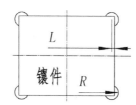

图 4-1-16　避空角的确定

表 4-1-3　避空角参数的选择　　　　　　　　　　　　　单位：mm

序号	镶件深度	R	L
1	20	6	4
2	40	8	5
3	60	10	7
4	100	12	9
5	120	15	10

 任务实施

本实例完成文件：G:\Proe5.0\work\result\ch4\ch4.1\ guo_ph.asm。
本实例视频文件：G:\Proe5.0\video\ch4\4_1.exe。

1. 设置工作目录、新建文件

（1）将工作目录设置至 D:\Proe5.0\work\original\ch4\ch4.1。

（2）单击"新建"按钮，在弹出的"新建"对话框中选中"类型"选项组中的 制造 选项和"子类型"选项组中的 模具型腔 选项。再单击"使用缺省模板"复选框取消使用默认模板，在"名称"栏输入文件名 guo_ph。单击"确定"按钮，打开"新文件选项"对话框。选择"mmns_mfg_mold"模板，单击"确定"按钮，进入模具设计环境。

2. 定位参照模型

（1）在"模具"菜单管理器中依次选择"模具模型"→"定位参照零件"命令或单击工具栏中的"模具型腔布局"按钮，系统弹出"布局"对话框。再单击"参照模型"选项下的"打开"按钮，系统弹出"打开"对话框。

（2）选择 guo_ph.prt 文件，单击"打开"按钮，系统弹出"创建参照模型"对话框。

（3）选择"按参照合并"单选按钮，单击"确定"按钮，在"名称"文本框中输入参照模型的名称 GUO_PH_REF 后单击"确定"按钮，完成参照模型的创建。

（4）在"布局"对话框中，单击"参照模型起点与定向"下的按钮，系统弹出"获得坐标系类型"菜单和"选取"对话框。

（5）在"获得坐标系类型"对话框中选择"动态"选项，系统弹出"参照模型方向"对话框与模型显示次窗口。

（6）在"参照模型方向"对话框中选择参考轴 X 并旋转 90°，单击"确定"按钮返回到"布局"菜单。

图 4-1-17 一模四腔

（7）在"布局"对话框中选择"矩形"选项，在"矩形"下的文本框中依次输入数值 2、2、80、80，然后单击"预览"按钮观察效果。最后单击"确定"按钮，完成如图 4-1-17 所示一模四腔的布局。

3. 设置收缩率

（1）单击"按比例收缩"按钮，系统弹出"选取"对话框并提示"为收缩选取参照模型"。

（2）在图形区中单击一个参照模型后，系统弹出"按尺寸收缩"对话框。

（3）在对话框中，单击坐标系下的"选取"按钮后，系统又弹出"选取"对话框并提示"选取坐标系"。选取模型的坐标系 CSO，然后在"收缩率"下的文本框中输入 0.006，单击"确定"按钮退出。系统自动完成所有参照模型收缩率的设置。

4. 创建工件

（1）选择模型树的"显示"→"层树"命令，进入层树界面，在活动层选项中激活零件模型，然后隐藏参考模型的基准面、基准坐标系及其他辅助建模基准。

（2）在右侧的工具栏中单击"自动工件"按钮，系统弹出"自动工件"对话框。

（3）系统自动为工件命名 GUO_PH_WRK 并选取 4 个参照模型。单击"模具原点"选项下的"选取"按钮，系统提示"选择铸模原点坐标系"，单击鼠标左键选取坐标系 MOLD_DEF_CSYS。

（4）分别在下拉菜单中选取"标准矩形"和"mm"选项，然后在"偏移"选项下的文本框中按图 4-1-18 所示数据进行设置。

（5）单击"预览"按钮观察所创建工件的效果，最后单击"确定"按钮完成如图 4-1-19 所示工件的创建。

5. 创建分型面

（1）单击右侧工具栏上的"分型面"按钮，系统自动进入分型面设计界面。

（2）在模型树中右击工件 GUO_PH_WRK，在弹出的快捷菜单中选择"隐藏"命令隐藏工件模型。

（3）选取右上侧参照模型的外表面，然后单击工具栏中的"复制"按钮后再单击"粘贴"按钮，系统弹出"复制"操控面板。

（4）按住 Ctrl 键后连续选取模型的其他外表面，最后在弹出的操控面板中单击完成"完成"按钮完成如图 4-1-20 所示复制曲面 1 的创建。

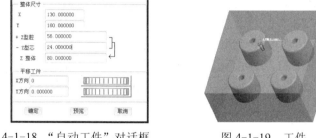

图 4-1-18 "自动工件"对话框　　图 4-1-19 工件　　图 4-1-20 复制曲面 1

（5）在模型树中右击工件 GUO_PH_WRK，在弹出的快捷菜单中选择"取消隐藏"命令显示工件。

（6）单击"拉伸"按钮，系统弹出"拉伸"操控面板。在操控面板中单击"位置"按钮，然后在弹出的界面中单击 定义... 按钮，系统弹出"草绘"对话框。

（7）分别选取工件的前面为草绘平面，底面为参照平面，方向为"底"，单击"草绘"按钮进入草绘环境。

（8）在草绘环境下绘制如图 4-1-21 所示的截面草图。完成后，单击✓按钮退出。

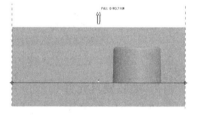

图 4-1-21 草绘截面

（9）在操控面板中单击"至选定的"按钮，然后单击工件的后面。最后单击"完成"按钮，完成如图 4-1-22 所示拉伸曲面的创建。

（10）再次隐藏工件，然后按住 Ctrl 键，选取如图 4-1-22 所示复制曲面 1 和刚创建的拉伸曲面。

（11）在主工具栏中单击"合并"按钮，系统弹出"合并"操控面板，接受默认的"相交"合并类型。

（12）调整操控面板上的"方向"按钮并单击"预览"按钮，观察合并结果，此时的模型显示如图 4-1-23 所示。最后，单击✓按钮，完成合并曲面 1 的创建。

（13）重复步骤（3）、（4）、（10）～（12），分别创建另外 3 个参照模型的复制曲面并与已有的合并曲面进行合并，最终得到如图 4-1-24 所示的分型曲面 1。最后单击右侧工具栏上的"完成"按钮✓返回到模具设计主界面。

6. 分割模具体积块

（1）单击工具栏"模具体积块分割"按钮，系统弹出"分割体积块"下拉菜单。

(2)在菜单中依次选择"两个体积块"→"所有工件"→"完成"命令,系统提示"为分割工件选取分型面"并弹出"分割"和"选取"对话框。

 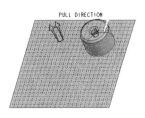 

图 4-1-22　拉伸曲面　　　　图 4-1-23　选取合并曲面　　　　图 4-1-24　分型曲面 1

(3)在绘图区选取刚创建的分型曲面 1,然后分别单击"选取"和"分割"对话框中的"确定"按钮,系统弹出"属性"对话框。

(4)单击对话框中的"着色"按钮观察所得到的体积块的效果,然后在对话框中输入体积块名称 XING_XIN,再单击对话框中的"确定"按钮完成如图 4-1-25 所示型芯体积块的分割。同理,输入另一个体积块的名称后单击"确定"按钮完成如图 4-1-26 所示型腔体积块的分割。

图 4-1-25　XING_XIN 体积块　　　　　图 4-1-26　XING_QIANG 体积块

7. 抽取模具元件

(1)选择"模具"菜单管理器中的"模具元件"命令,系统弹出"模具元件"菜单。

(2)在"模具元件"菜单上选择"抽取"命令(也可直接单击工具栏中的 按钮),系统弹出"创建模具元件"对话框。

(3)在对话框上单击"全选"按钮 ,再单击"确定"按钮,完成 XING_XIN 和 XING_QIANG 两个元件的抽取。此时模型树中自然增加了所抽取的元件。

8. 创建定模板、动模板

(1)在"模具"菜单管理器中依次选择"模具模型"→"创建"→"模具元件"命令,系统弹出"元件创建"对话框。

(2)在对话框中分别选择"零件"和"实体"单选按钮(默认选项),在"名称"文本框中输入模板名称 DING_MO_BAN,单击"确定"按钮,系统弹出"创建选项"对话框。

(3)选择"创建特征"单选项,单击"确定"按钮,菜单管理器中出现"特征操作"菜单。依次选择"实体"→"伸出项"→"拉伸"→"实体"→"完成"命令,系统弹出"拉伸"特征操控面板。

(4)在"拉伸"特征操控面板中依次单击"放置"→"定义"按钮,系统弹出"草绘"对话框。分别选择 MAIN_PARTING_PLN 基准平面为草绘平面,MOLD_RIGHT 基准平面为参照平面,方向为"右",然后单击"草绘"按钮进入草绘模式。

(5)在草绘环境下绘制如图 4-1-27 所示截面草图,然后单击"完成"按钮,返回到操控面板。

(6)在操控面板中单击"盲孔"按钮,再在"长度"文本框中输入深度值 70。然后单击操控面板中的"预览"按钮,观察所创建的特征效果。最后,在操控面板中单击"完成"按钮,完成如图 4-1-28 所示 DING_MO_BAN 的创建。

图 4-1-27 截面草图

(7)在主菜单中依次执行"插入"→"拉伸"命令,系统弹出"拉伸"操控面板。按下操控面板中的"移除材料"按钮后,在图形区右击,在弹出的快捷菜单中选择"定义内部草绘"命令,系统弹出"草绘"对话框。

(8)分别选择 MAIN_PARTING_PLN 基准平面为草绘平面,MOLD_RIGHT 基准平面为参照平面,方向为"右",然后单击"草绘"按钮进入草绘模式。

(9)在草绘环境下,选取 XING_QIANG 模型的 4 个边为参照,然后绘制如图 4-1-29 所示的截面草图。完成后单击按钮 ✔ 退出草绘环境。

(10)在操控面板中单击"盲孔"按钮,再在长度文本框中输入深度值 56。然后单击操控面板中的"预览"按钮,观察所创建的特征效果。最后单击"完成"按钮,完成如图 4-1-30 所示型腔切口的创建。

图 4-1-28 DING_MO_BAN

图 4-1-29 截面草图

图 4-1-30 型腔切口

(11)重复步骤(7)、(8),进入草绘模式后绘制如图 4-1-31 所示的截面草图(四个圆),完成后单击按钮 ✔ 退出草绘环境。

(12)在操控面板中单击"至选定的"按钮,然后单击图 4-1-30 所示型腔切口的底平面。最后单击"完成"按钮,完成如图 4-1-32 所示避空角的创建。

(13)同理,创建动模板并切割避空角。动模板的截面草图与图 4-1-29 一样,动模板的拉伸厚度为 40,型芯切口的深度为 24,避空角的截面草图与图 4-1-31 一样。图 4-1-33 为完成的动模板模型。

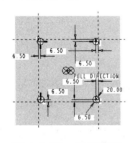

图 4-1-31 截面草图

图 4-1-32 避空角

图 4-1-33 动模板

9. 创建型芯镶件

（1）在模型树或"遮蔽-取消遮蔽窗口"中进行操作，隐藏或遮蔽其余所有零件，只显示四个参照模型。

（2）在"模具"菜单管理器中依次选择"模具模型"→"创建"→"模具元件"命令。

（3）在弹出的"元件创建"对话框中依次选择"零件"→"实体"单选按钮，在"名称"文本框中输入 XIANG_JIAN1，单击"确定"按钮。

（4）在弹出的"创建选项"对话框中选择"创建特征"单选按钮，单击"确定"按钮。在弹出的"特征操作"菜单管理器中依次选择"曲面"→"复制"→"完成"命令，系统弹出"复制"操控面板。

（5）选中参照模型内表面的任意一曲面为种子面，按住 Shift 键再选择模型的端部平面边界面，如图 4-1-34 所示。

（6）单击操控面板的"完成" ✓ 按钮完成参照模型内表面的复制，如图 4-1-35 所示。

（7）遮蔽参照模型，显示工件 GUO_PH_WRK，然后选择复制曲面 2 的边界线，并按住 Shift 键选取一周的边界线，如图 4-1-36 所示。

  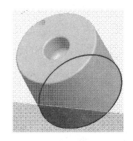

图 4-1-34　选择曲面　　　图 4-1-35　复制曲面 2　　　图 4-1-36　选取延伸边界

（8）执行"编辑"→"延伸"命令，系统弹出"延伸"特征操控面板。在操控面板中单击 按钮，系统提示"选取曲面延伸所至的平面"，选取工件 GUO_PH_WRK 的底平面，再单击操控面板中的 ✓ 按钮完成曲线的延伸，如图 4-1-37 所示。

（9）执行"编辑"→"填充"命令，系统弹出"填充"特征操控面板。在操控面板中单击"参照"按钮，然后在弹出的界面中单击 定义... 按钮，系统弹出"草绘"对话框。

（10）选取工件 GUO_PH_WRK 的底平面为草绘平面，单击对话框中的"草绘"按钮进入草绘界面。

（11）在草绘环境下，绘制如图 4-1-38 所示的截面草图。完成后，单击 ✓ 按钮退出。

（12）遮蔽工件，然后按住 Ctrl 键选取刚创建的复制曲面和填充曲面，选择"编辑"→"合并"命令，系统弹出"合并"特征操控面板，此时的模型如图 4-1-39 所示。单击操控面板中的 ✓ 按钮完成曲面的合并。

（13）单击选取刚合并的曲面，选择"编辑"→"实体化"命令，系统弹出"实体化"操控面板，单击操控面板中的 ✓ 按钮完成曲面的实体化。

（14）在"模型"菜单中依次执行"特征"→"创建"→"实体"→"伸出项"→"拉伸"→"实体"→"完成"命令，系统弹出"拉伸"特征操控面板。

（15）在操控面板中单击"位置"按钮，然后在弹出的界面中单击 定义... 按钮，系统弹出"草绘"对话框。

图 4-1-37 延伸曲面

图 4-1-38 草绘截面

图 4-1-39 选取曲面

（16）选取刚创建的模型端平面为草绘平面，采用系统中默认的方向为草绘视图方向。接受其他默认设置，单击对话框中的"草绘"按钮，进入草绘环境。

（17）在草绘环境下绘制如图 4-1-40 所示的截面草图。完成后，单击✓按钮退出。

（18）在操控面板中单击"盲孔"按钮 ，再在"长度"文本框中输入深度值 7，然后单击"完成"按钮，完成如图 4-1-41 所示 XIANG_JIAN1 的创建。

（19）同理，重复步骤（1）～（18），创建其余 3 个型芯镶件。最终完成的四个型芯镶件如图 4-1-42 所示。

（20）显示 XING_XIN 模型，在"模具"菜单中依次选择"模具模型"→"高级使用工具"→"切除"命令。

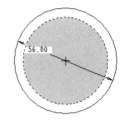
图 4-1-40 截面草图

（21）系统提示"选取要对其执行切出处理的零件"，选取 XING_XIN 模型并单击"选取"对话框中的"确定"按钮。系统接着提示"为切出处理选取参照零件"，按住 Ctrl 键选取刚创建的四个型芯镶件模型，再次单击"选取"对话框中的"确定"按钮。最后选择"完成"命令，完成切除操作。图 4-1-43 所示为完成的 XING_XIN 模型。

图 4-1-41 XIANG_JIAN1

图 4-1-42 四个型芯镶件

图 4-1-43 XING_XIN 模型

10. 创建推料板

（1）单击 按钮，在遮蔽对话框中隐藏体积块和分型面，单击"关闭"按钮退出。

（2）在"模具"菜单管理器中依次选择"模具模型"→"创建"→"模具元件"命令。

（3）在弹出的"元件创建"对话框中依次选择"零件"→"实体"单选按钮，在"名称"文本框中输入 TUI_LIAO_BAN，单击"确定"按钮。

（4）在弹出的"创建选项"对话框中选择"创建特征"单选按钮，单击"确定"按钮。在弹出的"特征操作"菜单管理器中依次选择"实体"→"伸出项"→"拉伸"→"实体"

→ "完成"命令,系统弹出"拉伸"特征操控面板。

(5)在操控面板中单击"位置"按钮,然后在弹出的界面中单击定义...按钮,系统弹出"草绘"对话框。

(6)选取图 4-1-28 所示 DING_MO_BAN 模型的上表面为草绘平面,采用模型中默认的方向为草绘视图方向。选取 MOLD_RIGHT 基准平面为参照平面,方向为"右"。单击对话框中的"草绘"按钮。

(7)在草绘环境下选取 DING_MO_BAN 模型的 4 边为参照,绘制如图 4-1-44 所示的截面草图。完成后,单击✓按钮退出。

(8)在操控面板中单击"盲孔"按钮⊥,再在"长度"文本框中输入深度值 25。

(9)单击操控面板中的"预览"按钮,观察所创建的特征效果。最后,单击"完成"按钮,完成如图 4-1-45 所示推料板零件的创建。

图 4-1-44 截面草图

图 4-1-45 推料板

11. 创建浇注系统

(1)一级分流道的创建。

① 在"模具"菜单中依次选择"特征"→"型腔组件"→"模具"→"流道"命令,系统弹出"流道"对话框和"形状"菜单。

② 在"形状"菜单中选择"圆角梯形"命令,系统弹出"输入流道直径"文本框。输入数值 5 并单击✓按钮后,系统弹出"输入流道角度"文本框。输入数值 8 单击✓按钮后,系统弹出"设置草绘平面"菜单。

③ 选择 DING_MO_BAN 模型上表面为草绘平面,MOLD_FRONT 基准平面为参照平面,方向为"顶",然后单击"草绘"按钮进入草绘模式。

④ 在草绘环境下绘制如图 4-1-46 所示的流道路径后,单击草绘界面的✓按钮,系统弹出"相交元件"对话框。

⑤ 选取 DING_MO_BAN 后,单击"相交元件"对话框中的"确定"按钮,接着在"流道"对话框中单击"确定"按钮完成分流道的创建。图 4-1-47 所示为一级分流道。

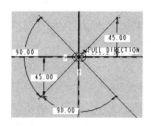
图 4-1-46 流道路径

图 4-1-47 一级分流道

(2) 冷料穴的创建。

① 在模型树中选中 DING_MO_BAN，右击，在弹出的快捷菜单中选择"打开"命令。

② 单击"基准平面工具"按钮 ◯，系统弹出"基准平面"对话框。选取上表面斜对角线上的一端点，再按住 Ctrl 键选取另一端点和上表面，选择黑三角后的"法向"选项。此时的"基准平面"对话框如图 4-1-48 所示。单击"确定"按钮完成如图 4-1-49 所示辅助平面 DTM1 的创建。同理，在另一对角线方向创建辅助平面 DTM2。

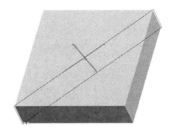

图 4-1-48 "基准平面"对话框　　　　图 4-1-49 基准平面 DTM1

③ 单击 按钮，系统弹出"旋转"特征操控面板。依次"放置"→"定义"按钮，系统弹出"草绘"对话框。

④ 选取辅助平面 DTM1 为草绘平面，采用模型中默认的方向为草绘视图方向。选取定模板上表面为参照平面，方向为"顶"。单击"草绘"按钮进入草绘环境。

⑤ 在草绘环境下绘制如图 4-1-50 所示的截面草图。完成后，单击 按钮退出。

⑥ 在操控面板中单击"从草绘平面以指定的角度值旋转"按钮 ，再在角度文本框中输入 360。

⑦ 单击操控面板中的"预览"按钮，观察所创建的特征效果。

⑧ 在操控面板中单击"完成"按钮，完成图 4-1-51 为所示冷料穴的创建。

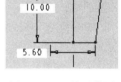

图 4-1-50 截面草图

(3) 二级分流道及点浇口的创建。

① 激活元件 DING_MO_BAN，在"模具"菜单中依次执行"特征"→"创建"→"实体"→"切剪材料"→"旋转"→"实体"→"完成"命令，系统弹出"旋转"特征操控面板。

② 单击操控面板的"放置"按钮后再单击"定义"按钮，系统弹出"草绘"对话框，在绘图区选择基准平面 DTM1 为草绘平面，再选择 DING_MO_BAN 的上表面为参照平面，方向为"顶"，然后单击"草绘"按钮进入草绘模式。

③ 在草绘环境下绘制如图 4-1-52 所示的截面草图。完成后，单击 按钮退出。在操控面板中单击"从草绘平面以指定的角度值旋转"按钮 ，再在"角度"文本框中输入 360。

④ 单击操控面板中的"预览"按钮，观察所创建的特征效果。再单击"完成"按钮，完成如图 4-1-53 所示二级分流道及点浇口的创建。

⑤ 重复步骤（1）～（4），分别选择 DTM1 和 DTM2 为草绘平面，完成其余三处二级分流道的创建。

⑥ 同理，激活元件 XING_QIANG，分别创建四处二级分流道及点浇口。

图 4-1-51　冷料穴　　　　　图 4-1-52　截面草图　　　　图 4-1-53　二级分流道及点浇口

12. 创建拉料杆

（1）在"模具"菜单管理器中依次选择"模具模型"→"创建"→"模具元件"命令。

（2）在弹出的"元件创建"对话框中依次选择"零件"→"实体"单选按钮，在"名称"文本框中输入 LA_LIAO_GAN1，单击"确定"按钮。

（3）在弹出的"创建选项"对话框中选择"创建特征"单选按钮，单击"确定"按钮。在弹出的"特征操作"菜单管理器中依次选择"实体"→"伸出项"→"旋转"→"实体"→"完成"命令，系统弹出"旋转"操控面板。

（4）在操控面板中单击"位置"按钮，然后在弹出的界面中单击 定义... 按钮，系统弹出"草绘"对话框。

（5）选取 DTM2 基准平面为草绘平面，采用模型中默认的方向为草绘视图方向。选取 DING_MO_BAN 上表面为参照平面，方向为"顶"。单击对话框中的"草绘"按钮。

（6）在草绘环境下选取相应分流道的轴线为参照，绘制如图 4-1-54 所示的截面草图。完成后，单击 ✓ 按钮退出。

（7）在操控面板中单击"从草绘平面以指定的角度值旋转"按钮 ⌐，再在"角度"文本框中输入 360。

（8）单击操控面板中的"预览"按钮，观察所创建的特征效果。再单击"完成"按钮，完成拉料杆的创建。

（9）单击工具栏上的"倒圆角"按钮 ，在弹出的"倒圆角"操控面板的文本框中输入圆角半径 0.3，对刚创建的拉料杆的端部进行倒圆角操作。最终完成的拉料杆如图 4-1-55 所示。

（10）同理，重复步骤（1）～（9），创建其余三根拉料杆，最终完成的四根拉料杆如图 4-1-56 所示。

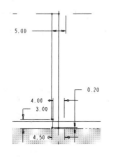  

图 4-1-54　截面草图　　　　图 4-1-55　拉料杆　　　　图 4-1-56　四根拉料杆

13. 创建拉料杆端部冷料穴

（1）激活推料板，在"模具"菜单中依次执行"特征"→"创建"→"实体"→"切剪材料"→"旋转"→"实体"→"完成"命令，系统弹出"旋转"特征操控面板。

（2）单击操控面板的"放置"按钮后再单击"定义"按钮，系统弹出"草绘"对话框。在绘图区选择基准平面 DTM2 为草绘平面，再选择 TUI_LIAO_BAN 的上表面为参照平面，方向为"顶"，然后单击"草绘"按钮进入草绘模式。

（3）在草绘环境下绘制如图 4-1-57 所示的截面草图。完成后，单击 ✓ 按钮退出。在操控面板中单击"从草绘平面以指定的角度值旋转"按钮 ⊥，再在"角度"文本框中输入 360。

（4）单击操控面板中的"预览"按钮，观察所创建的特征效果。再单击"完成"按钮，完成如图 4-1-58 所示冷料穴的创建。需要注意的是，系统会自动切除相应拉料杆的端部材料，需要手动将其删除。

（5）重复步骤（1）～（4），完成其余三处冷料穴的创建。图 4-1-58 所示为最终完成的 TUI_LIAO_BAN。

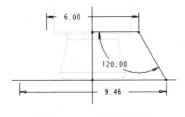

图 4-1-57 截面草图

图 4-1-58 TUI_LIAO_BAN

14. 冷却系统的设计

（1）DING_MO_BAN 和 XING_QIANG 冷却水道的创建。

① 单击"基准平面"按钮 ▱，系统打开"基准平面"对话框。

② 选取 MAIN_PARTING_PLN 基准平面并在"基准平面"对话框中选择"偏移"选项，然后在"平移"文本框中输入数值 20。此时的"基准平面"对话框如图 4-1-59 所示。

③ 单击"基准平面"对话框中的"确定"按钮完成如图 4-1-60 所示基准平面 ADTM1 的创建。

图 4-1-59 "基准平面"对话框

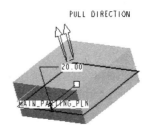

图 4-1-60 基准平面 ADTM1

④ 在模型树中选中 DING_MO_BAN，右击，在弹出的快捷菜单中选择"激活"命令。

⑤ 依次选择"模具"菜单管理器中的"特征"→"型腔组件"→"等高线"命令，系统弹出"等高线"对话框和"输入等高线圆环的直径"文本框。

⑥ 在文本框中输入所要创建的水孔直径 8，单击"完成"按钮，系统弹出"设置草绘平面"菜单和"选取"对话框。

⑦ 选择 ADTM1 基准平面为草绘平面进入草绘环境，绘制如图 4-1-61 所示的冷却水道轨迹。完成后退出草绘器，系统弹出"相交元件"对话框。

⑧ 选择 DING_MO_BAN 和 XING_QIANG 为相交零件，单击"确定"按钮，完成冷却水道的设计。图 4-1-62 所示为 XING_QIANG 冷却水道。

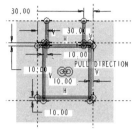

图 4-1-61　冷却水道轨迹

（2）动模镶件冷却水道的创建。

① 在模型树中选中 XIANG_JIAN1，右击，在弹出的快捷菜单中选择"打开"命令，系统自动进入产品建模界面。

② 单击工具栏上的"拉伸"按钮。

③ 在弹出的"拉伸"特征操控面板中单击"实体类型"按钮（默认选项）和"移除材料"按钮。

④ 在操控面板中单击"位置"按钮，然后在弹出的界面中单击"定义"按钮，系统弹出"草绘"对话框。

⑤ 选取 XIANG_JIAN1 端部表面为草绘平面，采用系统中默认的方向为草绘视图方向。单击对话框中的"草绘"按钮，进入草绘环境。

⑥ 在草绘环境下绘制如图 4-1-63 所示的截面草图。完成后，单击按钮退出。

⑦ 在操控面板中单击"从草绘平面以指定的深度值拉伸"按钮，再在"长度"文本框中输入深度值 58，然后单击操控面板中的"预览"按钮，观察所创建的特征效果。

⑧ 最后，在操控面板中单击"完成"按钮，完成如图 4-1-64 所示 XIANG_JIAN1 水道的创建。

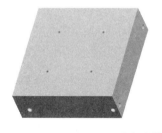 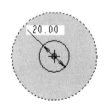 

图 4-1-62　XING_QIANG 冷却水道　　图 4-1-63　截面草图　　图 4-1-64　XIANG_JIAN1 水道

⑨ 重复步骤①~⑧，完成其余 3 个动模镶件水道的创建。

（3）ZHI_CHENG_BAN 的创建。

① 在"模具"菜单管理器中依次选择"模具模型"→"创建"→"模具元件"命令。

② 在弹出的"元件创建"对话框中依次选择"零件"→"实体"单选按钮，在"名称"文本框中输入 ZHI_CHENG_BAN，单击"确定"按钮。

③ 在弹出的"创建选项"对话框中选择"创建特征"单选按钮，单击"确定"按钮。在弹出的"特征操作"菜单管理器中依次选择"实体"→"伸出项"→"拉伸"→"实体"→"完成"命令，系统弹出"拉伸"操控面板。

④ 在操控面板中单击"位置"按钮，然后在弹出的界面中单击"定义"按钮，系统弹出

"草绘"对话框。

⑤ 选取 DONG_MO_BAN 模型的下表面为草绘平面,采用模型中默认的方向为草绘视图方向。选取 MOLD_RIGHT 基准平面为参照平面,方向为"右"。单击对话框中的"草绘"按钮。

⑥ 在草绘环境下选取 DONG_MO_BAN 模型的四边为参照,绘制如图 4-1-65 所示的截面草图。完成后,单击✓按钮退出。

⑦ 在操控面板中单击"盲孔"按钮⊥⊥,再在"长度"文本框中输入深度值 30。

⑧ 单击操控面板中的"预览"按钮,观察所创建的特征效果。最后,单击"完成"按钮,完成如图 4-1-66 所示推料板零件的创建。

图 4-1-65 截面草图

图 4-1-66 ZHI_CHENG_BAN

(4) ZHI_CHENG_BAN 水道的创建。

① 单击"基准平面"按钮▱,系统打开"基准平面"对话框。

② 选取 ZHI_CHENG_BAN 下表面并在"基准平面"对话框中选择"偏移"选项,然后在"平移"文本框中输入数值 15。此时的"基准平面"对话框如图 4-1-67 所示。

③ 单击"基准平面"对话框中的"确定"按钮完成如图 4-1-68 所示基准平面 ADTM2 的创建。

④ 在模型树中选中 ZHI_CHENG_BAN,右击,在弹出的快捷菜单中选择"激活"命令。

图 4-1-67 "基准平面"对话框

⑤ 依次单击"模具"菜单管理器中的"特征"→"型腔组件"→"等高线"命令,系统弹出"等高线"对话框和"输入等高线圆环的直径"文本框。

⑥ 在文本框中输入所要创建的水孔直径 8,单击"完成"按钮✓,系统弹出"设置草绘平面"菜单和"选取"对话框。

⑦ 选择 ADTM2 基准平面为草绘平面进入草绘环境,绘制如图 4-1-69 所示的冷却水道轨迹。完成后退出草绘器,系统弹出"相交元件"对话框。

⑧ 选择 ZHI_CHENG_BAN 为相交零件,单击"确定"按钮,完成如图 4-1-70 所示冷却水道的创建。

⑨ 单击工具栏上的"拉伸"按钮⟟。

⑩ 在弹出的"拉伸"特征操控面板中单击"实体类型"按钮▭(默认选项)和"移除材料"按钮⟟。

⑪ 在操控面板中单击"位置"按钮，然后在弹出的界面中单击 定义... 按钮，系统弹出"草绘"对话框。

⑫ 选取 ZHI_CHENG_BAN 上表面为草绘平面，采用系统中默认的方向为草绘视图方向。单击对话框中的"草绘"按钮，进入草绘环境。

 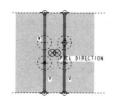 

图 4-1-68　基准平面 ADTM2　　图 4-1-69　冷却水道轨迹　　图 4-1-70　ZHI_CHENG_BAN 冷却水道

⑬ 在草绘环境下绘制如图 4-1-71 所示的截面草图。完成后，单击 ☑ 按钮退出。

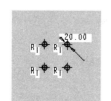

⑭ 在操控面板中单击"从草绘平面以指定的深度值拉伸"按钮 ⇊，再在"长度"文本框中输入深度值 15，然后单击操控面板中的"预览"按钮，观察所创建的特征效果。

⑮ 在操控面板中单击"完成"按钮，完成如图 4-1-72 所示剪切特征的创建。

图 4-1-71　截面草图

⑯ 同理，重复步骤⑨~⑮，选取 ZHI_CHENG_BAN 下表面为草绘平面，分别绘制如图 4-1-73 和图 4-1-74 所示的草绘截面，创建如图 4-1-75 所示的剪切特征。

 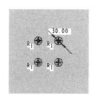 

图 4-1-72　剪切特征　　图 4-1-73　草绘截面　　图 4-1-74　草绘截面　　图 4-1-75　剪切特征

15. 模拟开模

（1）执行"视图"→"分解"→"编辑位置"命令，系统弹出"编辑位置"操控面板。

（2）单击"平移"按钮 ⬚，再单击元件 XING_QIANG，此时模型上会显示一个参照坐标系，选择 Z 轴并移动鼠标，模型也随着沿 Z 轴移动。

（3）同理，单击其他元件并移动该元件，最终完成的分解图如图 4-1-76 所示。

图 4-1-76　模拟开模

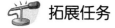 拓展任务

在 Pro/E 5.0 模具设计模块中，完成如图 4-1-77 所示塑件注塑模具的设计。

项目 4　三板式注塑模具设计

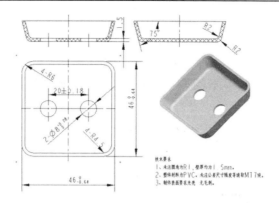

图 4-1-77　塑件

任务 4.2　导光板外框注塑模具设计

学习目标

1．掌握手动法创建模具体积块的方法；
2．掌握排气系统的创建方法；
3．掌握模具定位装置的设计方法；
4．掌握拔模检测与厚度检查方法；
5．掌握投影面积检测方法。

工作任务

在 Pro/E 5.0 模具设计模块中，完成如图 4-2-1 所示导光板外框注塑模具的设计。

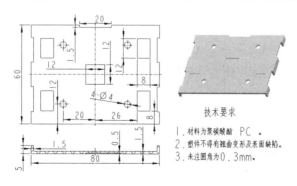

图 4-2-1　导光板外框

任务分析

该塑件是用于固定导光板的外框，外形为长方体，总体尺寸为 80mm×60mm×5mm。该塑件不是外观件，表面质量要求不高，但尺寸精度及平面度要求却很高。因此，作为极薄壁精密塑料件,该塑料件采用了尺寸稳定性好的聚碳酸酯(PC)材料。

根据塑件外形,浇口只能采用点浇口,且只能设置在底部大平面上。因此,模具结构应是简单的三板模,且是一模一腔、推杆推出。作为极薄壳塑料件,流程比很大,塑料件充填困难且易产生翘曲变形,因此需要多浇口平衡进料才能成型。表 4-2-1 所示为该塑件注塑模具的设计思路。

表 4-2-1 导光板外框注塑模具的设计思路

任务	1. 装配参照模型、创建工件	2. 创建体积块	3. 创建模板、镶件
应用功能	装配、收缩、元件创建、拉伸	聚合体积块、抽取元件	元件创建、拉伸
完成结果			
任务	4. 创建锁位	5. 创建排气槽	6. 模拟开模
应用功能	拉伸、拔模、倒圆角、倒角、元件创建、切除	拉伸	模具开模
完成结果			

知识准备

(一)手动法创建模具体积块

1. 聚合法

聚合法创建模具体积块是通过复制参照零件上的表面,然后将其边界延伸到特定的平面,并将其封闭,从而得到模具体积块的方法。在一般情况下,使用聚合功能创建的模具体积块都不完整,还必须配合草绘功能才能创建出完整的模具体积块。

聚合法创建模具体积块的操作步骤如下。

(1)依次选择"插入"→"模具几何"→"模具体积块"命令或单击工具栏上的"模具体积块"按钮,进入模具体积块设计界面。

(2)执行"编辑"→"收集体积块"命令,系统弹出如图 4-2-2 所示的"聚合体积块"菜单。

该菜单的"聚合步骤"子菜单中有 4 个选项,各选项的含义如下。

① 选取:选取参照零件的某些表面来生成模具体积块。

② 排除:从体积块定义中排除边或曲面环。

③ 填充:在体积块上填充内部轮廓线或曲面上的孔。

④ 关闭:通过指定的曲面或边来封闭形成聚合体积块。

注:其中"选取"和"封闭"两个命令是必选项目,如果所选曲面上有破孔时,则可以选中"封闭"命令来封闭破孔。

(3)在"聚合步骤"菜单中勾选需要的选项,然后选择"完成"命令,系统弹出如图

4-2-3 所示的"聚合选取"菜单,用于选取参照零件曲面,以定义模具体积块的基本曲面组。该菜单中各个选项的含义如下。

① 曲面和边界:通过选取种子曲面和边界曲面,系统将会把与种子曲面邻接的曲面都选中,直到边界曲面。

② 曲面:通过选取每个需要的曲面,封闭后生成体积块。

(4)接受缺省的"曲面和边界"选项后执行"聚合选取"菜单中的"完成"命令,然后在图形窗口中选取合适的种子曲面和边界曲面后,系统弹出如图 4-2-4 所示的"封合"菜单。该菜单用于封闭模具体积块,菜单中各个选项的含义如下。

① 顶平面:利用平面来闭合已经选取的曲面。

② 全部环:曲面组中开放的边界都将延伸到顶平面封闭起来。

③ 选取环:曲面组中只有被选取的边界延伸到顶平面封闭。

注:其中"顶平面"命令是必选项目,而"全部环"和"选取环"两个命令只能选取一项。

图 4-2-2 "聚合体积块"菜单　　图 4-2-3 "聚合选取"菜单　　图 4-2-4 "封合"菜单

(5)勾选"封合"菜单中的"顶平面"和"全部环"复选框后选择"完成"命令,系统弹出"选取"对话框。

(6)在图形区选择合适的表面作为聚合体积块的顶平面后,执行"封闭环"菜单中的"完成/返回"命令,再执行"聚合体积块"菜单中的"显示体积块"命令,查看无误后单击"完成"命令,从而生成聚合体积块。

2. 草绘法

和聚合法一样,利用草绘法生成体积块也不需要预先创建分型面。其实质就是通过拉伸、旋转、扫描、混合和高级等创建实体特征的方法来生成体积块。虽然省去做分型面的时间,但是它不如分割法使用起来那么方便、快捷、省事。

单击工具栏中的"模具体积块"按钮 ,或执行"插入"→"模具几何"→"模具体积块"命令,即可进入使用草绘法创建模具体积块的环境。草绘体积块与创建实体特征方法相似,可以看成是用建模特征创建一个封闭面组。如果系统中存在体积块,则系统会询问是否对体积块进行增加或切剪。

(二)排气系统的创建

排气系统的作用是将型腔和浇注系统中原有的空气和成型过程中固化反应产生的气体顺

利地排出模具之外,以保证注射过程的顺利进行。尤其是高速注射和热固性塑料注射成型,排气是很有必要的,否则,被压缩的气体所产生的高温将引起制品局部烧焦碳化或产生气泡,还可能产生熔接痕等。

常用的排气方式有两种:①开设排气槽。②利用模具零件的配合间隙自然排气。排气槽通常设在充型料流末端处,而熔体在型腔内充填情况与浇口的开设有关,因此,确定浇口位置时,同时要考虑排气槽的开设位置是否方便。

排气槽最好开设在分型面上,因为在分型面上如果因设排气槽而产生飞边,也很容易随制品脱出。通常在分型面型腔一侧开设排气槽,其槽深为 0.025~0.1mm,槽宽 1.5~6mm,视塑料性质而定,以不产生飞边为限。排气槽需与大气相通。若型腔最后充满部分不在分型面上,且附近又无配合间隙可排气时,可在型腔相应部位镶嵌多孔粉末冶金件,或改变浇口位置以改变料流末端的位置。另外,排气槽最好开设在靠近嵌件或制品壁最薄处,这是因为这些部位容易形成熔接痕,应排尽气体并排出部分冷料。

在大多数情况下可利用模具分型面或模具零件间的配合间隙自然地排气,这时可不另开排气槽。如利用现有的顶杆、镶件等与成型零件间的配合间隙进行排气,必要时也可设置工艺镶件进行排气。配合间隙值通常在 0.01~0.03mm 范围内,以不产生溢料为限。

(三)定位装置的设计

保证动定模之间及各活动零件之间相对位置精度的装置称为定位装置。定位装置可以确保复位准确,保证制品外观质量。一般曲面分型面、Half 模具、插穿模具、型腔或型芯较深的模具都必须设置定位装置。

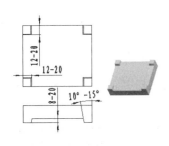

图 4-2-5 锁位的设置

定位装置一般分为边锁和内模定位两种。边锁为导柱导套的辅助定位机构,多用于大型、深腔及塑件精度要求很高的模具,装于模具的 4 个侧面,包括斜锁和直锁等,都是标准件。

而内模定位又分为模板之间的锥面定位和镶件间的锁位(锁模平衡位)定位两种。锥面定位的作用和使用场合同边锁一样,但装在定模板(A 板)和动模板(B 板)之间。锁位的作用是防止动、定模镶件合模时产生侧向滑移。锁位的个数取决于分型面的类型,一般斜面分型面一个,弧面分型面两个,曲面分型面 4 个。锁位的具体设计参数参见图 4-2-5。

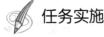 **任务实施**

本实例完成文件:G:\Proe5.0\work\result\ch4\ch4.2\ dao_guang_ban.asm。

本实例视频文件:G:\Proe5.0\video\ch4\4_2.exe。

1. 设置工作目录、新建文件

(1)将工作目录设置至 D:\Proe5.0\work\original\ch4\ch4.2。

(2)单击"新建"按钮,在弹出的"新建"对话框中选中"类型"选项组中的 制造 选项和"子类型"选项组中的 模具型腔 选项。再单击"使用缺省模板"复选框取消使用默认模板,在"名称"栏输入文件名 dao_guang_ban。单击"确定"按钮,打开"新文件选项"对话框。选择"mmns_mfg_mold"模板,单击"确定"按钮,进入模具设计环境。

2. 定位参照模型

（1）在"模具"菜单管理器中依次选择"模具模型"→"定位参照零件"命令或单击工具栏中的"模具型腔布局"按钮，系统弹出"布局"对话框。再单击"参照模型"选项下的"打开"按钮，系统弹出"打开"对话框。

（2）选择 dao_guang_ban 文件，单击"打开"按钮，系统弹出"创建参照模型"对话框。

（3）选择"按参照合并"单选按钮，再单击"确定"按钮，在"名称"文本框中输入参照模型的名称 DAO_GUANG_BAN_REF 后单击"确定"按钮，完成参照模型的创建。

（4）在"布局"对话框中，单击"参照模型起点与定向"下的按钮，系统弹出"获得坐标系类型"菜单和"选取"对话框。

（5）在"获得坐标系类型"对话框中选择"动态"选项，系统弹出"参照模型方向"对话框与模型显示次窗口。

（6）在"参照模型方向"对话框中选择参考轴 X 并旋转 90°，单击"确定"按钮返回到"布局"对话框。

（7）在"布局"对话框中选择"单一"选项，然后单击"预览"按钮观察效果。最后单击"确定"按钮，完成如图 4-2-6 所示模型的布局。

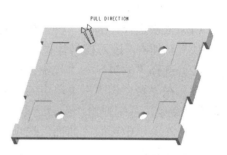

图 4-2-6　定位参照模型

3. 设置收缩率

（1）单击"按比例收缩"按钮，系统弹出"选取"对话框并提示"为收缩选取参照模型"。

（2）在图形区中单击一个参照模型后，系统弹出"按尺寸收缩"对话框。

（3）在对话框中，单击坐标系下的"选取"按钮后，系统又弹出"选取"对话框并提示"选取坐标系"。选取模型的坐标系 CS0，然后在"收缩率"下的文本框中输入 0.006，单击"确定"按钮退出。系统自动完成所有参照模型收缩率的设置。

4. 创建工件

（1）选择模型树的"显示"→"层树"命令，进入层树界面，在活动层选项中激活零件模型，然后隐藏参考模型的基准面、基准坐标系及其他辅助建模基准。

（2）在"模具"菜单管理器中依次选择"模具模型"→"创建"→"工件"→"手动"命令，系统弹出"元件创建"对话框。

（3）在对话框中分别选择"零件"和"实体"单选项并在"名称"文本框中输入工件名称 dao_guang_ban_wp，单击"确定"按钮，系统自动进入"创建选项"对话框。

（4）在对话框中选择"创建特征"单选项后单击"确定"按钮，系统弹出"特征操作"菜单。依次选择"实体"→"加材料"→"拉伸"→"实体"→"完成"命令，系统弹出"拉伸"操控面板。

（5）在操控面板中依次选择"放置"→"定义"命令，系统弹出"草绘"对话框。在绘图区选择 MAIN_PARTING_PLN 基准平面为草绘平面，选择 MOLD_RIGHT 基准平面为参照平面，方向为"右"，然后单击"草绘"按钮进入草绘模式。

（6）在草绘环境下绘制如图 4-2-7 所示截面后单击"完成"按钮，返回到操控面板。

在操控面板中单击"盲孔"按钮，再在选项中设置双侧深度分别为 30、20，最后单击操控面板中的按钮，完成如图 4-2-8 所示工件模型的创建。

图 4-2-7　草绘截面　　　　　　　　图 4-2-8　工件模型

5. 创建体积块

（1）依次选择"插入"→"模具几何"→"模具体积块"命令或单击工具栏上的"模具体积块"按钮，进入模具体积块设计界面。

（2）选择"编辑"→"收集体积块"命令，系统弹出"聚合体积块"菜单。

（3）在"聚合步骤"菜单中勾选需要的"选取"→"填充"→"封闭"选项，然后选择"完成"命令，系统弹出"聚合选取"菜单。

（4）在菜单中选取"曲面"选项后再选择"完成"命令，系统弹出"特征参考"菜单并提示"指定连续曲面"。

（5）按住 Ctrl 键，选择如图 4-2-9 所示的零件表面作为参考表面，选择"完成参考"返回。

（6）系统弹出如图 4-2-10 所示的"聚合填充"菜单并提示选取填充环的曲面，选择"全部"→"添加"命令后选取塑件表面并选择"完成参考"命令返回。

（7）系统又弹出"封合"菜单要求封闭该体积块，选取"顶平面"和"全部环"选项，再选择"完成"命令。系统弹出"定义"菜单和"选取"对话框并提示"选取或创建一平面，盖住闭合的体积块"。

（8）在图形区选择工件的上表面作为聚合体积块的顶平面后，选择"封闭环"菜单中的"完成/返回"命令。再选择"聚合体积块"菜单中的"显示体积块"命令，查看无误后选择"完成"→"完成/返回"命令，生成如图 4-2-11 所示的聚合体积块。

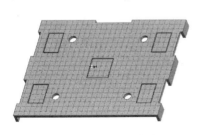

图 4-2-9　选择参考曲面　　　图 4-2-10　"聚合填充"菜单　　　图 4-2-11　聚合体积块

6. 抽取模具元件

（1）单击"抽取"按钮，系统弹出如图 4-2-12 所示的"创建模具元件"对话框。

（2）单击对话框中的"选取全部"按钮，再单击下方"高级"前的黑三角打开"高级"对话框。选取体积块后，在下方的"名称"文本框中输入新的名称 XING_QIANG。

（3）最后，单击"确定"按钮完成 XING_QIANG 元件的抽取。

图 4-2-12 "创建模具元件"对话框

（4）在模型树中右击元件 XING_QIANG，在弹出的快捷菜单中选择"激活"命令，系统自动弹出"修改零件"菜单。

（5）在"模具"菜单中依次选择"特征"→"创建"→"实体"→"伸出项"→"拉伸"→"实体"→"完成"命令，系统弹出"拉伸"特征操控面板。

（6）在"拉伸"特征操控面板中依次单击"放置"→"定义"按钮，系统弹出"草绘"对话框。在绘图区选择 XING_QIANG 的顶部表面为草绘平面，接受其他默认设置，然后单击"草绘"按钮进入草绘模式。

（7）在草绘环境下绘制如图 4-2-13 所示截面草图，然后单击"完成"按钮，返回到操控面板。

（8）在操控面板中单击"至选定的"按钮，再选取 XING_QIANG 模型的底部表面。然后单击操控面板中的"预览"按钮，观察所创建的特征效果。最后，在操控面板中单击"完成"按钮✔，完成如图 4-2-14 所示拉伸特征的创建。

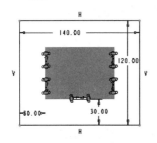

图 4-2-13 草绘截面

图 4-2-14 拉伸特征

7. 切割元件

（1）执行"窗口"→"激活"命令，再执行"编辑"→"元件操作"命令，系统弹出"元件"菜单。选择菜单中的"切除"命令，系统弹出"选取"对话框并提示"选取要对其执行切出处理的零件"。

（2）在模型树中选取 DAO_GUANG_BAN_WP 并单击"选取"对话框中的"确定"按钮。系统接着提示"为切出处理选取参照零件"，按住 Ctrl 键，分别选取模型 DAO_GUANG_BAN_REF 和 XING_QIANG，再次单击"选取"对话框中的"确定"按钮。最后选择"完成"命令，完成切除操作。图 4-2-15 所示为最终完成的型芯模型。

8. 创建型芯镶件

（1）单击主工具栏上的"遮蔽-取消遮蔽"按钮，系统弹出"遮蔽-取消遮蔽"对话框。在对话框中仅显示 DAO_GUANG_BAN_REF 和 DAO_GUANG_BAN_WP 元件。

图 4-2-15 型芯模型

（2）单击"创建"按钮，系统弹出"元件创建"对话框。输入名称 XIANG_JIAN_DONG 后单击"确定"按钮，系统弹出"创建选项"对话框。

（3）选择"创建特征"选项，再单击"确定"按钮，模型树中自动添加了 XIANG_JIAN_DONG 元件。

（4）执行"插入"→"拉伸"命令，系统弹出"拉伸"特征操控面板。在"拉伸"特征操控面板中依次单击"放置"→"定义"按钮，系统弹出"草绘"对话框，分别选择 DAO_GUANG_BAN_REF 模型的顶面为草绘平面，ASM_RIGHT 基准平面为参照平面，方向为"右"，然后单击"草绘"按钮进入草绘模式。

（5）在草绘环境下绘制如图 4-2-16 所示截面草图，然后单击"完成"按钮，返回到操控面板。

（6）在操控面板中单击"至选定的"按钮，再选取 DAO_GUANG_BAN_REF 模型的底部表面。然后单击操控面板中的"预览"按钮，观察所创建的特征效果。最后，在操控面板中单击"完成"按钮，完成如图 4-2-17 所示拉伸特征的创建。

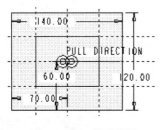

图 4-2-16 截面草图

图 4-2-17 拉伸特征

9. 创建锁位

（1）执行"插入"→"拉伸"命令，系统弹出"拉伸"特征操控面板。

（2）在"拉伸"特征操控面板中依次单击"放置"→"定义"按钮，系统弹出"草绘"对话框，分别选择 XIANG_JIAN_DONG 顶部平面为草绘平面，ASM_RIGHT 基准平面为参照平面，方向为"右"，然后单击"草绘"按钮进入草绘模式。

（3）在草绘环境下绘制如图 4-2-18 所示截面草图，然后单击"完成"按钮，返回到操控面板。

（4）在操控面板中单击"盲孔"按钮，再在"长度"文本框中输入深度值 8。然后单击操控面板中的"预览"按钮，观察所创建的特征效果。最后单击按钮，完成如图 4-2-19 所示拉伸特征。

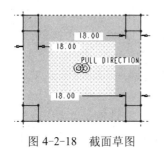

图 4-2-18 截面草图

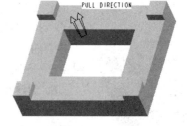

图 4-2-19 拉伸特征

（5）单击"拔模"按钮，系统弹出"拔模"特征操控面板。

（6）在"拔模"特征操控面板中单击"参照"按钮，系统弹出"参照"对话框。在该对话框中单击"拔模曲面"收集器将其激活，然后按住 Ctrl 键选取如图 4-2-20 所示的 8 个侧面作为拔模曲面。

（7）再单击"拔模枢轴"收集器，将其激活，然后选取如图 4-2-21 所示的曲面作为拔模枢轴曲面，并在操控面板中的"角度"文本框中输入 10。

（8）接受系统的默认设置，选择拔模枢轴曲面为拔模方向参照平面。

（9）单击操控面板中的两个 % 按钮，调整拔模方向。单击"预览"按钮观察模型效果。

（10）最后，单击操控面板中的按钮 ☑，完成如图 4-2-22 所示拔模特征的创建。

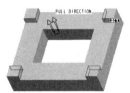  

图 4-2-20　选取拔模曲面　　　图 4-2-21　选取拔模枢轴曲面　　　图 4-2-22　拔模特征

（11）执行"插入"→"倒圆角"命令，系统弹出"倒圆角"操控面板。在操控面板的文本框中输入圆角半径 4。再选取如图 4-2-23 所示模型的 4 条边线。

（12）单击"预览"按钮观察模型效果，然后在操控面板中单击"完成"按钮 ☑，完成如图 4-2-24 所示倒圆角特征的创建。

 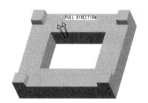

图 4-2-23　选取倒圆角边线　　　　　　图 4-2-24　倒圆角特征

（13）单击"倒角"按钮 ，系统弹出"倒角"特征操控面板。

（14）在模型上选取如图 4-2-25 所示要倒圆角的边线并输入倒角半径 2。

（15）预览倒角效果后，单击 ☑ 按钮完成如图 4-2-26 所示倒圆角特征的创建。

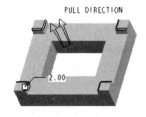 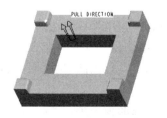

图 4-2-25　选取倒角边　　　　　　图 4-2-26　XIANG_JIAN_DONG

（16）执行"窗口"→"激活"命令，再执行"编辑"→"元件操作"命令，系统弹出

"元件"菜单。选择菜单中的"切除"命令,系统弹出"选取"对话框并提示"选取要对其执行切出处理的零件"。

(17) 在模型树中选取 XING_QIANG 元件并单击"选取"对话框中的"确定"按钮。系统接着提示"为切出处理选取参照零件",选取模型 XIANG_JIAN_DONG,再次单击"选取"对话框中的"确定"按钮。最后选择"完成"命令,完成切除操作。图 4-2-27 所示为最终完成的 XING_QIANG。

10. 创建模板

(1) 创建动模板。

① 单击"创建"按钮,系统弹出"元件创建"对话框。输入名称 DONG_MO_BAN 后单击"确定"按钮,系统弹出"创建选项"对话框。

图 4-2-27 XING_QIANG

② 选择"创建特征"选项,再单击"确定"按钮,模型树中自动添加了 DONG_MO_BAN 元件。

③ 执行"插入"→"拉伸"命令,系统弹出"拉伸"特征操控面板。在"拉伸"特征操控面板中依次单击"放置"→"定义"按钮,系统弹出"草绘"对话框,分别选择 XIANG_JIAN_DONG 的顶面为草绘平面,ASM_RIGHT 基准平面为参照平面,方向为"右",然后单击"草绘"按钮进入草绘模式。

④ 在草绘环境下绘制如图 4-2-28 所示截面草图,然后单击"完成"按钮,返回到操控面板。

⑤ 在操控面板中单击"盲孔"按钮,再在"长度"文本框中输入深度值 60。然后单击操控面板中的"预览"按钮,观察所创建的特征效果。最后,在操控面板中单击"完成"按钮,完成如图 4-2-29 所示拉伸特征的创建。

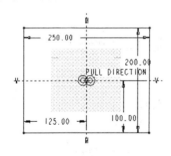

图 4-2-28 截面草图

图 4-2-29 拉伸特征

⑥ 执行"窗口"→"激活"命令,再在模型树中右击 DONG_MO_BAN 元件,在弹出的快捷菜单中选择"打开"命令,系统自动进入产品建模界面。

⑦ 单击工具栏上的"拉伸"按钮,在弹出的"拉伸"特征操控面板中单击"剪切"按钮。

⑧ 在操控面板中单击"位置"按钮,然后在弹出的界面中单击 定义... 按钮,系统弹出"草绘"对话框。

⑨ 选取模型的顶面为草绘平面,接受系统的默认设置,单击对话框中的"草绘"按钮,进入草绘环境。

⑩ 在草绘环境下绘制如图 4-2-30 所示的截面草图。完成后，单击✓按钮退出。

⑪ 在操控面板中单击"盲孔"按钮，再在"长度"文本框中输入深度值 25。然后单击操控面板中的"预览"按钮，观察所创建的特征效果。最后单击✓按钮，完成如图 4-2-31 所示型芯切口的创建。

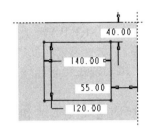

图 4-2-30 草图截面　　　　　　　　图 4-2-31 创建型芯切口

⑫ 单击工具栏上的"拉伸"按钮，在弹出的"拉伸"特征操控面板中单击"切剪"按钮。

⑬ 在操控面板中单击"位置"按钮，然后在弹出的界面中单击 定义 按钮，系统弹出"草绘"对话框。

⑭ 选取模型的顶面为草绘平面，接受系统的默认设置，单击对话框中的"草绘"按钮，进入草绘环境。

⑮ 在草绘环境下绘制如图 4-2-32 所示的截面草图。完成后，单击✓按钮退出。

⑯ 在操控面板中单击"盲孔"按钮，再在"长度"文本框中输入深度值 25。然后单击操控面板中的"预览"按钮，观察所创建的特征效果。最后单击✓按钮，完成如图 4-2-33 所示避空角的创建。

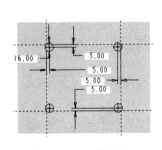

图 4-2-32 草图截面　　　　　　　　图 4-2-33 创建避空角

（2）创建定模板。

① 仅显示 XIANG_QIANG 元件，然后单击"创建"按钮，系统弹出"元件创建"对话框。输入名称 DING_MO_BAN 后单击"确定"按钮，系统弹出"创建选项"对话框。

② 选择"创建特征"选项，再单击"确定"按钮，模型树中自动添加了 DING_MO_BAN 元件。

③ 执行"插入"→"拉伸"命令，系统弹出"拉伸"操控面板。在"拉伸"特征操控面板中依次单击"放置"→"定义"按钮，系统弹出"草绘"对话框，分别选择 XING_QIANG 的底面为草绘平面，ASM_RIGHT 基准平面为参照平面，方向为"右"，然后单击"草绘"按钮进入草绘模式。

④ 在草绘环境下绘制如图 4-2-34 所示截面草图，然后单击"完成"按钮，返回到操控面板。

⑤ 在操控面板中单击"盲孔"按钮 ，再在"长度"文本框中输入深度值 60。然后单击操控面板中的"预览"按钮，观察所创建的特征效果。最后，在操控面板中单击"完成"按钮 ，完成如图 4-2-35 所示拉伸特征的创建。

⑥ 执行"窗口"→"激活"命令，再在模型树中右击 DING_MO_BAN 元件，在弹出的快捷菜单中选择"打开"命令，系统自动进入产品建模界面。

⑦ 单击工具栏上的"拉伸"按钮 ，在弹出的"拉伸"操控面板中单击"切剪"按钮 。

⑧ 在操控面板中单击"位置"按钮，然后在弹出的界面中单击 定义 按钮，系统弹出"草绘"对话框。

⑨ 选取模型的顶面为草绘平面，接受系统的默认设置，单击对话框中的"草绘"按钮，进入草绘环境。

⑩ 在草绘环境下绘制如图 4-2-36 所示的截面草图。完成后，单击 按钮退出。

图 4-2-34　截面草图　　　图 4-2-35　DING_MO_BAN　　　图 4-2-36　草图截面

⑪ 在操控面板中单击"盲孔"按钮 ，再在"长度"文本框中输入深度值 25。然后单击操控面板中的"预览"按钮，观察所创建的特征效果。最后单击 按钮，完成如图 4-2-37 所示型腔切口的创建。

⑫ 单击工具栏上的"拉伸"按钮 ，在弹出的"拉伸"特征操控面板中单击"切剪"按钮 。

⑬ 在操控面板中单击"位置"按钮，然后在弹出的界面中单击 定义 按钮，系统弹出"草绘"对话框。

⑭ 选取模型的顶面为草绘平面，接受系统的默认设置，单击对话框中的"草绘"按钮，进入草绘环境。

⑮ 在草绘环境下绘制如图 4-2-38 所示的截面草图。完成后，单击 按钮退出。

⑯ 在操控面板中单击"盲孔"按钮 ，再在"长度"文本框中输入深度值 25。然后单击操控面板中的"预览"按钮，观察所创建的特征效果。最后单击 按钮，完成如图 4-2-39 所示避空角的创建。

11. 创建排气槽

（1）单击主工具栏上的"遮蔽-取消遮蔽"按钮 ，系统弹出"遮蔽-取消遮蔽"对话框。在对话框中仅显示 DONG_MO_BAN、DAO_GUANG_BAN_REF 和 XIANG_JIAN_DONG 元件。

　　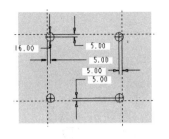　　

图 4-2-37　创建型腔切口　　　图 4-2-38　草图截面　　　图 4-2-39　创建避空角

（2）在模型树中右击元件 XIANG_JIAN_DONG，在弹出的快捷菜单中选择"激活"命令，系统自动弹出"修改零件"菜单。

（3）在"模具"菜单中依次选择"特征"→"创建"→"实体"→"切剪材料"→"拉伸"→"实体"→"完成"命令，系统弹出"拉伸"特征操控面板。

（4）在"拉伸"特征操控面板中依次单击"放置"→"定义"按钮，系统弹出"草绘"对话框。在绘图区选择 XIANG_JIAN_DONG 的顶部表面为草绘平面，接受其他默认设置，然后单击"草绘"按钮进入草绘模式。

（5）在草绘环境下绘制如图 4-2-40 所示截面草图，然后单击"完成"按钮，返回到操控面板。

（6）在操控面板中单击"盲孔"按钮，再在"长度"文本框中输入深度值 0.03。然后单击操控面板中的"预览"按钮，观察所创建的特征效果。最后，在操控面板中单击"完成"按钮，完成切剪特征的创建。

（7）执行"插入"→"拉伸"命令，系统弹出"拉伸"特征操控面板。在操控面板中单击"切剪"按钮。

图 4-2-40　草绘截面

（8）在操控面板中依次单击"放置"→"定义"按钮，系统弹出"草绘"对话框。在绘图区选择 XIANG_JIAN_DONG 的顶部表面为草绘平面，接受其他默认设置，然后单击"草绘"按钮进入草绘模式。

（9）在草绘环境下绘制如图 4-2-41 所示截面草图，然后单击"完成"按钮，返回到操控面板。

（10）在操控面板中单击"盲孔"按钮，再在"长度"文本框中输入深度值 0.5。然后单击操控面板中的"预览"按钮，观察所创建的特征效果。最后，在操控面板中单击"完成"按钮，完成如图 4-2-42 所示剪切特征的创建。

（11）执行"插入"→"倒角"→"边倒角"命令，系统弹出"倒角"特征操控面板。在操控面板中选取"D×D"选项并在"D"后的文本框中输入数值 0.5。

（12）在图 4-2-42 所示模型上选取刚创建的环形槽的边线。此时的模型如图 4-2-43 所示。

（13）预览倒角效果后，单击✓按钮完成倒角特征的创建。

（14）执行"插入"→"拉伸"命令，系统弹出"拉伸"特征操控面板。在操控面板中单击"剪切"按钮。

（15）在操控面板中依次单击"放置"→"定义"按钮，系统弹出"草绘"对话框。在绘图区选择 XIANG_JIAN_DONG 的顶部表面为草绘平面，接受其他默认设置，然后单击

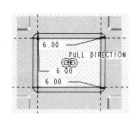 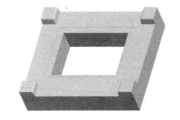 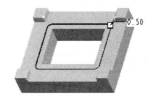

图 4-2-41　草绘截面　　　　图 4-2-42　剪切特征　　　　图 4-2-43　选取倒角边线

（16）在草绘环境下绘制如图 4-2-44 所示截面草图，然后单击"完成"按钮，返回到操控面板。

（17）在操控面板中单击"盲孔"按钮，再在"长度"文本框中输入深度值 0.5。然后单击操控面板中的"预览"按钮，观察所创建的特征效果。最后，在操控面板中单击"完成"按钮，完成如图 4-2-45 所示剪切特征的创建。

（18）执行"插入"→"倒角"→"边倒角"命令，系统弹出"倒角"特征操控面板。在操控面板中选取"D×D"选项并在"D"后的文本框中输入数值 0.5。

（19）在图 4-2-45 所示模型上选取刚创建的环形槽的边线。此时的模型如图 4-2-46 所示。

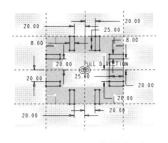 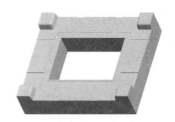 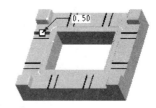

图 4-2-44　草绘截面　　　　图 4-2-45　剪切特征　　　　图 4-2-46　选取倒角边线

（20）预览倒角效果后，单击 ✔ 按钮完成倒角特征的创建。图 4-2-47 所示为最终完成的镶件排气槽模型。

（21）执行"窗口"→"激活"命令，再在模型树中右击 DONG_MO_BAN 元件，在弹出的快捷菜单中选择"打开"命令，系统自动进入产品建模界面。

（22）单击工具栏上的"拉伸"按钮，在弹出的"拉伸"操控面板中单击"切剪"按钮。然后单击"位置"按钮，在弹出的界面中单击定义...按钮，系统弹出"草绘"对话框。

（23）选取模型的顶面为草绘平面，接受系统的默认设置，单击对话框中的"草绘"按钮，进入草绘环境。

（24）在草绘环境下绘制如图 4-2-48 所示的截面草图。完成后，单击 ✔ 按钮退出。

（25）在操控面板中单击"盲孔"按钮，再在"长度"文本框中输入深度值 1.5。然后单击操控面板中的"预览"按钮，观察所创建的特征效果。最后单击 ✔ 按钮，完成如图 4-2-49 所示剪切特征的创建。

（26）执行"插入"→"倒角"→"边倒角"命令，系统弹出"倒角"特征操控面板。在操控面板中选取"D×D"选项并在"D"后的文本框中输入数值 1.5。

项目 4　三板式注塑模具设计　　　　　　　　　　　　　　　　　　　　　•215•

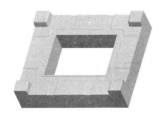　　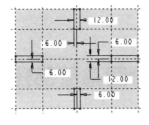　　

图 4-2-47　镶件排气槽　　　图 4-2-48　草图截面　　　图 4-2-49　剪切特征

（27）在图 4-2-45 所示模型上选取刚创建的环形槽的边线。此时的模型如图 4-2-50 所示。

（28）预览倒角效果后，单击 ✔ 按钮完成倒角特征的创建。图 4-2-51 所示为最终完成的动模板排气槽模型。

12. 编辑分解视图

（1）执行"视图"→"分解"→"编辑位置"命令，系统弹出"编辑位置"操控面板。

（2）单击"平移"按钮，再单击模型 DING_MO_BAN，此时模型上会显示一个参照坐标系，选择 Z 轴并移动鼠标，模型也随着沿 Z 轴移动。

（3）同理，单击其他元件并移动该元件，最终完成的分解图如图 4-2-52 所示。

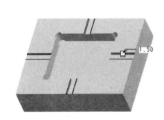　　　　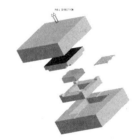

图 4-2-50　选取倒角边线　　图 4-2-51　动模板排气槽　　图 4-2-52　分解图

拓展任务

在 Pro/E 5.0 模具设计模块中，完成如图 4-2-53 所示塑件注塑模具的设计。

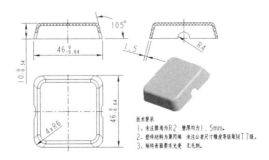

图 4-2-53　塑件

项目 5　带侧向抽芯的注塑模具设计

  学习目标

1. 掌握侧向抽芯结构的原理及设计方法；
2. 掌握斜导柱侧向分型与抽芯机构的设计方法；
3. 掌握分型面检查方法；
4. 掌握零部件干涉检查方法；
5. 掌握模型绝对精度的设置方法；
6. 掌握组件模式下的模具设计方法；
7. 掌握斜顶机构的创建方法；
8. 掌握电极的设计方法；
9. 了解斜顶机构的结构。

  工作任务

在 Pro/E 5.0 零件模块中，完成复杂零件的三维建模。

任务 5.1　矩形罩壳注塑模设计

  学习目标

1. 掌握侧向抽芯结构的原理及设计方法；
2. 掌握斜导柱侧向分型与抽芯机构的设计方法；
3. 掌握分型面检查方法；
4. 掌握零部件干涉检查方法；
5. 掌握设置模型绝对精度的方法。

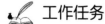

在 Pro/E 5.0 模具设计模块中，完成如图 5-1-1 所示矩形罩壳注塑模具的设计。

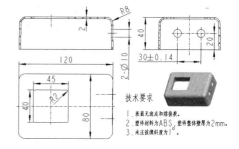

图 5-1-1　矩形罩壳

  任务分析

该塑件结构简单，外形为长方体，总体尺寸 120mm×80mm×40mm，塑件壁厚 2mm，精度很低，无特殊要求。塑件材料为 ABS，成型工艺性较好，可以注塑成型。

塑件的最大截面为底平面，故分型面应选在底平面处。塑件右侧有两个 ϕ10mm 的通孔，需要设置斜导柱侧向分型与抽芯机构。综合考虑，决定采用两板模结构形式，侧浇口、一模两腔，推杆推出，平衡浇道，动、定模上均开设冷却通道。表 5-1-1 所示为该塑件注塑模具的设计思路。

表 5-1-1 矩形罩壳注塑模具的设计思路

任务	1. 设置精度、装配参照模型	2. 创建工件	3. 创建分型面
应用功能	装配、收缩、属性、精度	元件创建、手动工件	分型面、复制、填充、延伸、拉伸、合并
完成结果			
任务	4. 抽取模具元件	5. 创建模板、镶件	6. 创建侧向抽芯结构
应用功能	分割体积块、抽取元件	元件创建、复制、延伸、合并、实体化、拉伸、切除	元件创建、旋转、拉伸、倒圆角
完成结果			
任务	7. 切割模具元件	8. 模拟开模	
应用功能	基准平面、等高线、拉伸	模具开模	
完成结果			

  知识准备

（一）侧向分型与抽芯机构的原理

当注塑成型侧壁带有孔、凹穴、凸台等的塑料制件时，模具上成型该处的零件一般都要制成可侧向移动的零件，以便在脱模之前先抽掉侧向成型零件。带动侧向成型零件做侧向移动（抽拔与复位）的整个机构称为侧向分型与抽芯机构。其中，对于成型侧向凸台的情况（包括垂直分型的瓣合模），常常称为侧向分型；对于成型侧孔或侧凹的情况，往往称为侧向抽芯。但是，在一般的设计中，统称为侧向分型抽芯。

根据动力来源的不同，侧向分型与抽芯机构一般可分为机动、液压或气动以及手动等三大类型。其中，机动侧向分型与抽芯机构是利用注塑机开模力作为动力，通过有关传动零件（如斜导柱）使力作用于侧向成型零件而将模具侧向分型或把侧向型芯从塑料制件中抽出，合模时又靠它使侧向成型零件复位。这类机构虽然结构比较复杂，但分型与抽芯无须手动操作，生产率高，在生产中应用最为广泛。根据传动零件的不同，这类机构可分为斜导柱、弯销、斜导槽、斜滑块和齿轮齿条等许多类型的侧向分型与抽芯机构，其中斜导柱侧向分型与抽芯机构最为常用。

（二）斜导柱侧向分型与抽芯机构的设计

斜导柱侧向分型与抽芯机构是利用斜导柱等零件将开模力传给侧型芯或侧向成型块，使之产生侧向运动完成分型与抽芯动作。这类侧向分型抽芯机构的特点是结构紧凑、动作安全可靠、加工制造方便,是设计和制造注塑模抽芯时最常用的机构,但它的抽芯力和抽芯距受到模具结构的限制,一般适用于抽芯力不大及抽芯距小于 60～80mm 的场合。

斜导柱侧向分型与抽芯机构主要由与开模方向成一定角度的斜导柱、侧型腔或型芯滑块、导滑槽、楔紧块以及定距限位装置等组成。图 5-1-2 所示为斜导柱侧向抽芯机构原理图。

斜导柱侧向抽芯机构通常由以下几个部分组成:①滑块主体。②滑块保护位。③滑块槽、滑块滑槽位。④滑块抽芯件。⑤滑块锁紧装置。⑥滑块内定位装置。⑦滑块外限位装置。⑧滑块耐磨块系。⑨滑块外围和外置部件等。

滑块抽芯件的种类很多,有圆的、扁的、方的、T 形的、燕尾的,目前使用得最多的是圆形斜导柱和 T 形斜槽抽芯件。

1. 斜导柱的设计

斜导柱的形状如图 5-1-3 所示,其工作端的端部可以设计成锥台形或半球形。由于半球形车制时较困难,所以绝大部分均设计成锥台形。设计成锥台形时必须注意斜角 θ 应大于斜导柱倾斜角 α,一般 $\theta = \alpha + (2 \sim 3°)$,以免端部锥台也参与侧抽芯,导致滑块停留位置不符合原设计要求。

为了减少斜导柱与滑块上斜导孔之间的摩擦,可在斜导柱工作长度部分的外圆轮廓铣出两个对称平面,如图 5-1-3(b)所示。

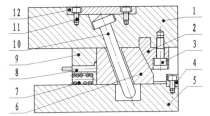

1—定模板;2—楔紧块;3—螺钉;4—限位挡块;5—动模板;
6—滑块;7—定位弹簧;8—侧型芯;9—滑块镶件;
10—斜导柱;11—螺钉;12—压块

图 5-1-2 斜导柱侧向抽芯机构原理图

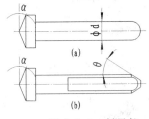

图 5-1-3 斜导柱

设计斜导柱时应考虑以下要求:

(1)斜导柱的直径不应小于 10mm,以保证足够的强度和刚度。

(2)在确保抽芯距的情况下,为减少斜导柱与模具的受力,缩短斜导柱的长度,斜导柱的倾斜角一般取 15°～25°。在确定斜导柱倾斜角 α 时,通常抽芯距短时可适当取小些,抽芯距长时取大些。抽芯力大时可取小些,抽芯力小时可取大些。另外还应注意,斜导柱在对称布置时,抽芯力可相互抵消,倾斜角可取大些,非对称布置时,倾斜角要取小些。

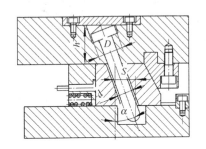

图 5-1-4 斜导柱长度

(3)斜导柱的长度由抽芯距 S、斜导柱直径 d、固定轴肩直径 D、倾斜角 α 以及安装导柱的模板厚度 h 等决定,如图 5-1-4 所示。具体数值通过计算后查标准确定。

(4)斜导柱固定端与模板之间的配合采用 H7/m6,

与滑块之间的配合采用 0.5～1mm 的间隙。

(5) 当滑块宽度超过 60mm 时，应采用两根以上的斜导柱。制造时，两根斜导柱及导柱孔的各项参数应一致。

2．滑块的设计

滑块是斜导柱侧向分型与抽芯机构中的一个重要零部件，它上面安装有侧向型芯或侧向成型块，注塑成型时塑件尺寸的准确性和开合模时机构运动的可靠性都需要靠它的运动精度保证。滑块的结构形状可以根据具体塑件和模具结构灵活设计，它可分为整体式和组合式两种。在滑块上直接制出侧向型芯或侧向型腔的结构称为整体式，这种结构仅适于结构形状十分简单的侧向移动零件，尤其是适于对开式瓣合模侧向分型。在一般的设计中，把侧向型芯或侧向成型块和滑块分开加工，然后再装配在一起，称为组合式结构。采用组合式结构可以节省优质钢材且加工容易，因此应用广泛。

设计滑块时应考虑以下要求：

(1) 滑块在导滑槽中滑动时要平稳，不要发生卡住、跳动等现象。

(2) 滑块限位装置要可靠，保证开模后滑块停止在合适的位置上。

(3) 楔紧块要能承受注塑时的侧向压力，应选用可靠的连接方式与模板连接。楔紧块和模板可做成一体。楔紧块的斜角应比斜导柱的倾斜角大 2°～3°。

(4) 滑块完成抽芯动作后，应仍停留在导滑槽内。留在导滑槽内的长度不应小于滑块全长的 2/3，否则，滑块在开始复位时容易倾斜而损坏模具。

3．滑块定位装置设计

滑块定位装置在开模过程中用来保证滑块停留在刚刚脱离斜导柱的位置，不再发生任何移动，以避免合模时斜导柱不能准确地插进滑块的斜导孔内，造成模具损坏。在设计滑块的定位装置时，应根据模具的结构和滑块所在的不同位置选用不同的形式。

(1) 滑块的外定位。有弹簧前置式和弹簧外置式两种定位结构。前者主要靠前置弹簧和限位螺钉起作用，后者主要靠外置弹簧和限位挡块起作用。

比较简单的外定位方式是在滑块尾部外端打上一个定位螺钉。螺钉头部距滑块尾部留 0.25mm 的间隙，螺钉一般取 M5。

(2) 滑块的内定位。内定位的结构相对比较复杂，通常有两种结构形式。

① 压缩弹簧定位。这是应用得最广泛的一种内定位结构。它结构简单、加工容易、成本低、加工速度快、使用寿命也长，通常应用在抽芯距为 0～18mm 的场合。压缩弹簧常选用圆形截面的弹簧，如$\phi 8mm$、$\phi 9.575mm$、$\phi 10mm$、$\phi 12mm$、$\phi 12.7mm$ 等，一般情况下采用两根，滑块宽度较小时，用一根即可。

② 波子螺钉定位（弹簧顶销式定位装置）。这种结构主要靠定位螺钉和滑块上的小凹槽起作用，常应用在抽芯距为 20mm 以上的情况，波子螺钉为标准螺钉，常选 M8、M10 和 M12 等。波子螺钉容易失效，使用寿命不长，应慎用。

（三）分型面检查

分型面创建完成后，应利用 Pro/E 系统提供的分型面检查功能检测分型面的完整性。

在主菜单上选择"分析"→"分型面检查"命令后，系统弹出如图 5-1-5 所示的"零件曲面检测"菜单和"选取"对话框。

图 5-1-5 "零件曲面检测"菜单和"选取"对话框

"零件曲面检测"菜单提供了两个选项：自交检测和轮廓检查。

① 自交检测：检测分型面是否自身相交。如果没有自身相交，则系统提示"没有发现自交截"。

② 轮廓检查：系统提示分型面有几个轮廓并在图形窗口中显示轮廓。

（四）干涉检查

模具设计完成后，应对模具中的零件进行干涉检查，以便在制造前就能发现问题，从而缩短制造周期及节约生产成本。

1．全局干涉检查

Pro/E 提供了"全局干涉"功能，用于对组件中的所有零件进行干涉检查。在模具模式中进行干涉检查的操作步骤如下：

（1）选择主菜单中的"分析"→"模型"→"全局干涉"命令，系统弹出如图 5-1-6 所示的"全局干涉"对话框。

（2）单击对话框底部的 按钮，系统将对模具组件中的所有零件进行计算分析。如果零件之间没有干涉现象，则在信息区提示没有零件发生干涉。如果发生干涉，则将发生干涉的零件及干涉的体积在图形窗口中加亮显示，并在"结果"列表中显示干涉体积的大小。

（3）单击对话框底部的 按钮，退出对话框。

2．快速检查

对于比较复杂的模具而言，执行干涉检测会花费很长的时间。此时，用户可以进行快速检查，以节省时间。其操作步骤如下：

（1）选择主菜单中的"分析"→"模型"→"全局干涉"命令，系统弹出"全局干涉"对话框,然后选中"计算"选项组中的"快速"单选按钮。

（2）单击对话框底部的 按钮，系统将在如图 5-1-7 所示的"结果"列表中显示可能发生干涉的零件。此时用户可以根据需要，选中需进行干涉检查的两个零件，然后单击对话框中的 校验 按钮。系统将对选中的零件进行计算分析，如果零件之间没有干涉现象，则在消息区提示零件不发生干涉。如果发生干涉，则将干涉的体积在图形窗口中加亮显示，并在"结果"列表中显示干涉体积的大小。

（3）单击对话框底部的 按钮，退出对话框。

图 5-1-6 "全局干涉"对话框

图 5-1-7 "结果"列表

（五）设置绝对精度

在 Pro/E 软件中的系统精度包括相对精度和绝对精度两种设置，其中系统默认的设置是相对精度。

（1）相对精度：通过将模型中允许的最短边除以模型总尺寸后计算得出。模型总尺寸是指模型边界框的对角线的长度。模型的默认相对精度为 0.0012。减小精度值会使再生时间加长，文件变大。

（2）绝对精度：是按模型的单位设置的。一般采用默认的相对精度使精度能随模型尺寸的改变而改变。但当通过 IGES 文件或其他的一些格式输入输出时，就要采用绝对精度，以减少传输过程中的误差。

在进行模具设计时，如果采用系统默认的"相对精度"设置，就有可能发生组件间的绝对精度冲突问题，此时系统会给出信息提示。遇到类似情况，就需要改变模型的精度。以下两种情况下也需要采用绝对精度：①当对两个尺寸差异很大的模型进行相交操作时；②在大模型上创建小的特征孔时。

可按以下步骤将系统精度设置为绝对精度：

（1）打开 Pro/E 软件，选择"工具"→"选项"命令，在弹出的"选项"对话框中将 enable_absolute_accuracy 的值设置为 yes，以允许绝对精度在菜单中显示。

（2）重复上步，在弹出的"选项"对话框中将 default_abs_accuracy（默认绝对精度）值设置为具体数值，如 0.002。

也可修改每个模型的绝对精度值，方法如下：

（1）打开需要修改的模型。

（2）执行"文件"→"属性"命令，系统弹出如图 5-1-8 所示的"模型属性"对话框。

图 5-1-8 "模型属性"对话框

（3）单击"精度"选项右侧的"更改"按钮，系统弹出如图 5-1-9 所示的"精度"对话框。在该对话框中可对绝对精度或相对精度的数值进行设置，完成后单击"再生模型"按钮退出。

图 5-1-9 "精度"对话框

 任务实施

本实例完成文件：G:\Proe5.0\work\result\ch5\ch5.1\zhao_ke.asm。

本实例视频文件：G:\Proe5.0\video\ch5\5_1.exe。

1．设置工作目录、新建文件

（1）将工作目录设置至 D:\Proe5.0\work\original\ch5\ch5.1。

(2) 单击"新建"按钮，在弹出的"新建"对话框中选中"类型"选项组中的 制造 选项和"子类型"选项组中的 模具型腔 选项。再单击"使用缺省模板"复选框取消使用默认模板，在"名称"栏输入文件名 zhao_ke。单击"确定"按钮，打开"新文件选项"对话框。选择"mmns_mfg_mold"模板，单击"确定"按钮，进入模具设计环境。

2. 设置塑件绝对精度值、加载参照模型

(1) 单击"打开"按钮，系统弹出"文件打开"对话框，打开文件 zhao_ke.prt。

(2) 执行"文件"→"属性"命令，系统弹出"模型属性"对话框

(3) 在对话框中，单击"精度"选项右侧的"更改"按钮，系统弹出"精度"对话框。在该对话框中选择"绝对精度"选项并输入数值 0.002，完成后单击"再生模型"按钮退出。系统自动更新模型。

(4) 单击工具栏中的"模具型腔布局"按钮，系统弹出"布局"对话框。再单击"参照模型"选项下的"打开"按钮，系统弹出"打开"对话框。

(5) 选择 zhao_ke.prt 文件，单击"打开"按钮，系统弹出"创建参照模型"对话框。

(6) 选择"按参照合并"单选按钮，单击"确定"按钮，在"名称"文本框中输入参照模型的名称 ZHAO_KE_REF 后单击"确定"按钮，完成参照模型的创建。

(7) 在"布局"对话框中，单击"参照模型起点与定向"下的按钮，系统弹出"获得坐标系类型"菜单和"选取"对话框。

(8) 在"获得坐标系类型"对话框中选择"动态"选项，系统弹出"参照模型方向"对话框与"模型显示"窗口。

(9) 在"参照模型方向"对话框中选择参考轴 X 并旋转 90°，单击"确定"按钮返回到"布局"对话框。

(10) 在"布局"对话框中选择"矩形"选项，在"矩形"下的文本框中依次输入数值 1、2、0、170，然后单击"预览"按钮观察效果。最后单击"确定"按钮。完成如图 5-1-10 所示一模两腔的布局。

3. 设置收缩率、创建工件

(1) 单击"按比例收缩"按钮，系统弹出"选取"对话框。

(2) 在图形区中单击一个参照模型后，系统弹出"按尺寸收缩"对话框。

(3) 在对话框中，单击坐标系下的"选取"按钮后，选取模型的坐标系 CS1，然后在"收缩率"下的文本框中输入 0.0055，单击"确定"按钮 退出。系统自动完成所有参照模型收缩率的设置。

(4) 选择模型树的"显示"→"层树"命令，进入层树界面，在活动层选项中激活零件模型，然后隐藏参考模型的基准面、基准坐标系及其他辅助建模基准。

(5) 在"模具"菜单管理器中依次选择"模具模型"→"创建"→"工件"→"手动"命令，系统弹出"元件创建"对话框。

(6) 在对话框中分别选择"零件"和"实体"单选项并在"名称"文本框中输入工件名称 zhao_ke_wp，单击"确定"按钮，系统弹出"创建选项"对话框。

(7) 在对话框中选择"创建特征"单选项后单击"确定"按钮，系统弹出"特征操作"菜单。依次选择"实体"→"加材料"→"拉伸"→"实体"→"完成"命令，系统弹出"拉伸"操控面板。

(8) 在操控面板中依次选择"放置"→"定义"命令，系统弹出"草绘"对话框。在绘

图区选择 MAIN_PARTING_PLN 基准平面为草绘平面，选择 MOLD_RIGHT 基准平面为参照平面，方向为"右"，然后单击"草绘"按钮进入草绘模式。

（9）在草绘环境下绘制如图 5-1-11 所示截面后单击"完成"按钮，返回到操控面板。接受默认"盲孔"拉伸方式，在选项中设置双侧深度分别为 70、50，最后单击操控面板中的按钮☑，完成如图 5-1-12 所示工件模型的创建。

 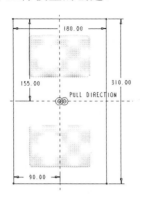 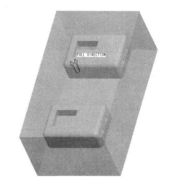

图 5-1-10　一模两腔　　　　图 5-1-11　草绘截面　　　　图 5-1-12　工件模型

4．创建分型面

（1）创建侧型芯分型面。

① 遮蔽工件和下方的塑件，再选取上方塑件右侧一小孔的环形表面，然后单击工具栏中的"复制"按钮后再单击"粘贴"按钮，系统弹出"复制"操控面板。

② 按住 Ctrl 键后再选取小孔另一半的环形表面，然后在弹出的操控面板中单击完成"完成"按钮☑，完成如图 5-1-13 所示复制曲面 1 的创建。

③ 同理，复制小孔内侧的表面，复制时选取"排除曲面并填充孔"选项将小孔封闭，得到如图 5-1-14 所示的复制曲面 2。

④ 按住 Ctrl 键，选取刚创建的复制曲面 1 和 2，然后执行"编辑"→"合并"命令，系统弹出"合并"操控面板。

⑤ 接受默认的"相交"合并类型。调整操控面板上的方向按钮并单击"预览"按钮观察合并结果。最后，单击☑按钮，完成如图 5-1-15 所示合并曲面 1 的创建。

⑥ 取消遮蔽工件并遮蔽塑件，单击选取合并曲面 1 的边线后执行"编辑"→"延伸"命令，系统弹出"延伸"操控面板。

⑦ 在"延伸"操控面板中单击"将曲面延伸到参照平面"按钮，然后选择工件的右侧表面，再单击操控面板☑按钮，完成如图 5-1-16 所示延伸曲面 1 的创建。

图 5-1-13　复制曲面 1　　图 5-1-14　复制曲面 2　　图 5-1-15　合并曲面 1　　图 5-1-16　延伸曲面 1

⑧ 重复步骤①～⑦，分别创建其余 3 个小孔的分型面，最终完成的侧型芯分型面如图 5-1-17 所示。

(2) 创建主分型面。

① 将刚创建的侧型芯分型面成组并隐藏，再遮蔽工件和下方的塑件。然后选取上方塑件顶部一曲面，再单击工具栏中的"复制"按钮后再单击"粘贴"按钮，系统弹出"复制"操控面板。

② 按住 Ctrl 键后再选取塑件的其余外表面，复制时选取"排除曲面并填充孔"选项并将破孔封闭，然后在弹出的操控面板中单击完成"完成"按钮，完成如图 5-1-18 所示复制曲面 3 的创建。

③ 取消遮蔽工件，执行"插入"→"拉伸"命令，系统弹出"拉伸"操控面板。单击操控面板中的"曲面"按钮，再单击"位置"按钮，然后在弹出的界面中单击定义...按钮，系统弹出"草绘"对话框。

④ 选取工件的前表面为草绘平面，采用系统中默认的方向为草绘视图方向。选取工件右侧面为参照平面，方向为"右"。单击对话框中的"草绘"按钮，进入草绘环境。

⑤ 在草绘环境下绘制如图 5-1-19 所示的截面草图。完成后，单击按钮退出。

图 5-1-17 侧型芯分型面

图 5-1-18 复制曲面 3

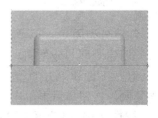
图 5-1-19 截面草图

⑥ 在操控面板中单击"至选定的"按钮，然后选取工件的后表面，最后单击按钮，完成如图 5-1-20 拉伸曲面 1 的创建。

⑦ 按住 Ctrl 键，选取刚创建的复制曲面 3 和拉伸曲面 1，然后执行"编辑"→"合并"命令，系统弹出"合并"操控面板。

⑧ 接受默认的"相交"合并类型。调整操控面板上的"方向"按钮并单击"预览"按钮观察合并结果。最后，单击按钮，完成如图 5-1-21 所示合并曲面 2 的创建。

⑨ 重复步骤①、②、⑦、⑧，再创建另一塑件的复制表面并和合并曲面 2 进行合并，得到如图 5-1-22 所示的主分型面。

图 5-1-20 拉伸曲面 1

图 5-1-21 合并曲面 2

图 5-1-22 主分型面

⑩ 执行"分析"→"分型面检查"命令，系统弹出"零件曲面检测"菜单和"选取"对话框。

⑪ 分别执行"自交检测"和"轮廓检查"命令并选取主分型面，结果显示所创建的主分型面正确。

（3）创建型腔镶件分型面。

① 隐藏刚创建的主分型面，再遮蔽工件和下方的塑件，然后选取上方塑件顶部一曲面，再单击工具栏中的"复制"按钮 后再单击"粘贴"按钮 ，系统弹出"复制"操控面板。

② 按住 Ctrl 键后再选取塑件的其余外表面，复制时选取"排除曲面并填充孔"选项并将破孔封闭，然后在弹出的操控面板中单击"完成"按钮 ，完成如图 5-1-23 所示复制曲面 4 的创建。

③ 执行"插入"→"拉伸"命令，系统弹出"拉伸"特征操控面板。单击操控面板中的"曲面"按钮，再单击"位置"按钮，然后在弹出的界面中单击 定义... 按钮，系统弹出"草绘"对话框。

④ 分别选择 MAIN_PARTING_PLN 基准平面为草绘平面，MOLD_RIGHT 基准平面为参照平面，方向为"右"，然后单击"草绘"按钮进入草绘模式。

⑤ 在草绘环境下绘制如图 5-1-24 所示的截面草图。完成后，单击 按钮退出。

⑥ 在操控面板中单击"盲孔"按钮 ，再在"长度"文本框中输入深度值 70。然后单击操控面板中的"预览"按钮，观察所创建的特征效果。最后单击 按钮，完成如图 5-1-25 所示拉伸曲面 2 的创建。

图 5-1-23 复制曲面 4

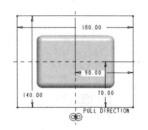
图 5-1-24 截面草图

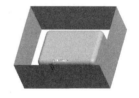
图 5-1-25 拉伸曲面 2

⑦ 执行"编辑"→"填充"命令，系统弹出"填充"特征操控面板。单击操控面板中的"参照"按钮，然后在弹出的界面中单击 定义... 按钮，系统弹出"草绘"对话框。

⑧ 分别选择 MAIN_PARTING_PLN 基准平面为草绘平面，MOLD_RIGHT 基准平面为参照平面，方向为"右"，然后单击"草绘"按钮进入草绘模式并绘制如图 5-1-26 所示的截面草图。完成后，单击 按钮退出。

⑨ 最后，单击操控面板中的"完成"按钮 ，完成如图 5-1-27 所示填充曲面 1 的创建。

⑩ 按住 Ctrl 键，选取刚创建的复制曲面 4 和填充曲面 1，然后执行"编辑"→"合并"命令，系统弹出"合并"特征操控面板。

⑪ 接受默认的"相交"合并类型。调整操控面板上的"方向"按钮并单击"预览"按钮 观察合并结果。 最后，单击 按钮，完成合并曲面 3 的创建。

⑫ 同理，按住 Ctrl 键，选取刚创建的合并曲面 3 和拉伸曲面 2，完成合并曲面 4 的创建（参见图 5-1-27）。

⑬ 单击 按钮，系统弹出"基准平面"对话框。选取如图 5-1-27 所示曲面顶部的一条边线，再按住 Ctrl 键选取另一条边线，单击"确定"按钮完成如图 5-1-28 所示辅助平面

DTM1 的创建。

图 5-1-26　截面草图　　　　图 5-1-27　填充曲面 1　　　　图 5-1-28　辅助平面 DTM1

⑭ 执行"编辑"→"填充"命令，系统弹出"填充"特征操控面板。单击操控面板中的"参照"按钮，然后在弹出的界面中单击定义按钮，系统弹出"草绘"对话框。

⑮ 分别选择 DTM1 基准平面为草绘平面，MOLD_RIGHT 基准平面为参照平面，方向为"右"，然后单击"草绘"按钮进入草绘模式并绘制如图 5-1-29 所示的截面草图。完成后，单击✓按钮退出。最后，单击操控面板中的"完成"按钮✓，完成如图 5-1-30 所示填充曲面 2 的创建。

⑯ 按住 Ctrl 键，选取刚创建的复制曲面 4 和填充曲面 2，然后执行"编辑"→"合并"命令，系统弹出"合并"特征操控面板。

⑰ 接受默认的"相交"合并类型。调整操控面板上的"方向"按钮并单击"预览"按钮👓观察合并结果。最后，单击✓按钮，完成如图 5-1-31 所示合并曲面 5 的创建。

图 5-1-29　截面草图　　　　图 5-1-30　填充曲面 2　　　　图 5-1-31　合并曲面 5

⑱ 同理，创建另一塑件的分型面，最终完成的型腔镶件分型面如图 5-1-32 所示。

（4）创建型芯镶件分型面。

① 隐藏刚创建的型腔镶件分型面，再遮蔽工件和下方的塑件。然后选取上方塑件内部一曲面，再单击工具栏中的"复制"按钮后再单击"粘贴"按钮，系统弹出"复制"操控面板。

② 按住 Ctrl 键后再选取塑件的其余内表面，复制时选取"排除曲面并填充孔"选项并将破孔封闭，然后在弹出的操控面板中单击"完成"按钮✓，完成如图 5-1-33 所示复制曲面 5 的创建。

③ 执行"编辑"→"填充"命令，系统弹出"填充"特征操控面板。单击操控面板中的"参照"按钮，然后在弹出的界面中单击定义按钮，系统弹出"草绘"对话框。

④ 分别选择塑件顶平面为草绘平面，MOLD_RIGHT 基准平面为参照平面，方向为"右"，然后单击"草绘"按钮进入草绘模式并绘制如图 5-1-34 所示的截面草图。完成后，单击✓按钮退出。最后，单击操控面板中的"完成"按钮✓，完成如图 5-1-35 所示填充曲面 3 的创建。

  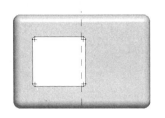

图 5-1-32 型腔镶件分型面　　图 5-1-33 复制曲面 5　　图 5-1-34 截面草图

⑤ 按住 Ctrl 键，选取刚创建的复制曲面 5 和填充曲面 3，然后执行"编辑"→"合并"命令，将它们合并。

⑥ 取消遮蔽工件并遮蔽塑件，单击选取刚创建的合并曲面的边线后执行"编辑"→"延伸"命令，系统弹出"延伸"操控面板。

⑦ 在"延伸"操控面板中单击"将曲面延伸到参照平面"按钮 ，然后选择工件的底平面，再单击操控面板 按钮，完成如图 5-1-36 所示延伸曲面 2 的创建。

⑧ 同理，创建另一塑件的分型面，最终完成的型芯镶件分型面如图 5-1-37 所示。

图 5-1-35 填充曲面 3　　图 5-1-36 延伸曲面 2　　图 5-1-37 型芯镶件分型面

5. 分割模具体积块

① 取消所有曲面及元件的隐藏。单击工具栏"模具体积块分割"按钮 ，系统弹出"分割体积块"下拉菜单。

② 在菜单中依次选择"两个体积块"→"所有工件"→"完成"命令，系统提示"为分割工件选取分型面"并弹出"分割"和"选取"对话框。

③ 在绘图区选取刚创建的侧型芯分型面 1，然后分别单击"选取"和"分割"对话框中的"确定"按钮，系统弹出"属性"对话框。

④ 单击对话框中的"着色"按钮观察所得到的体积块的效果，然后在对话框中输入体积块名称 CE_XING_XIN1，再单击对话框中的"确定"按钮完成如图 5-1-38 所示体积块 CE_XING_XIN1 的分割。同理，接受另一个体积块的默认名称后单击"确定"按钮完成如图 5-1-39 所示 MOLD_VOL_1 体积块的分割。

⑤ 再次单击 按钮，系统弹出"分割体积块"下拉菜单。

⑥ 在菜单中依次选择"两个体积块"→"模具体积块"→"完成"命令，系统弹出"分割"、"搜索工具"和"选取"对话框。在"搜索工具"对话框中选取 MOLD_VOL_1 体积块，单击 >> 按钮，再单击"关闭"按钮。系统提示"为分割工件选取分型面"。

⑦ 在绘图区选取侧型芯分型面 2，然后分别单击"选取"和"分割"对话框中的"确定"按钮，系统弹出"属性"对话框。

⑧ 单击对话框中的"着色"按钮观察所得到的体积块的效果，然后在对话框中输入体积块名称 CE_XING_XIN2，再单击对话框中的"确定"按钮完成 5-1-40 所示体积块 CE_XING_XIN2 的分割。同理，接受另一个体积块的默认名称后单击"确定"按钮完成如图 5-1-41 所示 MOLD_VOL_2 体积块的分割。

图 5-1-38　CE_XING_XIN1 体积块　　图 5-1-39　MOLD_VOL_1 体积块　　图 5-1-40　CE_XING_XIN2 体积块

⑨ 重复步骤⑤~⑧，分别创建体积块 CE_XING_XIN3、CE_XING_XIN4 和 MOLD_VOL_4，如图 5-1-42 和图 5-1-43 所示。

图 5-1-41　MOLD_VOL_2 体积块　　图 5-1-42　侧型芯体积块　　图 5-1-43　MOLD_VOL_4 体积块

⑩ 再次单击 按钮，系统弹出"分割体积块"下拉菜单。

⑪ 在菜单中依次选择"两个体积块"→"模具体积块"→"完成"命令，系统弹出"分割"、"搜索工具"和"选取"对话框。在"搜索工具"对话框中选取 MOLD_VOL_4 体积块，单击 >> 按钮，再单击"关闭"按钮。系统提示"为分割工件选取分型面"。

⑫ 在绘图区选取主分型面，然后分别单击"选取"和"分割"对话框中的"确定"按钮，系统弹出"属性"对话框。

⑬ 单击对话框中的"着色"按钮观察所得到的体积块的效果，然后在对话框中输入体积块名称 XING_QIANG，再单击对话框中的"确定"按钮完成如图 5-1-44 所示体积块的分割。同理，输入另一个体积块的名称后单击"确定"按钮完成如图 5-1-45 所示 XING_XIN 体积块的分割。

⑭ 再次单击 按钮，系统弹出"分割体积块"下拉菜单。

⑮ 在菜单中依次选择"两个体积块"→"模具体积块"→"完成"命令，系统弹出"分割"、"搜索工具"和"选取"对话框。在"搜索工具"对话框中选取 XING_XIN 体积块，单击 >> 按钮，再单击"关闭"按钮。系统提示"为分割工件选取分型面"。

⑯ 在绘图区选取型芯镶件分型面 1，然后分别单击"选取"和"分割"对话框中的"确定"按钮，系统弹出"属性"对话框。

⑰ 单击对话框中的"着色"按钮观察所得到的体积块的效果，然后在对话框中输入体积块名称 XIANG_JIAN_XX1，再单击对话框中的"确定"按钮完成如图 5-1-46 所示体积块的分割。同理，输入另一个体积块的名称后单击"确定"按钮完成 XING_XIN2 体积块的分割。

图 5-1-44 XING_QIANG 体积块　　图 5-1-45 XING_XIN 体积块　　图 5-1-46 XIANG_JIAN_XX1 体积块

⑱ 重复步骤⑭～⑰，选取 XING_XIN2 体积块和型芯镶件分型面 2，完成体积块 XIANG_JIAN_XX2 和 XING_XIN3 的分割。图 5-1-47 所示为完成的型芯镶件体积块。

⑲ 再次单击按钮，系统弹出"分割体积块"下拉菜单。

⑳ 在菜单中依次选择"两个体积块"→"模具体积块"→"完成"命令，系统弹出"分割"、"搜索工具"和"选取"对话框。在"搜索工具"对话框中选取 XING_QIANG 体积块，单击 >> 按钮，再单击"关闭"按钮。系统提示"为分割工件选取分型面"。

㉑ 在绘图区选取型腔镶件分型面 1，然后分别单击"选取"和"分割"对话框中的"确定"按钮，系统弹出"属性"对话框。

㉒ 单击对话框中的"着色"按钮观察所得到的体积块的效果，然后在对话框中输入体积块名称 XIANG_JIAN_XQ1，再单击对话框中的"确定"按钮完成如图 5-1-48 所示体积块的分割。同理，输入另一个体积块的名称后单击"确定"按钮完成 XING_QIANG2 体积块的分割。

㉓ 重复步骤⑲～㉒，选取 XING_QIANG2 体积块和型腔镶件分型面 2，完成体积块 XIANG_JIAN_XQ2 和 XING_QIANG3 的分割。图 5-1-49 所示为完成的型腔镶件体积块。

图 5-1-47 型芯镶件体积块　　图 5-1-48 XIANG_JIAN_XQ1 体积块　　图 5-1-49 型腔镶件体积块

6. 抽取模具元件

（1）选择"模具"菜单管理器中的"模具元件"命令，系统弹出"模具元件"菜单。

（2）在"模具元件"菜单上选择"抽取"命令（也可直接单击工具栏中的按钮），系统弹出"创建模具元件"对话框。

（3）在对话框上单击"全选"按钮，然后排除 XING_XIN3 和 XING_QIANG3 体积块。再单击"确定"按钮，完成全部元件的抽取。此时模型树中自然增加了所抽取的元件。

7. 创建动模板和定模板

（1）创建定模板

① 在"模具"菜单管理器中依次选择"模具模型"→"创建"→"模具元件"命令，系统弹出"元件创建"对话框。

② 在此对话框中分别选择"零件"和"实体"单选按钮（默认选项），在"名称"文本框中输入零件名称 DING_MO_BAN，单击"确定"按钮，系统弹出"创建选项"对话框。

③ 选择"创建特征"单选项，单击"确定"按钮，菜单管理器中出现"特征操作"菜单。依次选择"实体"→"伸出项"→"拉伸"→"实体"→"完成"命令，系统弹出"拉伸"特征操控面板。

④ 在"拉伸"特征操控面板中依次单击"放置"→"定义"按钮，系统弹出"草绘"对话框。分别选择 MAIN_PARTING_PLN 基准平面为草绘平面，MOLD_RIGHT 基准平面为参照平面，方向为"右"，然后单击"草绘"按钮进入草绘模式。

⑤ 在草绘环境下绘制如图 5-1-50 所示截面草图，然后单击"完成"按钮，返回到操控面板。

⑥ 在操控面板中单击"盲孔"按钮，再在"长度"文本框中输入深度值 70。然后单击操控面板中的"预览"按钮，观察所创建的特征效果。最后单击 ✓ 按钮，完成如图 5-1-51 所示模型的创建。

（2）创建动模板。

① 在"模具"菜单管理器中依次选择"模具模型"→"创建"→"模具元件"命令，系统弹出"元件创建"对话框。

② 在此对话框中分别选择"零件"和"实体"单选按钮（默认选项），在"名称"文本框中输入零件名称 DONG_MO_BAN，单击"确定"按钮，系统弹出"创建选项"对话框。

③ 选择"创建特征"单选项，单击"确定"按钮，菜单管理器中出现"特征操作"菜单。依次选择"实体"→"伸出项"→"拉伸"→"实体"→"完成"命令，系统弹出"拉伸"特征操控面板。

④ 在"拉伸"特征操控面板中依次单击"放置"→"定义"按钮，系统弹出"草绘"对话框。分别选择 MAIN_PARTING_PLN 基准平面为草绘平面，MOLD_RIGHT 基准平面为参照平面，方向为"右"，然后单击"草绘"按钮进入草绘模式。

⑤ 在草绘环境下绘制如图 5-1-52 所示截面草图，然后单击"完成"按钮，返回到操控面板。

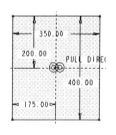 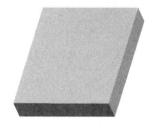 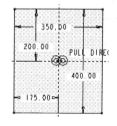

图 5-1-50　截面草图　　　图 5-1-51　DING_MO_BAN　　　图 5-1-52　截面草图

⑥ 在操控面板中单击"盲孔"按钮，再在"长度"文本框中输入深度值 50。然后单击操控面板中的"预览"按钮，观察所创建的特征效果。最后单击 ✓ 按钮，完成如图 5-1-53 所示模型的创建。

8．修改成型零件

（1）修改侧型芯。

① 在模型树中右击元件 CE_XING_XIN1，在弹出的快捷菜单中选择"打开"命令，系

统自动进入产品建模界面。

② 单击工具栏上的"拉伸"按钮，在弹出的"拉伸"特征操控面板中单击"实体类型"按钮。

③ 在操控面板中单击"位置"按钮，然后在弹出的界面中单击 定义... 按钮，系统弹出"草绘"对话框。

④ 选取模型的右侧面为草绘平面，接受系统的默认设置，单击对话框中的"草绘"按钮，进入草绘环境。

⑤ 在草绘环境下绘制如图 5-1-54 所示的截面草图。完成后，单击按钮退出。

⑥ 在操控面板中单击"盲孔"按钮，再在"长度"文本框中输入深度值 5。然后单击操控面板中的"预览"按钮，观察所创建的特征效果。最后单击按钮，完成如图 5-1-55 所示拉伸特征的创建。

图 5-1-53　DONG_MO_BAN　　　图 5-1-54　截面草图　　　图 5-1-55　拉伸特征

⑦ 重复步骤①~⑥，分别完成其余 3 个侧型芯的修改。

（2）修改型腔镶件。

① 在模型树中右击元件 XIANG_JIAN_XQ1，在弹出的快捷菜单中选择"打开"命令，系统自动进入产品建模界面。

② 单击工具栏上的"拉伸"按钮，在弹出的"拉伸"特征操控面板中单击"实体类型"按钮。

③ 在操控面板中单击"位置"按钮，然后在弹出的界面中单击 定义... 按钮，系统弹出"草绘"对话框。

④ 选取模型的上表面为草绘平面，接受系统的默认设置，单击对话框中的"草绘"按钮，进入草绘环境。

⑤ 在草绘环境下绘制如图 5-1-56 所示的截面草图。完成后，单击按钮退出。

⑥ 在操控面板中单击"盲孔"按钮，再在"长度"文本框中输入深度值 5。然后单击操控面板中的"预览"按钮，观察所创建的特征效果。最后单击按钮，完成如图 5-1-57 所示拉伸特征的创建。

⑦ 单击工具栏上的"倒圆角"按钮，在弹出的"倒圆角"操控面板的文本框中输入圆角半径 10。再选取如图 5-1-57 所示模型的 4 条竖直边线。

⑧ 在操控面板中单击"集"按钮，在弹出的对话框中单击"新建集"选项，再在"半径"下的文本框中输入数值 2。

⑨ 选择"参照"下的"选取项目"命令，然后按住 Ctrl 键选取模型上的 4 条短边线，此时的模型如图 5-1-58 所示。

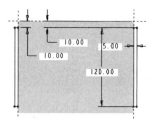
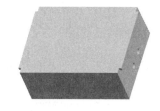
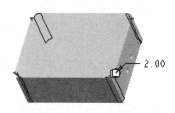

图 5-1-56 截面草图　　　　图 5-1-57 拉伸特征　　　　图 5-1-58 选取倒圆角边线

⑩ 单击"预览"按钮观察模型效果，然后在操控面板中单击"完成"按钮，完成如图 5-1-59 所示倒圆角特征的创建。

⑪ 重复步骤①～⑩，完成另一个型腔镶件的修改。

（3）修改型芯镶件。

① 在模型树中右击元件 XIANG_JIAN_XX1，在弹出的快捷菜单中选择"打开"命令，系统自动进入产品建模界面。

② 单击工具栏上的"拉伸"按钮，在弹出的"拉伸"特征操控面板中单击"实体类型"按钮。

③ 在操控面板中单击"位置"按钮，然后在弹出的界面中单击 定义 按钮，系统弹出"草绘"对话框。

④ 选取模型的底部表面为草绘平面，接受系统的默认设置，单击对话框中的"草绘"按钮，进入草绘环境。

⑤ 在草绘环境下绘制如图 5-1-60 所示的截面草图。完成后，单击按钮退出。

⑥ 在操控面板中单击"盲孔"按钮，再在"长度"文本框中输入深度值 5。然后单击操控面板中的"预览"按钮，观察所创建的特征效果。最后单击按钮，完成如图 5-1-61 所示拉伸特征的创建。

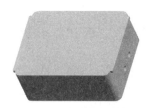
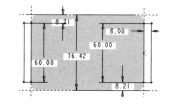

图 5-1-59 倒圆角特征　　　　图 5-1-60 截面草图　　　　图 5-1-61 拉伸特征

⑦ 单击工具栏上的"倒圆角"按钮，在弹出的"倒圆角"操控面板的文本框中输入圆角半径 3。再选取如图 5-1-61 所示模型的四条竖直短边线。

⑧ 在操控面板中单击"集"按钮，在弹出的对话框中单击"新建集"选项，再在"半径"下的文本框中输入数值 1。

⑨ 选择"参照"下的"选取项目"命令，然后按住 Ctrl 键选取模型上的另 4 条短边线，此时的模型如图 5-1-62 所示。

⑩ 单击"预览"按钮观察模型效果，然后在操控面板中单击"完成"按钮，完成如图 5-1-63 所示倒圆角特征的创建。

⑪ 重复步骤①～⑩，完成另一个型芯镶件的修改。

图 5-1-62 选取倒圆角边线　　　　图 5-1-63 倒圆角特征

9. 创建侧向抽芯结构

（1）创建滑块。

① 单击"点"按钮，系统弹出"基准点"对话框，然后按照图 5-1-64 所示创建基准点 APNT0。

② 单击"基准平面"按钮，系统打开"基准平面"对话框。然后按照图 5-1-65 所示创建基准平面 ADTM1。

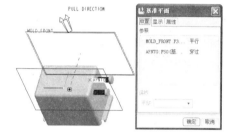

图 5-1-64 创建基准点 APNT0　　　　图 5-1-65 创建基准平面 ADTM1

③ 在"模具"菜单管理器中依次选择"模具模型"→"创建"→"模具元件"命令，系统弹出"元件创建"对话框。

④ 在此对话框中分别选择"零件"和"实体"单选按钮（默认选项），在"名称"文本框中输入零件名称 HUA_KUAI1，单击"确定"按钮，系统弹出"创建选项"对话框。

⑤ 选择"创建特征"单选项，单击"确定"按钮，菜单管理器中出现"特征操作"菜单。依次选择"实体"→"伸出项"→"拉伸"→"实体"→"完成"命令，系统弹出"拉伸"特征操控面板。

⑥ 在"拉伸"特征操控面板中依次单击"放置"→"定义"按钮，系统弹出"草绘"对话框。分别选择 ADTM1 基准平面为草绘平面，MOLD_RIGHT 基准平面为参照平面，方向为"右"，然后单击"草绘"按钮进入草绘模式。

⑦ 在草绘环境下绘制如图 5-1-66 所示的截面草图。完成后，单击☑按钮退出。

⑧ 在操控面板中单击"对称"按钮，再在"长度"文本框中输入深度值 60。然后单击操控面板中的"预览"按钮，观察所创建的特征效果。最后单击☑按钮，完成如图 5-1-67 所示拉伸特征的创建。

⑨ 执行"插入"→"拉伸"命令，系统弹出"拉伸"操控面板。

⑩ 在"拉伸"特征操控面板中依次单击"放置"→"定义"按钮，系统弹出"草绘"对话框。分别选择图 5-1-67 所示模型的左侧平面为草绘平面，MAIN_PARTING_PLN 基准平面基准平面为参照平面，方向为"底"，然后单击"草绘"按钮进入草绘模式。

⑪ 在草绘环境下绘制如图 5-1-68 所示的截面草图。完成后，单击☑按钮退出。

  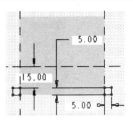

图 5-1-66　截面草图　　　　图 5-1-67　拉伸特征　　　　图 5-1-68　截面草图

⑫ 在操控面板中单击"至选定的"按钮，然后单击选取图 5-1-67 所示模型的右侧平面。然后单击操控面板中的"预览"按钮，观察所创建的特征效果。最后单击 按钮，完成如图 5-1-69 所示 HUA_KUAI1 滑槽的创建。

⑬ 执行"插入"→"拉伸"命令，系统弹出"拉伸"特征操控面板。在操控面板中单击"移除材料"按钮 。

⑭ 在"拉伸"特征操控面板中依次单击"放置"→"定义"按钮，系统弹出"草绘"对话框，选择 ADTM1 基准平面为草绘平面，MOLD_RIGHT 基准平面为参照平面，方向为"右"，然后单击"草绘"按钮进入草绘模式。

⑮ 在草绘环境下绘制如图 5-1-70 所示的截面草图。完成后，单击 按钮退出。

⑯ 在操控面板中单击"对称"按钮 ，再在"长度"文本框中输入深度值 70。然后单击操控面板中的"预览"按钮，观察所创建的特征效果。最后单击 按钮，完成如图 5-1-71 所示 HUA_KUAI1 的创建。

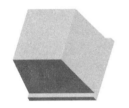 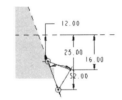 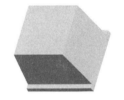

图 5-1-69　滑槽　　　　图 5-1-70　截面草图　　　　图 5-1-71　HUA_KUAI1

⑰ 同理，重复步骤①～⑯，完成 HUA_KUAI2 模型的创建。

(2) 创建压块板。

① 在"模具"菜单管理器中依次选择"模具模型"→"创建"→"模具元件"命令，系统弹出"元件创建"对话框。

② 在此对话框中分别选择"零件"和"实体"单选按钮（默认选项），在"名称"文本框中输入零件名称 YA_KUAI1，单击"确定"按钮，系统弹出"创建选项"对话框。

③ 选择"创建特征"单选项，单击"确定"按钮，菜单管理器中出现"特征操作"菜单。依次选择"实体"→"伸出项"→"拉伸"→"实体"→"完成"命令，系统弹出"拉伸"特征操控面板。

④ 在"拉伸"特征操控面板中依次单击"放置"→"定义"按钮，系统弹出"草绘"对话框。分别选择 ADTM1 基准平面为草绘平面，MOLD_RIGHT 基准平面为参照平面，方向为"右"，然后单击"草绘"按钮进入草绘模式。

⑤ 在草绘环境下绘制如图 5-1-72 所示的截面草图。完成后，单击 按钮退出。

⑥ 在操控面板中单击"对称"按钮 ，再在"长度"文本框中输入深度值 60。然后单

击操控面板中的"预览"按钮,观察所创建的特征效果。最后单击✓按钮,完成如图 5-1-73 所示拉伸特征的创建。

⑦ 执行"插入"→"拉伸"命令,系统弹出"拉伸"特征操控面板。

⑧ 在"拉伸"特征操控面板中依次单击"放置"→"定义"按钮,系统弹出"草绘"对话框。分别选择图 5-1-73 所示模型的左侧平面为草绘平面,MAIN_PARTING_PLN 基准平面基准平面为参照平面,方向为"底",然后单击"草绘"按钮进入草绘模式。

⑨ 在草绘环境下绘制如图 5-1-74 所示的截面草图。完成后,单击✓按钮退出。

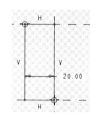
图 5-1-72 截面草图

图 5-1-73 拉伸特征

图 5-1-74 截面草图

⑩ 在操控面板中单击"至选定的"按钮 ,然后单击选取图 5-1-73 所示模型的右侧平面。然后单击操控面板中的"预览"按钮,观察所创建的特征效果。最后单击✓按钮,完成如图 5-1-75 所示 YA_KUAI1 的创建。

⑪ 同理,重复步骤①~⑩,完成 YA_KUAI2 模型的创建。

(3) 创建斜导柱。

① 在"模具"菜单管理器中依次选择"模具模型"→"创建"→"模具元件"命令,系统弹出"元件创建"对话框。

② 在此对话框中分别选择"零件"和"实体"单选按钮(默认选项),在"名称"文本框中输入零件名称 XIE_DAO_ZHU1,单击"确定"按钮,系统弹出"创建选项"对话框。

③ 选择"创建特征"单选项,单击"确定"按钮,菜单管理器中出现"特征操作"菜单。依次选择"实体"→"伸出项"→"旋转"→"实体"→"完成"命令,系统弹出"旋转"特征操控面板。

④ 在"旋转"特征操控面板中依次单击"放置"→"定义"按钮,系统弹出"草绘"对话框,分别选择 ADTM1 基准平面为草绘平面,MOLD_RIGHT 基准平面为参照平面,方向为"右",然后单击"草绘"按钮进入草绘模式。

⑤ 在草绘环境下绘制如图 5-1-76 所示的截面草图。完成后,单击✓按钮退出。

⑥ 在"旋转"特征操控面板中单击"从草绘平面以指定的角度值旋转"按钮 后,在"角度"文本框中输入数值 360。

⑦ 单击"预览"按钮 观察效果,最后单击✓按钮,完成如图 5-1-77 所示旋转特征的创建。

图 5-1-75 YA_KUAI1

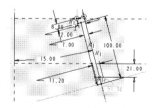
图 5-1-76 截面草图

图 5-1-77 旋转特征

⑧ 执行"插入"→"拉伸"命令，系统弹出"拉伸"特征操控面板，单击"移除材料"按钮。

⑨ 在"拉伸"特征操控面板中依次单击"放置"→"定义"按钮，系统弹出"草绘"对话框，分别选择 ADTM1 基准平面为草绘平面，MOLD_RIGHT 基准平面为参照平面，方向为"右"，然后单击"草绘"按钮进入草绘模式。

⑩ 在草绘环境下绘制如图 5-1-78 所示的截面草图。完成后，单击✓按钮退出。

⑪ 在操控面板中单击"对称"按钮，再在"长度"文本框中输入深度值 30。然后单击操控面板中的"预览"按钮，观察所创建的特征效果。最后单击✓按钮，完成如图 5-1-79 所示 XIE_DAO_ZHU1 的创建。

⑫ 同理，重复步骤①~⑪，完成 XIE_DAO_ZHU2 模型的创建。

（4）创建锁紧块。

① 在"模具"菜单管理器中依次选择"模具模型"→"创建"→"模具元件"命令，系统弹出"元件创建"对话框。

② 在此对话框中分别选择"零件"和"实体"单选按钮（默认选项），在"名称"文本框中输入零件名称 SUO_JIN_KUAI1，单击"确定"按钮，系统弹出"创建选项"对话框。

③ 选择"创建特征"单选项，单击"确定"按钮，菜单管理器中出现"特征操作"菜单。依次选择"实体"→"伸出项"→"拉伸"→"实体"→"完成"命令，系统弹出"拉伸"特征操控面板。

④ 在"拉伸"特征操控面板中依次单击"放置"→"定义"按钮，系统弹出"草绘"对话框。分别选择 ADTM1 基准平面为草绘平面，MOLD_RIGHT 基准平面为参照平面，方向为"右"，然后单击"草绘"按钮进入草绘模式。

⑤ 在草绘环境下绘制如图 5-1-80 所示的截面草图。完成后，单击✓按钮退出。

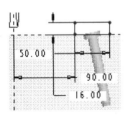  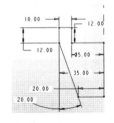

图 5-1-78　截面草图　　　图 5-1-79　XIE_DAO_ZHU1　　　图 5-1-80　截面草图

⑥ 在操控面板中单击"对称"按钮，再在"长度"文本框中输入深度值 60。然后单击操控面板中的"预览"按钮，观察所创建的特征效果。最后单击✓按钮，完成如图 5-1-81 所示拉伸特征的创建。

⑦ 同理，重复步骤①~⑥，完成 SUO_JIN_KUAI2 模型的创建。

（5）创建限位块。

① 在"模具"菜单管理器中依次选择"模具模型"→"创建"→"模具元件"命令，系统弹出"元件创建"对话框。

② 在此对话框中分别选择"零件"和"实体"单选按钮（默认选项），在"名称"文本框中输入零件名称 XIAN_WEI_KUAI1，单击"确定"按钮，系统弹出"创建选项"对话框。

③ 选择"创建特征"单选项，单击"确定"按钮，菜单管理器中出现"特征操作"菜

单。依次选择"实体"→"伸出项"→"拉伸"→"实体"→"完成"命令，系统弹出"拉伸"特征操控面板。

④ 在"拉伸"特征操控面板中依次单击"放置"→"定义"按钮，系统弹出"草绘"对话框。分别选择 ADTM1 基准平面为草绘平面，MOLD_RIGHT 基准平面为参照平面，方向为"右"，然后单击"草绘"按钮进入草绘模式。

⑤ 在草绘环境下绘制如图 5-1-82 所示的截面草图。完成后，单击✓按钮退出。

⑥ 在操控面板中单击"对称"按钮，再在"长度"文本框中输入深度值 40。然后单击操控面板中的"预览"按钮，观察所创建的特征效果。最后单击✓按钮，完成如图 5-1-83 所示 XIAN_WEI_KUAI1 的创建。

图 5-1-81　SUO_JIN_KUAI1

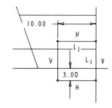
图 5-1-82　截面草图

图 5-1-83　XIAN_WEI_KUAI1

⑦ 同理，重复步骤①～⑥，完成 XIAN_WEI_KUAI2 模型的创建。

10．切割模具元件

（1）切割定模板。

① 在"模具"菜单中依次选择"模具模型"→"高级使用工具"→"切除"命令。

② 系统提示"选取要对其执行切出处理的零件"，选取 DING_MO_BAN 模型并单击"选取"对话框中的"确定"按钮。系统接着提示"为切出处理选取参照零件"，按住 Ctrl 键选取模型 XIANG_JIAN_XQ1 和 XIANG_JIAN_XQ2，再次单击"选取"对话框中的"确定"按钮。最后选择"完成"命令，完成切除操作。图 5-1-84 所示为完成的 DING_MO_BAN 模型。

③ 在模型树中右击元件 DING_MO_BAN，在弹出的快捷菜单中选择"打开"命令，系统自动进入产品建模界面。

④ 执行"插入"→"拉伸"命令，系统弹出"拉伸"特征操控面板。单击"移除材料"按钮。

⑤ 在"拉伸"特征操控面板中依次单击"放置"→"定义"按钮，系统弹出"草绘"对话框，选择模型的上表面为草绘平面，单击"草绘"按钮进入草绘模式。

⑥ 在草绘环境下绘制如图 5-1-85 所示的截面草图。完成后，单击✓按钮退出。

⑦ 在操控面板中单击"至选定的"按钮，然后选取模型的下表面。然后单击操控面板中的"预览"按钮，观察所创建的特征效果。最后单击✓按钮，完成如图 5-1-86 所示剪切特征的创建。

图 5-1-84　切割后的 DING_MO_BAN

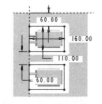
图 5-1-85　截面草图

图 5-1-86　剪切特征

⑧ 再次在"模具"菜单中依次选择"模具模型"→"高级使用工具"→"切除"命令。

⑨ 系统提示"选取要对其执行切出处理的零件",选取 DING_MO_BAN 模型并单击"选取"对话框中的"确定"按钮。系统接着提示"为切出处理选取参照零件",按住 Ctrl 键选取模型 HUA_KUAI1、HUA_KUAI2、YA_BAN1、YA_BAN2、XIE_DAO_ZHU1、XIE_DAO_ZHU2、SUO_JIN_KUAI1 和 SUO_JIN_KUAI2,再次单击"选取"对话框中的"确定"按钮。最后选择"完成"命令,完成切除操作。图 5-1-87 所示为最终完成的 DING_MO_BAN 模型。

(2)切割动模板。

① 在"模具"菜单中依次选择"模具模型"→"高级使用工具"→"切除"命令。

② 系统提示"选取要对其执行切出处理的零件",选取 DONG_MO_BAN 模型并单击"选取"对话框中的"确定"按钮。系统接着提示"为切出处理选取参照零件",按住 Ctrl 键选取模型 XIANG_JIAN_XX1、XIANG_JIAN_XX2、HUA_KUAI1、HUA_KUAI2、YA_BAN1、YA_BAN2、SUO_JIN_KUAI1、SUO_JIN_KUAI2、XIE_DAO_ZHU1、XIE_DAO_ZHU2、XIAN_WEI_KUAI1 和 XIAN_WEI_KUA2,再次单击"选取"对话框中的"确定"按钮。最后选择"完成"命令,完成切除操作。图 5-1-88 所示为完成的 DONG_MO_BAN 模型。

图 5-1-87 DING_MO_BAN

图 5-1-88 切割后的 DONG_MO_BAN

③ 在模型树中右击元件 DONG_MO_BAN,在弹出的快捷菜单中选择"打开"命令,系统自动进入产品建模界面。

④ 执行"插入"→"拉伸"命令,系统弹出"拉伸"特征操控面板。单击"移除材料"按钮。

⑤ 在"拉伸"特征操控面板中依次单击"放置"→"定义"按钮,系统弹出"草绘"对话框。选择模型的右侧表面为草绘平面,单击"草绘"按钮进入草绘模式。

⑥ 在草绘环境下绘制如图 5-1-89 所示的截面草图。完成后,单击按钮退出。

⑦ 在操控面板中单击"盲孔"按钮,再在"长度"文本框中输入深度值 30。然后单击操控面板中的"预览"按钮,观察所创建的特征效果。最后单击按钮,完成如图 5-1-90 所示剪切特征的创建。

图 5-1-89 截面草图　　　　　　图 5-1-90 剪切特征

⑧ 再次执行"插入"→"拉伸"命令,系统弹出"拉伸"特征操控面板。单击"移除

材料"按钮。

⑨ 在"拉伸"特征操控面板中依次单击"放置"→"定义"按钮,系统弹出"草绘"对话框。选择模型右侧滑槽底平面为草绘平面,单击"草绘"按钮进入草绘模式。

⑩ 在草绘环境下绘制如图 5-1-91 所示的截面草图。完成后,单击 按钮退出。

⑪ 在操控面板中单击"盲孔"按钮,再在"长度"文本框中输入深度值 16。然后单击操控面板中的"预览"按钮,观察所创建的特征效果。最后单击 按钮,完成如图 5-1-92 所示剪切特征的创建。

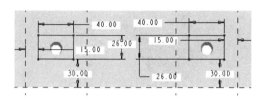 

图 5-1-91 截面草图   图 5-1-92 DONG_MOBAN

(3) 切割型腔镶件。

① 在"模具"菜单中依次选择"模具模型"→"高级使用工具"→"切除"命令。

② 系统提示"选取要对其执行切出处理的零件",选取 XIANG_JIAN_XQ1 模型并单击"选取"对话框中的"确定"按钮。系统接着提示"为切出处理选取参照零件",选取模型 YA_BAN1。再次单击"选取"对话框中的"确定"按钮。最后选择"完成"命令,完成切除操作。图 5-1-93 所示为完成的 XIANG_JIAN_XQ1 模型。

③ 同理,重复步骤①、②,完成 XIANG_JIAN_XQ2 模型的切割操作。图 5-1-94 所示为最终完成的型腔镶件。

11. 编辑分解视图

(1) 执行"视图"→"分解"→"编辑位置"命令,系统弹出"编辑位置"操控面板。

(2) 单击"平移"按钮,再单击模型 DING_MO_BAN,此时模型上会显示一个参照坐标系,选择 Z 轴并移动鼠标,模型也随着沿 Z 轴移动。

(3) 同理,单击其他元件并移动该元件,最终完成的分解图如图 5-1-95 所示。

图 5-1-93 XIANG_JIAN_XQ1   图 5-1-94 型腔镶件   图 5-1-95 分解图

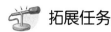 **拓展任务**

在 Pro/E 5.0 模具设计模块中,完成如图 5-1-96 所示塑件注塑模具的设计。

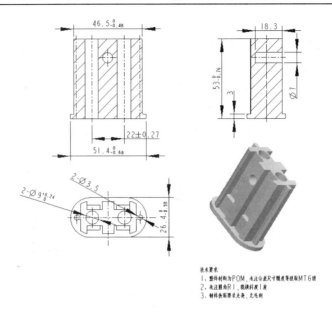

图 5-1-96 塑件

任务 5.2 盖板注塑模设计

 学习目标

1. 掌握组件模式下的模具设计方法;
2. 掌握斜顶机构的创建方法;
3. 掌握电极的设计方法;
4. 了解斜顶机构的结构。

工作任务

在 Pro/E 5.0 软件中,完成如图 5-2-1 所示盖板注塑模具的设计。

任务分析

该塑件外形为正方体,总体尺寸 61.2mm×61.2mm×17.1mm,塑件壁厚 1.7mm,精度不高,无特殊要求。塑件材料为 ABS,成型工艺性较好,可以注塑成型。

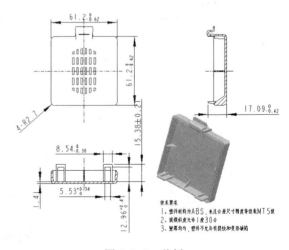

图 5-2-1 盖板

塑件的下部分布有 3 个矩形通孔,需要设置侧向侧向分型与抽芯机构。塑件的内表面分布有 3 个加强筋,需要设计电极。综合考虑,决定采用两板模结构形式,侧浇口、一模一腔,三个斜顶内侧抽芯机构,推杆推出,平衡浇道,动、定模上均开设冷却通道。表 5-2-1

所示为该塑件注塑模具的设计思路。

表 5-2-1 盖板注塑模具的设计思路

任务	1. 装配参照模型	2. 创建分型面	3. 创建定模镶件
应用功能	装配	复制、填充、合并	元件创建、拉伸、倒圆角、复制、实体化、拔模、倒角
完成结果			
任务	4. 创建动模镶件	5. 创建斜顶	6. 创建底座
应用功能	元件创建、拉伸、倒圆角、元件操作、切除、实体化、复制	元件创建、拉伸、复制、实体化、拉伸、切除	基准平面、元件创建、拉伸、倒圆角
完成结果			
任务	7. 创建模板、切割元件	8. 模拟开模	
应用功能	元件创建、拉伸、元件操作、切除	模具开模	
完成结果			

 知识准备

（一）组件模式下的模具设计方法

在 Pro/E 5.0 中，常采用以下两种方法来设计模具。

1. 模具模块法

即在模具设计模块（Pro/Moldesign）中设计模具。这种模式下，与模具设计相关的命令被按设计流程分类并放置在专门的工具栏和菜单管理器中，因此模具设计效率较高。

2. 组件设计法

实质上，模具模型就是一个装配体文件，因此可在不进入模具设计模块的情况下，直接在 Pro/E 5.0 装配模式下进行模具设计，它与一般的产品建模过程相同。组件设计法虽然是传统的手工方法，操作起来较为繁琐，但却是模具分模的通法，适用于所有的场合。

理论上，模具模块法可解决所有的分模问题。但实际的设计模型千差万别，尤其是有些模型具有复杂的造型和细节部分，采用模具模块法也不一定都能顺利分模，有时甚至找不出分模失败的原因。此时就可以使用组件设计法。可见，实际操作中需要综合使用以上两种方法。

（二）斜滑块侧向分型与抽芯机构

当塑件的侧凹较浅，所需的抽芯距不大，但侧凹的成型面积较大，因而需较大的抽芯力时，可采用斜滑块机构进行侧向分型与抽芯。这种机构的特点是利用脱模机构的推力驱动斜

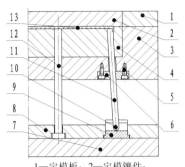

1—定模板；2—定模镶件；
3—动模板；4—动模镶件；5—螺钉；
6—斜顶运动导向件；7—推板；
8—推杆固定板；9—斜顶滑动座；
10—轴销；11—斜顶；12—推杆；
13—塑件

图 5-2-2　斜滑块内侧抽芯机构
（斜顶机构）

滑块斜向运动，在塑件被推出脱模的同时由斜滑块完成侧向分型与抽芯动作。通常，斜滑块侧向分型与抽芯机构要比斜导柱侧向分型与抽芯机构简单得多，一般可分为外侧分型与抽芯和内侧抽芯两种。

图 5-2-2 所示为斜滑块内侧抽芯机构（俗称斜顶机构），斜顶 11 的上端有侧向型芯，它安装在动模镶件 4 的斜孔中，一般可采用 H8/f7 或 H8/f8 的配合，其下端与斜顶滑动座 9 上的销轴 10 连接并能绕滑动座转动，滑动座固定在推杆固定板内。开模后，注塑机顶出装置通过推板 7 使推杆 12 和斜顶 11 向前运动，由于斜孔的作用，斜滑块同时还向内侧移动，从而在推杆推出塑件的同时斜顶完成内侧抽芯的动作。

斜顶机构通常由以下部分组成：①斜顶主体；②斜顶运动导向件；③轴销或连接机构；④斜顶滑动座、滑槽。

需要注意的是，斜顶机构也可以完成外侧抽芯的动作，其运动原理和内侧抽芯基本一样。

（三）斜顶机构的结构设计

斜顶主体是整个斜顶机构里最主要的部件，它的强度、硬度和刚度直接影响和决定着整个机构的运行效率。影响斜顶主体正常工作的尺寸有 4 个：斜顶的斜角、斜顶的配位总长、斜顶杆的厚度和斜顶杆的宽度。

设计斜顶机构时应考虑以下要求：

① 为了避免斜顶在运动时由于受翻转力矩的作用而发生卡死现象，斜顶的斜角不能设置得太大，通常控制在 6°～8°。

② 为了使斜顶杆在顶出过程中横向移动顺畅，在组装时应使斜顶杆顶端至少低于型芯 0.5mm。

③ 为保证斜顶杆的强度及耐磨性，斜顶应进行表面淬火处理。

④ 为了防止斜顶杆在工作过程中与模具长期接触而发生"咬蚀"现象，通常在斜顶杆侧壁上开设油槽。

（四）斜顶机构的创建

在 Pro/E 5.0 中，斜顶的创建方法和斜导柱侧向抽芯机构中滑块的创建方法基本一样，也需要先创建斜顶分型面，再分割成体积块，最后抽取出斜顶零件。不同之处在于，创建斜顶分型面时可以忽略斜顶成型面的形状，直接采用拉伸等特征成型方法创建大的分型曲面，把斜顶的成型部分包络在分型曲面中。需要注意的是，斜顶的分割必须在主分型面分割完成后进行，即只能针对型芯体积块进行分割，防止型腔曲面和斜顶分型面产生干涉。

下面介绍斜顶机构的创建步骤：

（1）将工作目录设置至 D:\Proe5.0\work\original\ch5\ch5.2\xie_ding，打开文件 xie_ding.asm。

（2）执行"插入"→"拉伸"命令，系统弹出"拉伸"特征操控面板，在操控面板中单击"曲面"按钮。

(3) 在操控面板中依次单击"放置"→"定义"命令,系统弹出"草绘"对话框。在绘图区选择 DTM1 基准平面为草绘平面,选择 MAIN_PARTING_PLN 基准平面为参照平面,方向为"顶",然后单击"草绘"按钮进入草绘模式。

(4) 在草绘环境下绘制如图 5-2-3 所示截面后单击"完成"按钮,返回到操控面板。在操控面板中单击"对称"按钮 ,再在"长度"文本框中输入深度值 10。

(5) 在操控面板中单击"选项"按钮,再在弹出的对话框中勾选"封闭端"选项,然后单击操控面板中的"预览"按钮,观察所创建的特征效果。最后单击 按钮,完成如图 5-2-4 所示拉伸特征的创建。

(6) 单击工具栏"模具体积块分割"按钮 ,系统弹出"分割体积块"下拉菜单。

(7) 在菜单中依次选择"两个体积块"→"所有工件"→"完成"命令,系统提示"为分割工件选取分型面"并弹出"分割"和"选取"对话框。

(8) 在绘图区选取刚创建的拉伸曲面,然后分别单击"选取"和"分割"对话框中的"确定"按钮,系统弹出"属性"对话框。

(9) 单击对话框中的"着色"按钮观察所得到的体积块的效果,然后在对话框中输入体积块名称 XIE_DING1,再单击对话框中的"确定"按钮完成如图 5-2-5 所示体积块 XIE_DING 的分割。同理,接受另一个体积块的默认名称后单击"确定"按钮完成如图 5-2-6 所示 MOLD_VOL_1 体积块的分割。

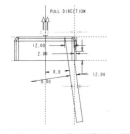   

图 5-2-3 截面草图　图 5-2-4 拉伸曲面　图 5-2-5 XIE_DING 体积块　图 5-2-6 MOLD_VOL_1 体积块

(10) 选择"模具"菜单管理器中的"模具元件"命令,系统弹出"模具元件"菜单。

(11) 在"模具元件"菜单上选择"抽取"命令(也可直接单击工具栏中的 按钮),系统弹出"创建模具元件"对话框。

(12) 在对话框上单击"全选"按钮 ,再单击"确定"按钮,完成全部元件的抽取。此时模型树中自然增加了所抽取的元件。

(13) 单击工具栏"保存"按钮 ,系统弹出"保存对象"对话框,采用默认名称并单击"确定"按钮完成文件的保存。

(五)电极的设计

电火花成型加工又称放电加工或电蚀加工。它是指在一定的介质中,通过工具电极和工件之间脉冲放电时的电腐蚀作用对工件进行加工的一种工艺方法。电火花成型可加工多种高熔点、高强度、高纯度、高韧性材料,可加工特殊及复杂形状的零件,因此被广泛应用于各类模具加工中。

电极结构的形式主要有整体式电极、组合式电极和镶拼式电极。整体式电极用一块材料加工而成,是最常用的结构形式。如在同一工件上有多个型孔或型腔时,可以把多个电极组合在一起形成组合式电极,这样可以同时完成多型孔或多型腔的加工。对于形状复杂的电极,因为加工困难,常将其分成几块,分别加工后再镶拼成整体。这样可节省材料且便于制造。

一般来说,电极的结构可分为三部分,即工作部分、装夹与定位部分以及两者之间的过渡部分(如图 5-2-7 所示)。工作部分是电极的最重要的部分,它的形状完全取决于被加工零件的表面形状。装夹与定位部分用来将电极安装在电火花成型机的主轴上,并保证电极和被加工零件之间的位置正确。装夹与定位部分也称为基座或电极头。当电极细长时,可以采用截面变化的过渡部分来增加强度。电极较简单时,过渡部分一般不需要。

Pro/E 5.0 软件没有电极设计模块,但可以在零件或组件模式下进行设计。电极设计的总体思路是一样的,即先复制、延伸被加工表面生成电极工作部分,然后通过拉伸、切剪等基本造型操作再生成定位和夹持部分以及过渡部分,最后再完成曲面编辑、实体化转换等辅助工作。相比而言,组件模式下,电极和被加工模具零件间的位置关系比较清楚,便于准确地设定电极的有关参数,便于通过隐藏、激活、打开等操作对各个零件进行具体操作,因此比较方便,生产中应用得也较多。需要注意的是,在分模前就要设定好零件的绝对精度,避免出现意想不到的问题。另外,曲面延伸时要保证表面的延续性,尽可能沿曲面延伸且能延伸的地方应尽量延伸,不能简单地延伸至某一平面。

下面介绍组件模式下电极的创建步骤:

(1)将工作目录设置至 D:\Proe5.0\work\original\ch5\ch5.2\dian_ji,打开文件 dian_ji.asm。

(2)在"模具"菜单管理器中依次选择"模具模型"→"创建"→"模具元件"命令,系统弹出"元件创建"对话框。

(3)在此对话框中分别选择"零件"和"实体"单选按钮(默认选项),在"名称"文本框中输入零件名称 DIAN_JI1,单击"确定"按钮,系统弹出"创建选项"对话框。选择"创建特征"单选项,单击"确定"按钮,菜单管理器中出现"特征操作"菜单。同时,在模型树中系统自动添加了元件 DIAN_JI1 并激活。

(4)选取元件 CAVITY 内部一曲面,然后单击工具栏中的"复制"按钮后再单击"粘贴"按钮,系统弹出"复制"操控面板。

(5)按住 Ctrl 键后再选取其他曲面(也可使用"种子和边界曲面"选择功能),然后在弹出的操控面板中单击"完成"按钮,完成如图 5-2-8 所示复制曲面 1 的创建。

(6)单击"基准平面"按钮,系统打开"基准平面"对话框。然后按照图 5-2-9 所示创建基准平面 ADTM1。

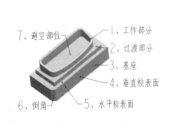
图 5-2-7 电极结构

图 5-2-8 复制曲面 1

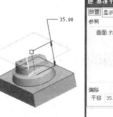
图 5-2-9 基准平面 ADTM1

(7)隐藏元件 CORE,单击选取复制曲面 1 的边线后执行"编辑"→"延伸"命令,系统弹出"延伸"特征操控面板。

（8）在"延伸"特征操控面板中单击"将曲面延伸到参照平面"按钮，然后选择 ADM1 基准平面，再单击操控面板✓按钮，完成如图 5-2-10 所示延伸曲面 1 的创建。

（9）重复步骤（7）、（8），完成如图 5-2-11 所示延伸曲面的创建。

（10）执行"插入"→"拉伸"命令，系统弹出"拉伸"特征操控面板。在操控面板中单击"曲面"按钮。

（11）在操控面板中依次单击"放置"→"定义"命令，系统弹出"草绘"对话框。在绘图区选择 ADTM1 基准平面为草绘平面，单击"草绘"按钮进入草绘模式。

（12）在草绘环境下绘制如图 5-2-12 所示截面后单击"完成"按钮，返回到操控面板。在操控面板中单击"盲孔"按钮，再在"长度"文本框中输入深度值 6。

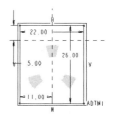

图 5-2-10　延伸曲面 1　　　图 5-2-11　延伸曲面　　　图 5-2-12　草绘截面

（13）在操控面板中单击"选项"按钮，再在弹出的对话框中勾选"封闭端"选项，然后单击操控面板中的"预览"按钮，观察所创建的特征效果。最后单击✓按钮，完成如图 5-2-13 所示拉伸曲面特征的创建。

（14）按住 Ctrl 键，选取刚创建的延伸曲面和拉伸曲面，然后执行"编辑"→"合并"命令，系统弹出"合并"操控面板。

（15）接受默认的"相交"合并类型。调整操控面板上的"方向"按钮并单击"预览"按钮观察合并结果。最后，单击✓按钮，完成合并曲面的创建。

（16）选取刚创建的合并曲面，执行"编辑"→"实体化"命令，系统弹出"实体化"操控面板。单击✓按钮，完成曲面的实体化。

（17）执行"插入"→"拉伸"命令，系统弹出"拉伸"特征操控面板。在操控面板中单击"实体"按钮。

（18）在操控面板中依次单击"放置"→"定义"按钮，系统弹出"草绘"对话框。在绘图区选择模型的上表面为草绘平面，单击"草绘"按钮进入草绘模式。

（19）在草绘环境下绘制如图 5-2-14 所示截面后单击"完成"按钮，返回到操控面板。在操控面板中单击"盲孔"按钮，再在"长度"文本框中输入深度值 10。

（20）单击操控面板中的"预览"按钮，观察所创建的特征效果。最后单击✓按钮，完成如图 5-2-15 所示电极的创建。

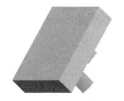
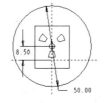

图 5-2-13　拉伸曲面　　　图 5-2-14　草绘截面　　　图 5-2-15　电极

（21）单击工具栏"保存"按钮，系统弹出"保存对象"对话框，采用默认名称并单击"确定"按钮完成文件的保存。

任务实施

本实例完成文件：G:\Proe5.0\work\result\ch5\ch5.2\gai_ban\ gai_ban.asm。

本实例视频文件：G:\Proe5.0\video\ch5\5_2.exe。

1．设置工作目录、新建文件

（1）将工作目录设置至 D:\Proe5.0\work\original\ch5\ch5.2\gai_ban。

（2）单击"新建"按钮，在弹出的"新建"对话框中选中"类型"选项组中的"组件"选项和"子类型"选项组中的"设计"选项。再单击"使用缺省模板"复选框取消使用默认模板，在"名称"栏输入文件名 gai_ban。单击"确定"按钮，打开"新文件选项"对话框。选择"mmns_asm_design"模板，单击"确定"按钮，进入组件设计环境。

2．加载参照模型

（1）执行"设置"→"树过滤器"命令，在弹出的"模型树项目"对话框中勾选"特征"选项，再单击"确定"按钮退出。使特征出现在模型树中。

（2）单击"装配"按钮，系统弹出"打开"对话框。在该对话框中选择文件 GAI_BAN，单击"打开"按钮，系统将弹出"装配"操控面板，同时所选取的文件出现在组件环境中。

（3）在"装配"操控面板"自动"栏下拉列表中选择"坐标系"选项，系统提示"选取模型的坐标系"。

（4）单击按钮 与 ，同时打开主窗口及子窗口。然后根据系统提示，分别选取组件坐标系 ASM_DEF_CSYS 和元件坐标系 CS0，最后单击 按钮，完成 GAI_BAN 的装配，如图 5-2-16 所示。

3．创建分型面

（1）单击"创建"按钮，系统弹出"元件创建"对话框。输入名称 FEN_XING_MIAN 后单击"确定"按钮，系统弹出"创建选项"对话框。

（2）选择"创建特征"选项，再单击"确定"按钮，模型树中自动添加了 FEN_XING_MIAN 元件。

（3）选取塑件 GAI_BAN 顶部一曲面，然后单击工具栏中的"复制"按钮后再单击"粘贴"按钮，系统弹出"复制"操控面板。

（4）按住 Ctrl 键后再选取塑件其他曲面（也可使用"种子和边界曲面"选择功能），然后在弹出的操控面板中单击"完成"按钮，完成如图 5-2-17 所示复制曲面 1 的创建。

图 5-2-16　装配 GAI_BAN　　　　　图 5-2-17　复制曲面 1

（5）执行"编辑"→"填充"命令，系统弹出"填充"特征操控面板。单击操控面板中的"参照"按钮，然后在弹出的界面中单击 定义 按钮，系统弹出"草绘"对话框。

（6）分别选择 ASM_TOP 基准平面为草绘平面，ASM_RIGHT 基准平面为参照平面，方向为"右",然后单击"草绘"按钮进入草绘模式并绘制如图 5-2-18 所示的截面草图。完成后,单击☑按钮退出。最后,单击操控面板中的"完成"按钮☑,完成如图 5-2-19 所示填充曲面 1 的创建。

(7) 按住 Ctrl 键,选取刚创建的复制曲面 1 和填充曲面 1,然后执行"编辑"→"合并"命令,系统弹出"合并"特征操控面板。

(8) 单击"选项"按钮,在弹出的对话框中选择"连接"选项。调整操控面板上的方向按钮并单击"预览"按钮∞观察合并结果。最后,单击☑按钮,完成如图 5-2-20 所示合并曲面 1 的创建。

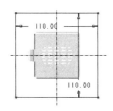

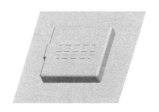

图 5-2-18 截面草图　　　　图 5-2-19 填充曲面 1　　　　图 5-2-20 合并曲面 1

(9) 再次执行"编辑"→"填充"命令,系统弹出"填充"特征操控面板。单击操控面板中的"参照"按钮,然后在弹出的界面中单击 定义... 按钮,系统弹出"草绘"对话框。

(10) 分别选择图 5-2-20 所示模型左侧弯钩侧面为草绘平面,ASM_RIGHT 基准平面为参照平面,方向为"右",然后单击"草绘"按钮进入草绘模式并绘制如图 5-2-21 所示的截面草图。完成后,单击☑按钮退出。最后,单击操控面板中的"完成"按钮☑,完成填充曲面 2 的创建。

(11) 按住 Ctrl 键,选取刚创建的合并曲面 1 和填充曲面 2,然后执行"编辑"→"合并"命令,系统弹出"合并"特征操控面板。

(12) 接受默认的"相交"选项。调整操控面板上的"方向"按钮并单击"预览"按钮∞观察合并结果。最后,单击☑按钮,完成如图 5-2-22 所示合并曲面 2 的创建。

(13) 重复步骤(9)~(12),完成另一侧填充曲面的创建和合并,最终完成的分型面如图 5-2-23 所示。

图 5-2-21 截面草图　　　　图 5-2-22 合并曲面 2　　　　图 5-2-23 分型面

4. 创建定模镶件

(1) 创建 XIANG_JIAN_DING。

① 单击"创建"按钮,系统弹出"元件创建"对话框。输入名称 XIANG_JIAN_DING 后单击"确定"按钮,系统弹出"创建选项"对话框。

② 选择"创建特征"选项,再单击"确定"按钮,模型树中自动添加了 XIANG_JIAN_DING 元件。

③ 单击"拉伸"按钮,系统弹出"拉伸"操控面板。

④ 在"拉伸"特征操控面板中依次单击"放置"→"定义"按钮,系统弹出"草绘"对话框。分别选择 ASM_TOP 基准平面为草绘平面,ASM_RIGHT 基准平面为参照平面,方向为"右",然后单击"草绘"按钮进入草绘模式。

⑤ 在草绘环境下绘制如图 5-2-24 所示截面草图,然后单击"完成"按钮,返回到操控面板。

⑥ 在操控面板中单击"盲孔"按钮,再在"长度"文本框中输入深度值 64。然后单击操控面板中的"预览"按钮,观察所创建的特征效果。最后单击✓按钮,完成如图 5-2-25 所示拉伸特征。

⑦ 单击工具栏上的"倒圆角"按钮,在弹出的"倒圆角"特征操控面板的文本框中输入圆角半径 5。再选取如图 5-2-25 所示模型的四条竖直边线。此时的模型如图 5-2-26 所示。

图 5-2-24　截面草图　　　图 5-2-25　拉伸特征　　　图 5-2-26　选取倒圆角边线

⑧ 单击"预览"按钮观察模型效果,然后在操控面板中单击"完成"按钮✓,完成如图 5-2-27 所示倒圆角特征的创建。

(2) 切剪 XIANG_JIAN_DING。

① 在模型上右击,在弹出的快捷菜单中选取"从列表中选取"命令,然后选取已创建的 FEN_XING_MIAN 曲面,然后单击工具栏中的"复制"按钮后再单击"粘贴"按钮,系统弹出"复制"特征操控面板。

② 在操控面板中单击"完成"按钮✓,完成复制曲面 2 的创建。

③ 选取复制曲面 2 后,执行"编辑"→"实体化"命令,系统弹出"实体化"特征操控面板。

④ 在操控面板中单击"剪切"按钮,调整操控面板上的"方向"按钮并单击"预览"按钮观察切剪结果。最后,单击✓按钮,完成如图 5-2-28 所示模型的创建。

(3) 修改 XIANG_JIAN_DING。

① 单击"拉伸"按钮,系统弹出"拉伸"特征操控面板。

② 在"拉伸"特征操控面板中依次单击"放置"→"定义"按钮,系统弹出"草绘"对话框。分别选择模型的顶部平面为草绘平面,ASM_RIGHT 基准平面为参照平面,方向为"右",然后单击"草绘"按钮进入草绘模式。

③ 在草绘环境下绘制如图 5-2-29 所示截面草图,然后单击"完成"按钮,返回到操控面板。

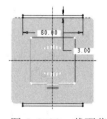

图 5-2-27　倒圆角特征　　　图 5-2-28　切剪后的模型　　　图 5-2-29　截面草图

④ 在操控面板中单击"盲孔"按钮，再在"长度"文本框中输入深度值 5。然后单击操控面板中的"预览"按钮，观察所创建的特征效果。最后单击 按钮，完成如图 5-2-30 所示拉伸特征。

⑤ 单击工具栏上的"倒圆角"按钮，在弹出的"倒圆角"特征操控面板的文本框中输入圆角半径 3。再选取如图 5-2-30 所示拉伸特征的四条短竖直边线。

⑥ 单击"预览"按钮观察模型效果，然后在操控面板中单击"完成"按钮，完成如图 5-2-31 所示倒圆角特征的创建。

（4）创建锁位。

① 单击"插入"→"拉伸"命令，系统弹出"拉伸"特征操控面板。

② 在"拉伸"特征操控面板中依次单击"放置"→"定义"按钮，系统弹出"草绘"对话框。分别选择模型的底部平面为草绘平面，ASM_RIGHT 基准平面为参照平面，方向为"右"，然后单击"草绘"按钮进入草绘模式。

③ 在草绘环境下绘制如图 5-2-32 所示截面草图，然后单击"完成"按钮，返回到操控面板。

图 5-2-30　拉伸特征

图 5-2-31　倒圆角特征

图 5-2-32　截面草图

④ 在操控面板中单击"盲孔"按钮，再在"长度"文本框中输入深度值 5。然后单击操控面板中的"预览"按钮，观察所创建的特征效果。最后单击 按钮，完成如图 5-2-33 所示拉伸特征。

⑤ 选择"插入"→"拔模"命令，系统弹出"拔模"特征操控面板。

⑥ 在"拔模"特征操控面板中单击"参照"按钮，系统弹出"参照"对话框。在该对话框中单击"拔模曲面"收集器将其激活，然后按住 Ctrl 键选取如图 5-2-34 所示的 8 个侧面作为拔模曲面。

⑦ 再单击"拔模枢轴"收集器，将其激活，然后选取如图 5-2-35 所示的曲面作为拔模枢轴曲面，并在操控面板中的"角度"文本框中输入 10。

图 5-2-33　拉伸特征

图 5-2-34　选取拔模曲面

图 5-2-35　选取拔模枢轴曲面

⑧ 接受系统的默认设置，选择拔模枢轴曲面为拔模方向参照平面。

⑨ 单击操控面板中的两个 按钮，调整拔模方向。单击"预览"按钮观察模型效果。

⑩ 最后，单击操控面板中的 按钮，完成如图 5-2-36 所示拔模特征的创建。

⑪ 执行"插入"→"倒圆角"命令，在弹出的"倒圆角"特征操控面板的文本框中输

入圆角半径 4。再选取如图 5-2-37 所示模型的 4 条边线。

⑫ 单击"预览"按钮观察模型效果，然后在操控面板中单击"完成"按钮☑，完成如图 5-2-38 所示倒圆角特征的创建。

图 5-2-36　拔模特征　　　　图 5-2-37　选取倒圆角边线　　　　图 5-2-38　倒圆角特征

⑬ 执行"插入"→"倒圆角"命令，系统弹出"倒圆角"特征操控面板。

⑭ 在模型上选取如图 5-2-39 所示要倒圆角的边线输入倒角半径 1。

⑮ 预览倒圆角效果后，单击☑按钮完成如图 5-2-40 所示倒圆角特征的创建。

5．创建动模大镶件

（1）单击"创建"按钮，系统弹出"元件创建"对话框。输入名称 DA_XIANG_JIAN 后单击"确定"按钮，系统弹出"创建选项"对话框。

（2）选择"创建特征"选项，再单击"确定"按钮，模型树中自动添加了 DA_XIANG_JIAN 元件。

（3）单击"拉伸"按钮，系统弹出"拉伸"特征操控面板。

（4）在"拉伸"特征操控面板中依次单击"放置"→"定义"按钮，系统弹出"草绘"对话框。分别选择 ASM_TOP 基准平面为草绘平面，ASM_RIGHT 基准平面为参照平面，方向为"右"，然后单击"草绘"按钮进入草绘模式。

（5）在草绘环境下绘制如图 5-2-41 所示截面草图，然后单击"完成"按钮，返回到操控面板。

  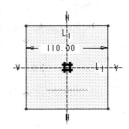

图 5-2-39　选取倒角边　　　图 5-2-40　XIANG_JIAN_DING　　　图 5-2-41　截面草图

（6）在操控面板中单击"对称"按钮，再在"长度"文本框中输入深度值 66。然后单击操控面板中的"预览"按钮，观察所创建的特征效果。最后单击☑按钮，完成如图 5-2-42 所示拉伸特征。

（7）单击工具栏上的"倒圆角"按钮，在弹出的"倒圆角"特征操控面板的文本框中输入圆角半径 5。再选取模型的 4 条竖直边线，此时的模型如图 5-2-43 所示。

（8）单击"预览"按钮观察模型效果，然后在操控面板中单击"完成"按钮☑，完成如图 5-2-44 所示倒圆角特征的创建。

 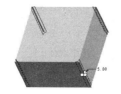 

图 5-2-42　拉伸特征　　　　图 5-2-43　选取倒圆角边线　　　　图 5-2-44　倒圆角特征

（9）执行"窗口"→"激活"命令，再执行"编辑"→"元件操作"命令，系统弹出"元件"菜单。选择菜单中的"切除"命令，系统弹出"选取"对话框并提示"选取要对其执行切出处理的零件"。

（10）在模型树中选取刚创建的 DA_XIANG_JIAN 并单击"选取"对话框中的"确定"按钮。系统接着提示"为切出处理选取参照零件"，选取模型 GAI_BAN，再次单击"选取"对话框中的"确定"按钮。最后选择"完成"命令，完成切除操作。

（11）在 DA_XIANG_JIAN 上右击，在弹出的快捷菜单中选取"从列表中选取"命令，然后选取已创建的 FEN_XING_MIAN 曲面，然后单击工具栏中的"复制"按钮 后再单击"粘贴"按钮 ，系统弹出"复制"特征操控面板。

（12）在操控面板中单击"完成"按钮 ，完成复制曲面 3 的创建。

（13）选取复制曲面 3 后，执行"编辑"→"实体化"命令，系统弹出"实体化"特征操控面板。

（14）在操控面板中单击"剪切"按钮 ，调整操控面板上的方向按钮并单击"预览"按钮 观察切剪结果。最后，单击 按钮，完成如图 5-2-45 所示模型的创建。

6．创建动模分型面

（1）单击"创建"按钮 ，系统弹出"元件创建"对话框。输入名称 FEN_XING_MIAN_DONG 后单击"确定"按钮，系统弹出"创建选项"对话框。

（2）选择"创建特征"选项，再单击"确定"按钮，模型树中自动添加了 FEN_XING_MIAN_DONG 元件。

（3）选取图 5-2-45 所示模型的顶部曲面，然后单击工具栏中的"复制"按钮 后再单击"粘贴"按钮 ，系统弹出"复制"特征操控面板。

（4）在操控面板中单击"参照"按钮，再在弹出的操控面板中单击"细节"按钮，系统弹出"曲面集"对话框。

（5）单击对话框中的"添加"按钮后，选取顶部一曲面为锚点，再选取"规则"下的"种子和边界曲面"单选项，然后按住 Ctrl 键选取模型下部的环曲面为边界曲面，再单击"确定"按钮返回到操控面板。

（6）最后，在操控面板中单击"完成"按钮 ，完成如图 5-2-46 所示复制曲面的创建。

7．创建动模小镶件

（1）单击"创建"按钮 ，系统弹出"元件创建"对话框。输入名称 XIAO_XIANG_JIAN 后单击"确定"按钮，系统弹出"创建选项"对话框。

（2）选择"创建特征"选项，再单击"确定"按钮，模型树中自动添加了 XIAO_XIANG_JIAN 元件。

（3）单击"拉伸"按钮 ，系统弹出"拉伸"特征操控面板。

（4）在"拉伸"特征操控面板中依次单击"放置"→"定义"按钮，系统弹出"草绘"

对话框。分别选择 DA_XIANG_JIAN 底平面为草绘平面，ASM_RIGHT 基准平面为参照平面，方向为"右"，然后单击"草绘"按钮进入草绘模式。

（5）在草绘环境下绘制如图 5-2-47 所示截面草图，然后单击"完成"按钮，返回到操控面板。

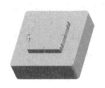 

图 5-2-45　切剪后的模型　　图 5-2-46　FEN_XING_MIAN_DONG　　图 5-2-47　截面草图

（6）在操控面板中单击"盲孔"按钮，再在"长度"文本框中输入深度值 50。然后单击操控面板中的"预览"按钮，观察所创建的特征效果。最后单击按钮，完成如图 5-2-48 所示拉伸特征。

（7）在模型上右击，在弹出的快捷菜单中选取"从列表中选取"命令，然后选取已创建的 FEN_XING_MIAN_DONG 曲面，然后单击工具栏中的"复制"按钮后再单击"粘贴"按钮，系统弹出"复制"操控面板。

（8）在操控面板中单击"完成"按钮，完成复制曲面 4 的创建。

（9）选取刚创建的复制曲面 4，执行"编辑"→"实体化"命令，系统弹出"实体化"特征操控面板。

（10）在操控面板中单击"切剪"按钮，调整操控面板上的方向按钮并单击"预览"按钮观察剪切结果。最后，单击按钮，完成如图 5-2-49 所示模型的创建。

8．创建斜顶

（1）创建 XIE_DING1。

① 单击"创建"按钮，系统弹出"元件创建"对话框。输入名称 XIE_DING1 后单击"确定"按钮，系统弹出"创建选项"对话框。

② 选择"创建特征"选项，再单击"确定"按钮，模型树中自动添加了 XIE_DING1 元件。

③ 单击"拉伸"按钮，系统弹出"拉伸"操控面板。

④ 在"拉伸"特征操控面板中依次单击"放置"→"定义"按钮，系统弹出"草绘"对话框。分别选择 ASM_RIGHT 平面为草绘平面，ASM_FRONT 基准平面为参照平面，方向为"右"，然后单击"草绘"按钮进入草绘模式。

⑤ 在草绘环境下绘制如图 5-2-50 所示截面草图，然后单击"完成"按钮，返回到操控面板。

  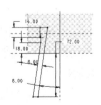

图 5-2-48　拉伸特征　　图 5-2-49　剪切后的模型　　图 5-2-50　截面草图

⑥ 在操控面板中单击"对称"按钮，再在"长度"文本框中输入深度值 12.6。然后单击操控面板中的"预览"按钮，观察所创建的特征效果。最后单击 按钮，完成如图 5-2-51 所示拉伸特征。

（2）创建 XIE_DING2、XIE_DING3。

① 单击"创建"按钮，系统弹出"元件创建"对话框。输入名称 XIE_DING2 后单击"确定"按钮，系统弹出"创建选项"对话框。

② 选择"创建特征"选项，再单击"确定"按钮，模型树中自动添加了 XIE_DING2 元件。

③ 单击"拉伸"按钮，系统弹出"拉伸"特征操控面板。在"拉伸"特征操控面板中依次单击"放置"→"定义"按钮，系统弹出"草绘"对话框。

④ 分别选取如图 5-2-49 所示 XIAO_XIANG_JIAN 模型右侧窄槽的一侧面为草绘平面，ASM_TOP 基准平面为参照平面，方向为"顶"，然后单击"草绘"按钮进入草绘模式。

⑤ 在草绘环境下绘制如图 5-2-52 所示截面草图，然后单击"完成"按钮，返回到操控面板。

⑥ 在操控面板中单击"至选定的"按钮，单击选取窄槽的另一侧面。然后单击操控面板中的"预览"按钮，观察所创建的特征效果。最后单击 按钮，完成如图 5-2-53 所示另一个 XIE_DING2 的创建。

图 5-2-51 拉伸特征

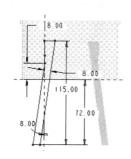
图 5-2-52 截面草图

图 5-2-53 XIE_DING2

⑦ 重复步骤①~⑥，选取 XIAO_XIANG_JIAN 模型右侧另一窄槽的一侧面为草绘平面，创建如图 5-2-54 所示的 XIE_DING3。

（3）修剪斜顶。

① 激活 XIE_DING1，在模型上右击，在弹出的快捷菜单中选取"从列表中选取"命令。然后选取已创建的 FEN_XING_MIAN_DONG 曲面，单击工具栏中的"复制"按钮后再单击"粘贴"按钮，系统弹出"复制"特征操控面板。

② 在操控面板中单击"完成"按钮，完成如图 5-2-55 所示复制曲面 5 的创建。

③ 选取刚创建的复制曲面 5，执行"编辑"→"实体化"命令，系统弹出"实体化"特征操控面板。

④ 在操控面板中单击"切剪"按钮，调整操控面板上的"方向"按钮并单击"预览"按钮观察切剪结果。最后，单击 按钮，完成如图 5-2-56 所示模型的创建。

⑤ 单击"拉伸"按钮，系统弹出"拉伸"特征操控面板，在操控面板中单击"剪切"按钮。

图 5-2-54　完成的斜顶　　　图 5-2-55　复制曲面 5　　　图 5-2-56　切剪后的 XIE_DING1

⑥ 在"拉伸"特征操控面板中依次单击"放置"→"定义"按钮，系统弹出"草绘"对话框。分别选择 ASM_RIGHT 平面为草绘平面，ASM_TOP 基准平面为参照平面，方向为"右"，然后单击"草绘"按钮进入草绘模式。

⑦ 在草绘环境下绘制如图 5-2-57 所示截面草图，然后单击"完成"按钮，返回到操控面板。

⑧ 在操控面板中单击"盲孔"按钮，再在"长度"文本框中输入深度值 50。然后单击操控面板中的"预览"按钮，观察所创建的特征效果。最后单击按钮，完成如图 5-2-58 所示拉伸特征。

⑨ 激活 XIE_DING2，在模型上右击，在弹出的快捷菜单中选取"从列表中选取"命令。然后选取已创建的 FEN_XING_MIAN_DONG 曲面，单击工具栏中的"复制"按钮后再单击"粘贴"按钮，系统弹出"复制"操控面板。

⑩ 在操控面板中单击"完成"按钮，完成复制曲面 6 的创建。

⑪ 选取刚创建的复制曲面 6，执行"编辑"→"实体化"命令，系统弹出"实体化"特征操控面板。

⑫ 在操控面板中单击"切剪"按钮，调整操控面板上的"方向"按钮并单击"预览"按钮观察剪切结果。最后，单击按钮，完成如图 5-2-59 所示模型的创建。

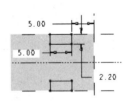 

图 5-2-57　截面草图　　　图 5-2-58　拉伸特征　　　图 5-2-59　剪切后的 XIE_DING2

⑬ 单击"拉伸"按钮，系统弹出"拉伸"特征操控面板。

⑭ 在"拉伸"特征操控面板中依次单击"放置"→"定义"按钮，系统弹出"草绘"对话框。分别选择斜顶表面为草绘平面，ASM_TOP 基准平面为参照平面，方向为"右"，然后单击"草绘"按钮进入草绘模式。

⑮ 在草绘环境下绘制如图 5-2-60 所示截面草图，然后单击"完成"按钮，返回到操控面板。

⑯ 在操控面板中单击"盲孔"按钮，再在"长度"文本框中输入深度值 2.5。

⑰ 在操控面板中单击"选项"按钮，系统弹出"选项"对话框。在对话框"侧 2"右

侧的下拉列表中选取"盲孔"选项,然后在"长度"文本框中输入深度值 10.5。

⑱ 单击操控面板中的"预览"按钮,观察所创建的特征效果。最后单击 ✓ 按钮,完成如图 5-2-61 所示拉伸特征的创建。

⑲ 同理,重复步骤⑨～⑱,完成另一斜顶的修改工作,图 5-2-62 所示为最终创建的三个斜顶。

图 5-2-60 截面草图　　　　图 5-2-61 拉伸特征　　　　图 5-2-62 斜顶

9. 创建推杆固定板

(1) 单击"基准平面"按钮,系统打开"基准平面"对话框。然后按照图 5-2-63 所示创建基准平面 ADTM1。

(2) 单击"创建"按钮,系统弹出"元件创建"对话框。输入名称 GU_DING_BAN 后单击"确定"按钮,系统弹出"创建选项"对话框。

(3) 选择"创建特征"选项,再单击"确定"按钮,模型树中自动添加了 GU_DING_BAN 元件。

(4) 单击"拉伸"按钮,系统弹出"拉伸"特征操控面板。

(5) 在"拉伸"特征操控面板中依次单击"放置"→"定义"按钮,系统弹出"草绘"对话框。分别选择 ASM_TOP 基准平面为草绘平面,ASM_RIGHT 基准平面为参照平面,方向为"右",然后单击"草绘"按钮进入草绘模式。

(6) 在草绘环境下绘制如图 5-2-64 所示截面草图,然后单击"完成"按钮,返回到操控面板。

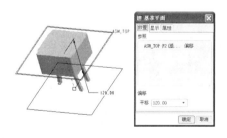 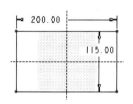

图 5-2-63 创建基准平面 ADTM1　　　　图 5-2-64 截面草图

(7) 在操控面板中单击"盲孔"按钮,再在"长度"文本框中输入深度值 16。然后单击操控面板中的"预览"按钮,观察所创建的特征效果。最后单击 ✓ 按钮,完成如图 5-2-65 所示拉伸特征。

10. 创建底座

(1) 创建 DI_ZUO_1。

① 在模型树中隐藏 GU_DING_BAN,然后单击"基准平面"按钮,系统打开"基准

平面"对话框。按照图 5-2-66 所示创建基准平面 ADTM2。

图 5-2-65　GU_DING_BAN　　　　图 5-2-66　创建基准平面 ADTM2

② 再次单击"基准平面"按钮，系统打开"基准平面"对话框。然后按照图 5-2-67 所示创建基准平面 ADTM3。

③ 单击"创建"按钮，系统弹出"元件创建"对话框。输入名称 DI_ZUO_1 后单击"确定"按钮，系统弹出"创建选项"对话框。

④ 选择"创建特征"选项，再单击"确定"按钮，模型树中自动添加了 DI_ZUO_1 元件。

⑤ 单击"拉伸"按钮，系统弹出"拉伸"操控面板。

⑥ 在"拉伸"操控面板中依次单击"放置"→"定义"按钮，系统弹出"草绘"对话框。分别选择 ADTM2 基准平面为草绘平面，ADTM1 基准平面为参照平面，方向为"右"，然后单击"草绘"按钮进入草绘模式。

⑦ 在草绘环境下绘制如图 5-2-68 所示截面草图，然后单击"完成"按钮，返回到操控面板。

⑧ 在操控面板中单击"对称"按钮，再在"长度"文本框中输入深度值 16。然后单击操控面板中的"预览"按钮，观察所创建的特征效果。最后单击按钮，完成如图 5-2-69 所示拉伸特征。

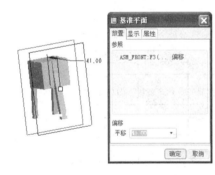
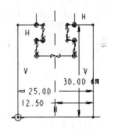

图 5-2-67　创建基准平面 ADTM3　　　图 5-2-68　截面草图　　　图 5-2-69　拉伸特征

⑨ 单击工具栏上的"倒圆角"按钮，在弹出的"倒圆角"特征操控面板的文本框中输入圆角半径 2。再选取如图 5-2-70 所示模型的四条竖直边线。

⑩ 单击"预览"按钮观察模型效果，然后在操控面板中单击"完成"按钮，完成如图 5-2-71 所示倒圆角特征的创建。

（2）创建 DI_ZUO_2 和 DI_ZUO_3。

① 单击"创建"按钮，系统弹出"元件创建"对话框。输入名称 DI_ZUO_2 后单击"确定"按钮，系统弹出"创建选项"对话框。

② 选择"创建特征"选项，再单击"确定"按钮，模型树中自动添加了 DI_ZUO_2 元件。

③ 单击"拉伸"按钮，系统弹出"拉伸"特征操控面板。

④ 在"拉伸"特征操控面板中依次单击"放置"→"定义"按钮，系统弹出"草绘"对话框。分别选择 ADTM3 基准平面为草绘平面，ADTM1 基准平面为参照平面，方向为"右"，然后单击"草绘"按钮进入草绘模式。

⑤ 在草绘环境下绘制如图 5-2-72 所示截面草图，然后单击"完成"按钮，返回到操控面板。

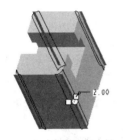
图 5-2-70　选取倒圆角边线

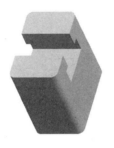
图 5-2-71　DI_ZUO_1

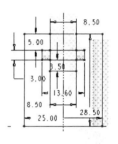
图 5-2-72　截面草图

⑥ 在操控面板中单击"对称"按钮，再在"长度"文本框中输入深度值 16。然后单击操控面板中的"预览"按钮，观察所创建的特征效果。最后单击按钮，完成如图 5-2-73 所示拉伸特征。

⑦ 单击工具栏上的"倒圆角"按钮，在弹出的"倒圆角"操控面板的文本框中输入圆角半径 2。再选取如图 5-2-74 所示模型的四条竖直边线。

⑧ 单击"预览"按钮观察模型效果，然后在操控面板中单击"完成"按钮，完成如图 5-2-75 所示倒圆角特征的创建。

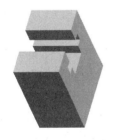
图 5-2-73　拉伸特征

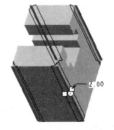
图 5-2-74　选取倒圆角边线

图 5-2-75　DI_ZUO_2

⑨ 同理，重复步骤①～⑧，创建与 DI_ZUO_2 对称的 DI_ZUO_3，图 5-2-76 所示为最终完成的 DI_ZUO_2 与 DI_ZUO_3。

11．创建 ZHI_CHENG_BAN

（1）在模型树中操作，只显示 DA_XIANG_JIAN 元件。然后单击"创建"按钮，系统弹出"元件创建"对话框。输入名称 ZHI_CHENG_BAN 后单击"确定"按钮，系统弹出"创建选项"对话框。

(2)选择"创建特征"选项,再单击"确定"按钮,模型树中自动添加了 ZHI_CHENG_BAN 元件。

(3)单击"拉伸"按钮 ,系统弹出"拉伸"特征操控面板。

(4)在"拉伸"操控面板中依次单击"放置"→"定义"按钮,系统弹出"草绘"对话框。分别选择 DA_XIANG_JIAN 底部平面为草绘平面,ASM_RIGHT 基准平面为参照平面,方向为"右",然后单击"草绘"按钮进入草绘模式。

(5)在草绘环境下绘制如图 5-2-77 所示截面草图,然后单击"完成"按钮,返回到操控面板。

(6)在操控面板中单击"盲孔"按钮 ,再在"长度"文本框中输入深度值 35。然后单击操控面板中的"预览"按钮,观察所创建的特征效果。最后单击 按钮,完成如图 5-2-78 所示拉伸特征。

图 5-2-76 两个底座

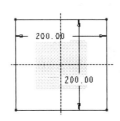
图 5-2-77 截面草图

图 5-2-78 ZHI_CHENG_BAN

12.切割元件

(1)执行"窗口"→"激活"命令,再执行"编辑"→"元件操作"命令,系统弹出"元件"菜单。选择菜单中的"切除"命令,系统弹出"选取"对话框并提示"选取要对其执行切出处理的零件"。

(2)在模型树中选取刚创建的 DA_XIANG_JIAN 并单击"选取"对话框中的"确定"按钮。系统接着提示"为切出处理选取参照零件",按住 Ctrl 键,分别选取模型 XIAO_XIANG_JIAN、XIE_DING 和 XIANG_JIAN_DING,再次单击"选取"对话框中的"确定"按钮。最后选择"完成"命令,完成切除操作。图 5-2-79 所示为最终完成的 DA_XIANG_JIAN。

(3)执行"编辑"→"元件操作"命令,系统弹出"元件"菜单。选择菜单中的"切除"命令,系统弹出"选取"对话框并提示"选取要对其执行切出处理的零件"。

(4)在模型树中选取 XIAO_XIANG_JIAN 并单击"选取"对话框中的"确定"按钮。系统接着提示"为切出处理选取参照零件",选取 XIE_DING,再次单击"选取"对话框中的"确定"按钮。最后选择"完成"命令,完成如图 5-2-80 所示 XIAO_XIANG_JIAN 元件的切除操作。

(5)执行"编辑"→"元件操作"命令,系统弹出"元件"菜单。选择菜单中的"切除"命令,系统弹出"选取"对话框并提示"选取要对其执行切出处理的零件"。

(6)在模型树中选取 ZHI_CHENG_BAN 并单击"选取"对话框中的"确定"按钮。系统接着提示"为切出处理选取参照零件",选取 XIE_DING,再次单击"选取"对话框中的"确定"按钮。最后选择"完成"命令,完成如图 5-2-81 所示 ZHI_CHENG_BAN 元件的切除操作。

图 5-2-79　DA_XIANG_JIAN　　　图 5-2-80　XIAO_XIANG_JIAN　　　图 5-2-81　ZHI_CHENG_BAN

（7）执行"编辑"→"元件操作"命令，系统弹出"元件"菜单。选择菜单中的"切除"命令，系统弹出"选取"对话框并提示"选取要对其执行切出处理的零件"。

（8）在模型树中选取 GU_DING_BAN 并单击"选取"对话框中的"确定"按钮。系统接着提示"为切出处理选取参照零件"，按住 Ctrl 键，分别选取模型 DI_ZUO1、DI_ZUO2 和 DI_ZUO3，再次单击"选取"对话框中的"确定"按钮。最后选择"完成"命令，完成如图 5-2-82 所示 GU_DING_BAN 元件的切除操作。

13．编辑分解视图

（1）执行"视图"→"分解"→"编辑位置"命令，系统弹出"编辑位置"操控面板。

（2）单击"平移"按钮，再单击模型 XIANG_JIAN_DING，此时模型上会显示一个参照坐标系，选择 Z 轴并移动鼠标，模型也随着沿 Z 轴移动。

（3）同理，单击其他元件并移动该元件，最终完成的分解图如图 5-2-83 所示。

图 5-2-82　GU_DING_BAN　　　图 5-2-83　分解图

拓展任务

在 Pro/E 5.0 模具设计模块中，完成如图 5-2-84 所示塑件注塑模具的设计。

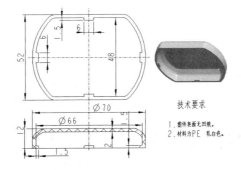

图 5-2-84　塑件

项目 6 基于 EMX6.0 的注塑模具设计

学习目标

1. 了解 EMX6.0 的操作界面；
2. 了解 EMX6.0 的主要设计流程；
3. 掌握冷却系统的设计方法；
4. 掌握螺钉的定义方法；
5. 了解注塑模标准模架；
6. 掌握斜导柱侧向抽芯机构的设计方法；
7. 掌握斜滑块内侧抽芯机构的设计方法；
8. 了解碰锁机构的定义方法；
9. 了解定位销的定义方法；
10. 了解模具元件的后期处理方法。

工作任务

在 Pro/E 5.0 软件中，利用 EMX6.0 模块完成塑件的注塑模具设计。

任务 6.1 节能灯罩注塑模具设计

学习目标

1. 了解 EMX6.0 的操作界面；
2. 了解 EMX6.0 的主要设计流程
3. 掌握冷却系统的设计方法；
4. 掌握螺钉的定义方法；
5. 了解注塑模标准模架。

工作任务

在 Pro/E 5.0 软件中，利用 EMX6.0 模块完成如图 6-1-1 所示节能灯罩模型的注塑模具设计。

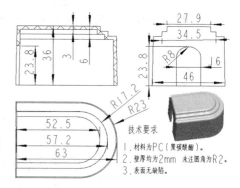

图 6-1-1 节能灯罩

任务分析

该塑件为一长方体薄壳件，总体尺寸 63mm×46mm×36mm，塑件壁厚 2mm，精度不高，无特殊要求。塑件材料为 PC，成型工艺性较好，可以注塑成型。

塑件结构较简单，一侧为半圆柱形，另一侧开有高 23.8mm 的通孔，顶部则分布有三个台阶面。综合考虑，决定采用两板模结构形式，侧浇口、一模四腔、推杆推出、平衡浇道，动、定模上均开设冷却通道。表 6-1-1 所示为该塑件注塑模具的设计思路。

表 6-1-1 节能灯罩注塑模具的设计思路

任务	1. 创建新项目	2. 加载模架	3. 添加模具设备
应用功能	EMX6.0、项目、新建、装配、分类	模架、组件定义、模架定义、型腔	插入、设备、主流道衬套、定位环、坐标系、侧面锁模器、顶出杆、弹簧
完成结果		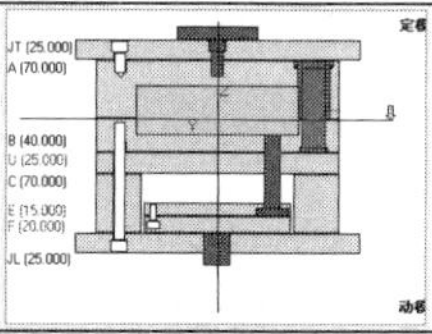	

任务	4. 添加冷却系统	5. 添加顶出系统	6. 添加紧固螺钉
应用功能	基准平面、草绘、镜像、定义冷却元件	草绘、定义顶杆、编辑、实体化、拉伸、点	EMX6.0、螺钉、定义、点、轴、曲面、螺纹曲面
完成结果			

任务	7. 模具元件的后期处理	8. 模拟开模	
应用功能	激活、打开、拉伸、草绘	模架开模模拟、运动开模模拟	
完成结果	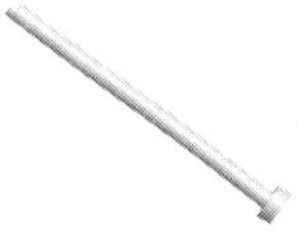 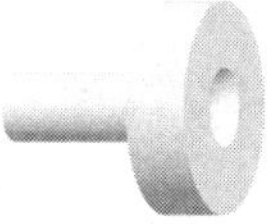		

知识准备

（一）EMX6.0 简介

专家模具基体扩展 EMX（Expert Moldbase Extension）是 Pro/ENGINEER 的一个专业用户插件，属于 Pro/ENGINEER MoldShop 套件的一部分，用于设计和细化模架。在 Pro/MOLDESIGN 模块中建好模具组件后，可以导入这个模块来建立与之相应的标准模座及滑块、顶杆等辅助零件，并可进一步进行开模仿真及干涉检查。

（二）EMX6.0 的主要设计流程

EMX6.0 是一套功能强大的三维模架设计插件，安装后将作为 Pro/ENGINEER 的一个主菜单出现，如图 6-1-2 所示。图 6-1-3 所示为 EMX6.0 的菜单栏，其中包含了 EMX6.0 的全部功能，所有操作都可以在这里被直接单击激活。图 6-1-4 则为 EMX6.0 的工具栏，可以快速应用各种操作。

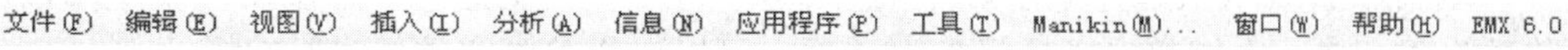

图 6-1-2 主菜单"EMX6.0"

1．项目管理

（1）新建项目。建立新项目是对设计项目进行初始化的过程，选择"EMX6.0"→"项目"→"新建"命令，系统弹出如图 6-1-5 所示的"项目"对话框。在此对话框中可以设置项目名称、前缀、后缀、单位、项目类型等要素，设置完成后单击"完成"按钮✔退出。系统将自动生成新的项目并出现在图形区和模型树中。

图 6-1-3　EMX6.0 菜单栏　　图 6-1-4　EMX6.0 工具栏　　图 6-1-5　"项目"对话框

（2）导入模具装配模型。依次执行"插入"→"元件"→"装配"命令或单击工具栏中的"装配"按钮，系统弹出"打开"对话框。选择要装配的模型文件后单击"打开"按钮，系统弹出"元件放置"操控面板。在操控面板中选择合适的方式（如缺省、坐标系等）来装配参照模型。

（3）准备项目并对元件进行分类。依次执行"EMX6.0"→"项目"→"分类"命令或直接单击"分类"按钮，系统弹出如图 6-1-6 所示的"分类"对话框。在对话框的左侧列出了模型中的所有零件，右侧为模型类型和零件标识，零件标识一般由系统自己分配。在此对话框中可指定模具模型中各元件的归属，如参照模型、动模、定模以及滑块等。

在"分类"对话框的左侧选取要分类的元件，然后双击其右侧的模型类型，系统弹出如图 6-1-7 所示的"模型分类"下拉列表框，列表框中包含模型、参照模型、工件、插入动模和插入定模等 5 个选项。

（4）编辑项目。依次选择菜单栏中的"EMX6.0"→"项目"→"修改"命令或直接单击"修改"按钮，系统弹出"项目"对话框，可以对相关内容重新进行编辑。

项目 6 基于 EMX6.0 的注塑模具设计

图 6-1-6 "分类"对话框

图 6-1-7 "模型分类"下拉列表框

（5）完成项目。EMX6.0 标准模板中有很多隐含特性，如果恢复了所有特征，则可能会在生成模具基体的不同变化形式和元件时出现问题。如果确信模板中的所有特征都是正确的且只会在尺寸上发生变化，应使用完成项目的操作删除所有的隐含特性。具体操作是依次执行"EMX6.0"→"项目"→"完成"命令。需要注意的是，在删除所有隐含的特性后，对模架也无法进行较大幅度的更改。

（6）多型腔。依次执行"EMX6.0"→"多型腔"命令，系统弹出如图 6-1-8 所示的"创建插体副本"对话框，在该对话框中可以进行多型腔设置。但这种方法不太实用，常在模具设计模块中设置型腔布局。

2. 模架定义

依次单击菜单栏中的"EMX6.0"→"模架"→"组件定义"命令或直接单击"组件定义"按钮，系统弹出如图 6-1-9 所示"模架定义"对话框。在该对话框中可以完成型腔布局、型腔切槽、定义或修改板、载入或修改板等一系列操作。该对话框的上部包含有文件、编辑和插入等菜单。

图 6-1-8 "创建插体副本"对话框

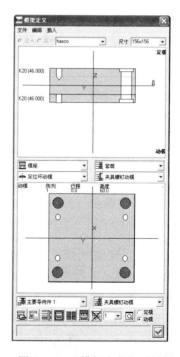

图 6-1-9 "模架定义"对话框

(1)"文件"菜单。单击"文件"菜单,系统弹出如图 6-1-10 所示的下拉菜单,菜单中包含载入组件、保存组件、新建组件、添加子组件、删除子组件和再生模架等命令。

(2)"编辑"菜单。单击"编辑"菜单,系统弹出如图 6-1-11 所示的下拉菜单,菜单中包含型腔、机床、热模、双射模、偏移定位单元、阵列和删除元件等命令。

(3)"插入"菜单。单击"插入"菜单,系统弹出如图 6-1-12 所示的下拉菜单,菜单中包含板、导向件、设备、螺钉、支承块定位销、垃圾盘、垃圾钉、回程杆、弹簧和料头拉料杆等命令以及一些黑三角。黑三角后面还包含许多二级和三级命令,执行这些命令,可以插入板、导向件等一系列辅助元件。

图 6-1-10 "文件"菜单   图 6-1-11 "编辑"菜单   图 6-1-12 "插入"菜单

在"模架定义"对话框的中部,有如图 6-1-13 所示的一系列功能选项组,其中所包含的具体命令如图 6-1-14 至图 6-1-17 所示。

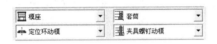

图 6-1-13 功能选项组

图 6-1-14 "模座"　　图 6-1-15 "套筒"　　图 6-1-16 "定位环动模"　　图 6-1-17 "夹具螺钉动模"
　　下拉列表　　　　　　下拉列表　　　　　　　下拉列表　　　　　　　　　下拉列表

在"模架定义"对话框的下方分布有"从文件载入组件定义" 、"将组件定义保存到组件" 、"添加一个子组件" 、"打开机床对话框" 、"打开型腔对话框" 、"打开热模对话框" 、"删除一个元件" 等按钮,分别单击这些按钮后将打开各自的命令对话框,进而进行相应的操作。

可见,EMX6.0 系统中建立模架的方法有两种:一是通过"从文件载入组件定义" 命令直接加载整组标准模架,再针对各细节尺寸进行修改;二是利用"功能选项组"命令,手动加入所需要的模板。两种方法都可以在二维操作界面中完成，使用都很方便。

如果要对模架上某个特定元件进行修改，可以在预览图中右击该元件，在弹出的对话框中对元件的尺寸和位置进行修改。

3．导向件

依次选择菜单栏中的"EMX6.0"→"导向元件"→"定义"命令或直接单击"定义"按钮，系统弹出如图 6-1-18 所示的"导向件"对话框。在此对话框中可以对导向件的单位、生产厂家、类型、相关参数等进行修改，并可以对导向件的放置位置进行编辑。

4．模架设备

依次选择菜单栏中的"EMX6.0"→"设备"→"定义"命令，系统会弹出如图 6-1-19 所示的"定义"子菜单，其中包含定位环、绝缘板、顶出杆、侧面锁模器、顶部锁、弹簧、主流道衬套、支撑衬套和圆销等命令，执行这些命令可定义相应元件。

如在"定义"子菜单中执行"定位环"命令，系统则弹出如图 6-1-20 所示的"定位环"对话框。

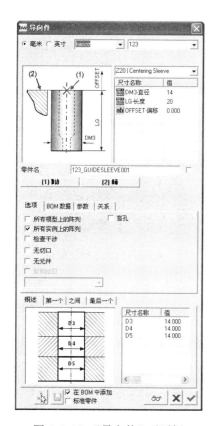

图 6-1-18 "导向件"对话框　　图 6-1-19 "定义"子菜单　　图 6-1-20 "定位环"对话框

5．止动系统

止动系统主要包括对垃圾盘和垃圾钉的定义、修改、删除、重新装配、装配为副本等操作。其定义方式类似于模架设备。

6．元件处理

（1）执行菜单"EMX6.0"→"模架"→"元件状态"命令或直接单击"元件状态"按

钮，系统弹出如图 6-1-21 所示的"元件状态"对话框。

（2）勾选对话框中的所有复选框，再单击"确定"按钮，系统自动更新图形区的模型，模架上会出现导柱、导套、拉杆、螺钉和复位元件等。

（三）设计冷却系统

1．标准形式设计冷却系统

（1）依次选择菜单栏中的"EMX6.0"→"冷却"→"装配水线曲线"命令，系统弹出如图 6-1-22 所示的"水线"对话框。

（2）选取合适的水线后，在对话框中勾选"将水线添加到动模和定模"复选按钮。

（3）单击"选择坐标系"按钮，系统弹出"选取"对话框。

（4）选择合适的坐标系后，单击"选取"对话框中的"确定"按钮。再单击"水线"对话框中的按钮，完成如图 6-1-23 所示水线的创建。

  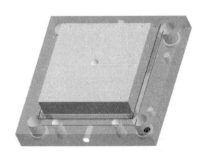

图 6-1-21 "元件状态"对话框　　图 6-1-22 "水线"对话框　　图 6-1-23 水线的创建

2．自定义形式设计冷却系统

（1）将工作目录设置至 D:\Proe5.0\work\original\ch6\ch6.1\leng_que，打开文件 leng_que.asm。

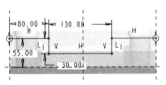

图 6-1-24 草绘截面

（2）单击"草绘"按钮，系统弹出"草绘"对话框，选取 MOLDBASE_X_Z 基准平面为草绘平面后，进入草绘环境绘制如图 6-1-24 所示的草绘截面。最后单击按钮退出完成冷却水线的创建。

（3）依次选择菜单"EMX6.0"→"冷却"→"定义"命令或直接单击"定义冷却元件"按钮，系统弹出如图 6-1-25 所示的"冷却元件"对话框。

（4）接受系统默认的 Z81 喷嘴。在对话框中单击"曲线轴点"按钮，然后选择如图 6-1-26 所示的冷却水线，再单击"选取"对话框中的"确定"按钮。

（5）在对话框中单击"曲面"按钮，然后选择如图 6-1-26 所示的定模板右侧平面。再单击"冷却元件"对话框中的按钮，系统自动添加如图 6-1-27 所示的冷却喷嘴。

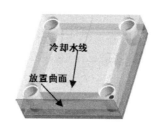

图 6-1-26 设置冷却喷嘴放置参数

图 6-1-25 "冷却元件"对话框

图 6-1-27 添加冷却喷嘴

（6）单击"定义冷却元件"按钮，系统弹出"冷却元件"对话框。

（7）单击"Z81 喷嘴"后的黑三角，在下拉列表中选取"盲孔"选项。再双击"值"下面的数值，在弹出的下拉列表框中选取数值 6。

（8）在对话框中单击"曲线轴点"按钮，然后选择如图 6-1-28 所示的冷却水线，再单击"选取"对话框中的"确定"按钮。

（9）在对话框中单击"曲面"按钮，然后选择如图 6-1-28 所示的定模板型腔切口底平面。再单击"冷却元件"对话框中的 ✓ 按钮，系统自动添加如图 6-1-29 的冷却水道。同理，完成其余冷却水道的创建。

（10）单击"定义冷却元件"按钮，系统弹出"冷却元件"对话框。

（11）单击"Z81 喷嘴"后的黑三角，在下拉列表中选取"Z98 O 型环"选项。在对话框中单击"曲线轴点"按钮，然后选择如图 6-1-30 所示的冷却水线，再单击"选取"对话框中的"确定"按钮。

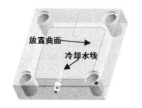  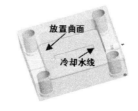

图 6-1-28 设置冷却水道放置参数　图 6-1-29 添加冷却水道　图 6-1-30 设置 O 型密封圈放置参数

（12）在对话框中单击"曲面"按钮，然后选择如图 6-1-30 所示的定模板型腔切口底平面。再单击"冷却元件"对话框中的 ✓ 按钮，系统自动添加如图 6-1-31 所示的 O 型密封圈。

（13）单击"定义冷却元件"按钮，系统弹出"冷却元件"对话框。

（14）单击"Z81 喷嘴"后的黑三角，在下拉列表中选取"Z94 水堵"选项，接受默认的直径数值 M5×0.5。

（15）在对话框中单击"曲线轴点"按钮，然后选择如图 6-1-32 所示的冷却水线，再单击"选取"对话框中的"确定"按钮。

（16）在对话框中单击"曲面"按钮，然后选择如图 6-1-32 所示的元件右侧平面。再单击"冷却元件"对话框中的✓按钮，系统自动添加如图 6-1-33 所示的堵塞。

（17）单击工具栏"保存"按钮，系统弹出"保存对象"对话框，采用默认名称并单击"确定"按钮完成文件的保存。

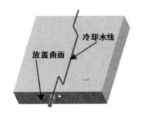
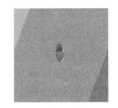

图 6-1-31 添加 O 型密封圈　　图 6-1-32 设置堵塞放置参数　　图 6-1-33 添加堵塞

（四）螺钉的定义

单击"EMX6.0"菜单，将鼠标指针移动到弹出的"EMX6.0"下拉菜单中的"螺钉"命令上，系统弹出如图 6-1-34 所示的"螺钉"子菜单。该子菜单包含定义、修改、删除、重新装配和装配为副本等 5 个命令。

图 6-1-34 "螺钉"子菜单

① 执行子菜单中的"定义"命令，系统将弹出如图 6-1-35 所示的"螺钉"对话框。在该对话框中选取合适的参数并分别选择点、放置曲面和螺纹曲面等参数后，单击对话框中的✓按钮即可完成螺钉的添加。需要注意的是，定义螺钉之前应先创建好放置螺钉的点。

② 执行子菜单中的"修改"命令，系统将弹出"选取"对话框并提示"选择 EMX 参照组的坐标系或点"。单击选取螺钉的定位点后，系统将弹出"螺钉"对话框，可以修改相关参数。

③ 执行子菜单中的"删除"命令，系统将弹出"选取"对话框并提示"选择 EMX 参照组的坐标系或点"。单击选取螺钉的定位点后，系统将弹出如图 6-1-36 所示的"EMX 问题"对话框。单击对话框中的✓按钮即可完成螺钉的删除。

图 6-1-35 "螺钉"对话框

图 6-1-36 "EMX 问题"对话框

④ 执行子菜单中的"重新装配"命令，系统将弹出"选取"对话框并提示"选择 EMX 参照组的坐标系或点"。单击选取螺钉的定位点后，系统将弹出"螺钉"对话框，可以修改相关参数。

⑤ 执行子菜单中的"装配为副本"命令，系统将弹出"选取"对话框并提示"选择 EMX 参照组的坐标系或点"。单击选取螺钉的定位点后，系统将弹出"螺钉"对话框，可以修改相关参数。

（五）注塑模标准模架简介

模架也称为模坯，由模板、导柱和导套等零件组成，型芯、型腔、定位环、浇口套、顶杆、滑块机构等部件须安装到模架上才构成一套完整的模具。模架是塑料注塑模的重要基础部件，主要用于装配、定位和安装模具型腔、型芯以及其他辅助系统，保证动定模在开合模时能正确对准，起连接、固定、导向的作用。模架的标准化率非常高，目前已成为标准化、系列化的产品。

虽然模架已经标准化，但是模架的型号以及大小的选择还需要设计者根据零件的形状以及设计思路自行确定。目前，国内外有许多标准化的注塑模架形式可供模具制造厂家选购。其中国外模架均属企业标准，主要有 DME（美国）、哈斯克（德国）、双叶电工（日本）三家标准，目前国内大部分公司及厂家采用的标准模架还有"富得巴（FUTUBA）"、"龙记（LKM）"等。

我国塑料注塑模模架标准为 GB/T12555—2006，该标准规定了模具部件名称、模架组合形式、模架基本尺寸、模架结构形式和名称以及导向件和螺钉的安装形式等。

1. 模架的分类

按进料口（浇口）的形式，模架分为大水口模架和小水口模架两大类（香港地区将塑料进浇口称为水口，现在很多专用辅助设计软件也沿用此叫法）。大水口模架指采用除点浇口外的其他浇口形式的模具（二板式模具）所选用的模架，小水口模架指进料口采用点浇口模具（三板式模具）所选用的模架。大水口模架共有 A、B、C、D 等 4 种型号；小水口模架共有 DA、DB、DC、DD、EA、EB、EC、ED 八种型号，其中以 D 字母开头的 4 种型号适用于自动断浇口模具的模架。

2. 模架的组成结构

如图 6-1-37 所示为二板式模具结构示意图。二板式模架由四部分组成：定模部分、动模部分、导向部分和连接固定部分。其中定模部分包括定模座板（顶板）、A 板（型腔板、定模板）；动模部分包括推板、动模板（型芯板、B 板）、托板、支撑件方铁（C 板，垫铁）、动模座板（底板）以及推杆固定板和推杆底板等。三板式模架定模部分比二板式模架多了一块流道推板和四根长导柱，动模部分同二板式模架一样，如图 6-1-38 所示。

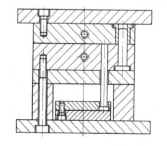

图 6-1-37 二板式模具结构示意图

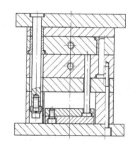

图 6-1-38 三板式模具结构示意图

3．模架的选择

模具的大小主要取决于塑料制品的大小和结构，对于模具而言，在保证足够强度的前提下，结构越紧凑越好。根据产品的外形尺寸（平面投影面积与高度）以及产品本身结构（如侧向分型滑块等结构），可以确定镶件的外形尺寸，确定好镶件的大小后，就可大致确定模架的大小。

模架选择原则：主要是根据浇口的类型选择模架，点浇口选用三板式模架（小水口模架），其他浇口如直浇口、侧浇口、潜伏式浇口等选用二板式模架（大水口模架）。具体选择时还要考虑以下影响因素。

（1）要与塑件的结构、精度、尺寸以及注塑成型工艺等要求相适应。
（2）要有足够的强度和刚度。
（3）能用三板式模架时不用两板式模架。
（4）以下场合宜用三板式模架：

① 单型腔，成型塑件在分模面上的投影面积较大，要求多点入水。

② 一模多腔，其中：某些塑件较大，必须多点入水；或某些塑件必须中心入水；或各腔大小悬殊，用两板式模架时主流道衬套要大尺寸偏离中心。

③ 制品胶位薄，型腔复杂模。

④ 高度太高的桶形、盒形或壳形塑件。

4．模架尺寸的经验确定法

（1）模板的宽度：顶针板宽度 B 应和动模镶件宽度 A 相当，两者之差应在 5～10mm 之内（在标准模架中顶针板宽度与模板宽度是对应关系）。

（2）模板的长度：框边至复位杆孔外圆边应有 $C \geqslant 10 \sim 15$ mm 的距离。

（3）A 板厚度：有面板时，一般等于框深 A 加 20～30 mm 左右；无面板时，一般等于框深 A 加 30～40 mm 左右。

（4）B 板厚度：一般等于框深加 0～60 mm 左右（若后模开通框，需用支承板加固）。

任务实施

本实例完成文件：G:\Proe5.0\work\result\ch6\ch6.1\ dz_emx \dz_emx.asm。

本实例视频文件：G:\Proe5.0\video\ch6\6_1.exe。

1．定义新项目

（1）将工作目录设置至 D:\Proe5.0\work\original\ch6\ch6.1\ dz_emx。

（2）依次执行菜单"EMX6.0"→"项目"→"新建"命令或单击工具栏中的"新建"按钮，系统弹出"项目"对话框。在"数据"选项组的"项目名称"文本框中输入 dz_emx。在"选项"组中点选"毫米"单选按钮和"制造"单选按钮。最后，单击对话框中的√按钮，系统自动完成新项目的创建。此时的模型如图 6-1-39 所示。

（3）单击工具栏中的"添加"按钮，系统弹出"打开"对话框。在对话框中选择 jie_neng_deng.asm 文件，单击"打开"按钮，元件显示在图形区中。在"装配"操控面板上的"约束集"列表中选择"缺省"方式装配元件，单击√按钮，完成如图 6-1-40 所示的元件装配。

（4）依次执行"EMX6.0"→"项目"→"分类"命令，系统弹出如图 6-1-41 所示的"分类"对话框。设置完每一个加载元件的性质后单击√按钮退出。

图 6-1-39 创建新项目

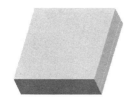

图 6-1-40 导入装配模型

图 6-1-41 "分类"对话框

2. 加载标准模架

(1) 依次执行"EMX6.0"→"模架"→"组件定义"命令,系统弹出"模架定义"对话框。在厂商列表中选择 futaba_s,在尺寸列表中选择 300×300 选项,系统弹出如图 6-1-42 所示的"EMX 问题"对话框。单击对话框中的✓按钮,系统自动更新模型。

(2) 在"模架定义"对话框左下角处单击"从文件载入组件定义"按钮,系统弹出如图 6-1-43 所示的"载入 EMX 组件"对话框。选择 SA_Type,取消选择"保留尺寸和模型数据"复选框。

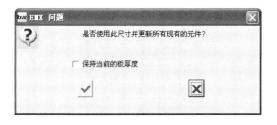

图 6-1-42 "EMX 问题"对话框

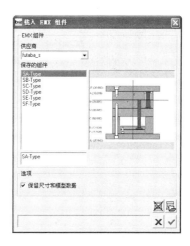

图 6-1-43 "载入 EMX 组件"对话框

(3) 单击图 6-1-43 右下方的"从文件载入组件定义"按钮,系统提示"正在读取模架定义,请稍候",单击✓按钮,经过一段时间的更新后,系统在"模架定义"对话框中显示如图 6-1-44 所示的模架示意图。同时,图形区中也显示如图 6-1-45 所示的模型。

(4) 在"模架定义"对话框中单击选择 A 板,再右击打开如图 6-1-46 所示的"板"对话框,在"厚度"列表中选择尺寸 70 后,单击下方的✓按钮退出,系统自动更新模板。

(5) 同理,修改 B 板的厚度为 40,单击✓按钮退出,系统自动更新模板。依次修改其他模板的尺寸,最终的模板尺寸如图 6-1-47 所示。

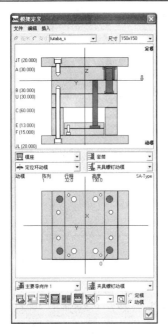

图 6-1-44　模架示意图

图 6-1-45　加载模架

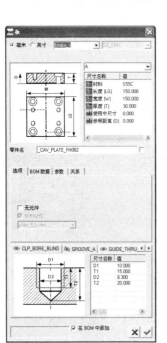

图 6-1-46　"板"对话框

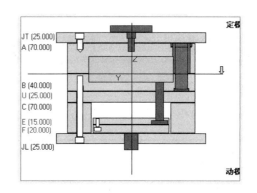

图 6-1-47　修改模板厚度

3．添加型腔切口

（1）在"模架定义"对话框中选择菜单"编辑"→"型腔"命令，系统弹出如图 6-1-48 所示的"型腔"对话框。

（2）在对话框中设置如图 6-1-48 所示的型腔参数，选择第二种型腔切口类型，完成后单击 ✓ 按钮退出。系统自动创建型腔切口。图 6-1-49 所示为完成的动模板型腔切口。

项目 6　基于 EMX6.0 的注塑模具设计

图 6-1-48　"型腔"对话框

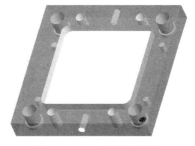

图 6-1-49　动模板型腔切口

4．添加模具设备

（1）添加主流道衬套和定位环。

① 在"模架定义"对话框中依次选择菜单"插入"→"设备"→"主流道衬套"命令，系统弹出如图 6-1-50 所示的"主流道衬套"对话框。

② 在对话框中选择型号为 SBBH，然后按照图 6-1-51 所示设置参数，完成后单击 ✓ 按钮，图形区自动进行更新。

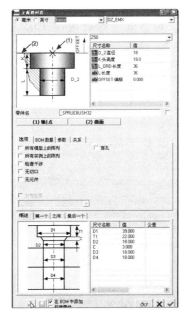

图 6-1-50　"主流道衬套"对话框

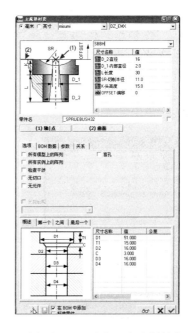

图 6-1-51　选取"主流道衬套"

③ 在"模架定义"对话框中依次选择菜单"插入"→"设备"→"定位环"→"定模"命令，系统弹出如图 6-1-52 所示的"定位环"对话框。

④ 在对话框中，选择型号为 LRJS，然后按照图 6-1-53 所示设置参数，完成后单击✓按钮，图形区自动进行更新。

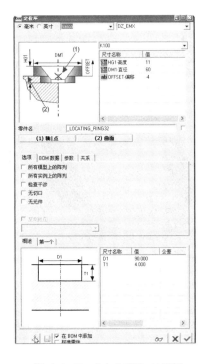
图 6-1-52 "定位环"对话框

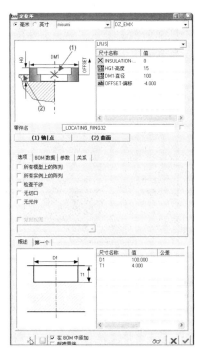
图 6-1-53 设置"定位环"参数

（2）添加侧面锁模装置。

① 单击"坐标系"按钮，系统弹出"坐标系"对话框。然后按住 Ctrl 键分别选取 MOLDBASE_Y_Z、MOLDBASE_X_Y 和定模板侧面等三个平面，此时的"坐标系"对话框如图 6-1-54 所示。单击对话框中的"确定"按钮，在分型面处右侧创建基准坐标系 ACS0。

② 重复步骤①，在分型面处左侧创建基准坐标系 ACS1。图 6-1-55 所示为创建完成的两个坐标系。

图 6-1-54 "坐标系"对话框

图 6-1-55 创建坐标系

③ 依次选择菜单"EMX6.0"→"设备"→"定义"→"侧面锁模器"命令或直接单击"侧面锁模器"按钮，系统弹出如图 6-1-56 所示的"侧面锁模器"对话框。

④ 选取 HASCO 类型标准件，接受系统的默认设置。在对话框中单击"坐标系"按钮，然后选择如图 6-1-55 所示的基准坐标系 ACSO，再单击"选取"对话框中的"确定"按钮。

⑤ 再单击"侧面锁模器"对话框中的 ✓ 按钮，系统自动添加如图 6-1-57 所示的侧面锁模装置。

⑥ 重复步骤③～⑤，完成另一侧侧面锁模装置的添加。

（3）添加脱模装置。

① 在模型树中右击动模座板，在弹出的快捷菜单选择"打开"命令，系统自动进入产品建模界面。

② 单击"点"按钮，系统弹出"点"对话框。选取模板的两个侧面为参照平面，在模板上表面的中心创建如图 6-1-58 所示的基准点 PNT2。

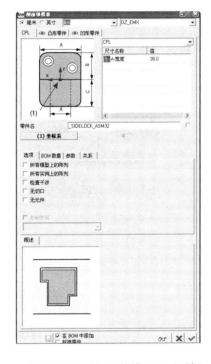

图 6-1-56 "侧面锁模器"对话框

图 6-1-57 侧面锁模装置

图 6-1-58 基准点 PNT2

③ 依次选择菜单"EMX6.0"→"设备"→"定义"→"顶出杆"命令，系统弹出如图 6-1-59 所示的"顶出杆"对话框。

④ 选取 HASCO 类型标准件，接受系统的默认设置。在对话框中单击"点轴"按钮，然后选择选取基准点 PNT2，再单击"选取"对话框中的"确定"按钮。

⑤ 单击"顶出杆"对话框中的 ✓ 按钮，系统自动添加如图 6-1-60 所示的顶出装置（仅是示意图）。

（4）添加弹簧。

① 依次选择菜单"EMX6.0"→"模架"→"元件状态"命令或直接单击"元件状态"

按钮，系统弹出"元件状态"对话框。勾选对话框中的所有复选框后单击✓按钮，系统会自动更新图形区的模型。完成后的模型如图 6-1-61 所示。模架上加载了导柱、导套、拉杆、螺钉和复位元件等。

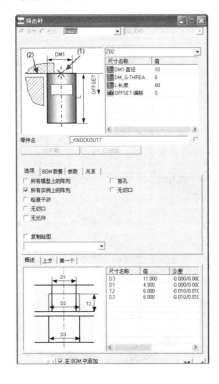

图 6-1-60 顶出装置

图 6-1-59 "顶出杆"对话框　　　　　图 6-1-61 元件添加结果

② 依次选择菜单"EMX6.0"→"设备"→"定义"→"弹簧"命令，系统弹出如图 6-1-62 所示的"弹簧"对话框。

③ 在对话框中选取 HASCO 类型标准件，修改弹簧内部直径为 20、外部直径为 30、长度为 60。

④ 单击"点轴"按钮，然后选择如图 6-1-63 所示复位杆端部点 APNT2，再单击"选取"对话框中的"确定"按钮。

⑤ 再在对话框中单击"曲面"按钮，然后选择如图 6-1-63 所示复位杆底部平面。

⑥ 最后单击"弹簧"对话框中的✓按钮，系统自动添加如图 6-1-64 所示的复位杆弹簧。

⑦ 重复步骤②~⑥，完成其余三个复位杆弹簧的添加。

5．添加冷却系统

（1）创建冷却水线。

① 隐藏其余零件，仅显示 DINGMO、DONGMO、定模板和动模板等 4 个元件。单击"平面"按钮，系统弹出"基准平面"对话框。选取 MOLDBASE_Y_Z 平面作为参照平面，在基准平面对话框中输入偏移数值 50，此时的对话框如图 6-1-65 所示。单击对话框中的"确定"按钮，完成基准平面 ADTM51 的创建。

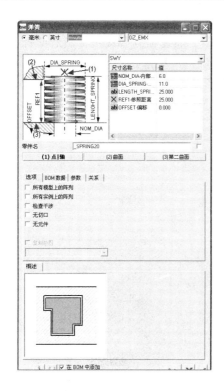

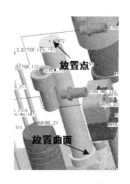

图 6-1-63 设置弹簧参数

图 6-1-62 "弹簧"对话框　　　图 6-1-64 复位杆弹簧

② 单击"草绘"按钮，系统弹出"草绘"对话框。选取 ADTM51 为草绘平面，然后单击对话框中的"草绘"按钮进入草绘模式。

③ 绘制如图 6-1-66 所示的截面草图后单击✔按钮退出草绘界面，完成冷却水线 1 的创建。

④ 在模型树中选取冷却水线 1，然后单击"镜像"按钮，系统弹出"镜像"操控面板。选取 MOLDBASE_Y_Z 平面为镜像平面，然后单击操控面板中的✔按钮，生成另一侧的冷却水线 2，如图 6-1-67 所示。

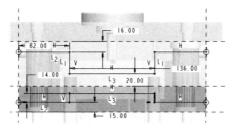

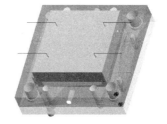

图 6-1-65 "基准平面"对话框　　图 6-1-66 冷却水线 1　　图 6-1-67 冷却水线 2

（2）创建冷却喷嘴。

① 依次选择菜单"EMX6.0"→"冷却"→"定义"命令或直接单击"定义冷却元件"

按钮 🔧，系统弹出如图 6-1-68 所示的"冷却元件"对话框。

② 系统默认选取 Z81 喷嘴。在对话框中单击"曲线轴点"按钮，然后选择如图 6-1-69 所示的冷却水线，再单击"选取"对话框中的"确定"按钮。

③ 在对话框中单击"曲面"按钮，然后选择如图 6-1-69 所示的定模板右侧平面。再单击"冷却元件"对话框 ✔ 按钮，系统自动添加如图 6-1-70 所示的冷却喷嘴。

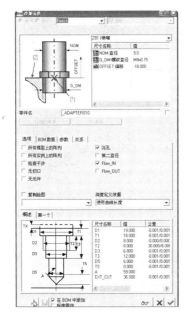

图 6-1-68 "冷却元件"对话框

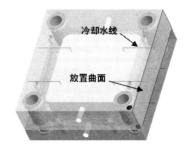

图 6-1-69 设置冷却喷嘴放置参数

④ 同理，重复步骤①～③，完成如图 6-1-71 所示其余 7 个冷却喷嘴的设置。

(3) 创建冷却水道。

① 单击"定义冷却元件"按钮 🔧，系统弹出"冷却元件"对话框。

② 单击"Z81 喷嘴"后的黑三角，在下拉列表中选取"盲孔"选项。再双击"值"下面的数值，在弹出的下拉列表框中选取数值 6。

③ 在对话框中单击"曲线轴点"按钮，然后选择如图 6-1-72 所示的冷却水线，再单击"选取"对话框中的"确定"按钮。

图 6-1-70 添加冷却喷嘴

图 6-1-71 8 个冷却喷嘴

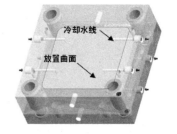

图 6-1-72 设置冷却水道放置参数

④ 在对话框中单击"曲面"按钮，然后选择如图 6-1-72 所示的定模板型腔切口底平面。再单击"冷却元件"对话框 ✔ 按钮，系统自动添加如图 6-1-73 的冷却水道。

⑤ 同理，重复步骤①～④，完成如图 6-1-74 所示的其余所有冷却水道的设置。

（4）创建密封圈。

① 隐藏定模板，然后单击"定义冷却元件"按钮，系统弹出"冷却元件"对话框。

② 单击"Z81 喷嘴"后的黑三角，在下拉列表中选取"Z98 O 型环"选项。在对话框中单击"曲线轴点"按钮，然后选择如图 6-1-75 所示的冷却水线，再单击"选取"对话框中的"确定"按钮。

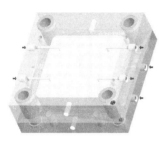  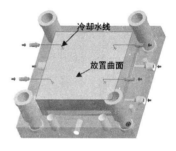

图 6-1-73　添加冷却水道　　　图 6-1-74　冷却水道的设置　　　图 6-1-75　设置冷却水道放置参数

③ 在对话框中单击"曲面"按钮，然后选择如图 6-1-75 所示的定模板型腔切口底平面。再单击"冷却元件"对话框 ✓ 按钮，系统自动添加如图 6-1-76 的 O 型密封圈。

④ 同理，重复步骤①～③，完成其余所有密封圈的创建。

（5）创建堵塞。

① 单击"定义冷却元件"按钮，系统弹出"冷却元件"对话框。

② 单击"Z81 喷嘴"后的黑三角，在下拉列表中选取"Z94 水堵"选项，接受默认的直径数值 M5×0.5。

③ 在对话框中单击"曲线轴点"按钮，然后选择如图 6-1-77 所示的冷却水线，再单击"选取"对话框中的"确定"按钮。

④ 在对话框中单击"曲面"按钮，然后选择如图 6-1-77 所示的 DINGMO 元件右侧平面。再单击"冷却元件"对话框中的 ✓ 按钮，系统自动添加如图 6-1-78 所示的堵塞。

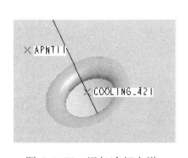 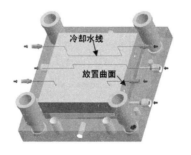 

图 6-1-76　添加冷却水道　　　图 6-1-77　设置堵塞放置参数　　　图 6-1-78　添加堵塞

⑤ 同理，重复步骤①～④，完成其余所有堵塞的添加。

6．添加顶出系统

（1）创建顶杆。

① 显示推杆固定板，然后在模型树中右击 DONGMO 元件，在弹出的快捷菜单中选择"打开"命令，系统自动进入产品建模界面。

② 单击"草绘"按钮，系统弹出"草绘"对话框。选取 DONGMO 顶部表面为草绘平面，然后单击对话框中的"草绘"按钮进入草绘模式。

③ 绘制如图 6-1-79 所示的截面草图后单击 ✓ 按钮退出草绘界面，完成如图 6-1-80 所示 16 个基准点的创建。

④ 选择"窗口"→"关闭"命令返回到主界面。

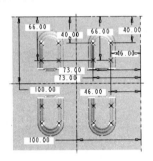
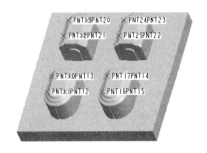

图 6-1-79　截面草图　　　　　　　图 6-1-80　16 个基准点

⑤ 单击"定义顶杆"按钮，系统弹出如图 6-1-81 所示的"顶杆"对话框。接受默认的"Z40 柱头"顶杆类型。

⑥ 在对话框中双击"DM-1 直径"选项后的数值，在弹出的下拉列表框中选取数值4。

⑦ 在对话框中单击"点"按钮，然后选择如图 6-1-80 所示创建的基准点，再单击"选取"对话框中的"确定"按钮。

⑧ 在对话框中单击"曲面"按钮，然后选择顶杆固定板的下表面，再单击"选取"对话框中的"确定"按钮。最后，单击"顶杆"对话框中的 ✓ 按钮，完成如图 6-1-82 所示顶杆的创建。

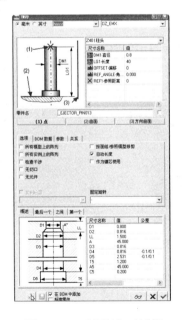

图 6-1-81　"顶杆"对话框　　　　　图 6-1-82　创建顶杆

⑨ 选择"设置"→"树过滤器"命令，系统弹出"模型树项目"对话框，勾选"特

征"选项后单击对话框中的"确定"按钮。

⑩ 在模型树中选取 DONGMO 元件下的"复制 1"曲面组,然后执行"编辑"→"实体化"命令,系统弹出"实体化"特征操控面板。

⑪ 在对话框中单击"相交"按钮,系统弹出"相交"对话框。去掉"自动更新"前的钩。单击下方"设置显示级"选项后的黑三角,在弹出的下拉菜单中选取"零件级"选项,再单击"添加相交模型"按钮。

⑫ 调整操控面板上的方向按钮使箭头方向向上。此时的模型如图 6-1-83 所示。最后单击✓按钮完成如图 6-1-84 所示顶杆的修剪。

图 6-1-83 "实体化"操作　　　　　　图 6-1-84 修剪顶杆

(2) 创建拉料杆。

① 在模型树中右键单击 DONGMO 元件,在弹出的快捷菜单中选择"打开"命令,系统自动进入产品建模界面。

② 单击"基准点"按钮,系统弹出"基准点"对话框,再选取 DONGMO 的大表面。

③ 以 DONGMO 的两侧面为参照,在模型的正中央创建基准点 PNT26,此时的"基准点"对话框如图 6-1-85 所示。单击✓按钮退出草绘界面,完成基准点的创建。

④ 选择"窗口"→"关闭"命令返回到主界面。

⑤ 单击"定义顶杆"按钮,系统弹出"顶杆"对话框,接受默认的"Z40 柱头"顶杆类型。

⑥ 在对话框中双击"DM-1 直径"选项后的数值,在弹出的下拉列表框中选取数值 6。

⑦ 在对话框中单击"点"按钮,然后选择刚创建的基准点 PNT26,再单击"选取"对话框中的"确定"按钮。

⑧ 在对话框中单击"曲面"按钮,然后选择顶杆固定板的下表面,再单击"选取"对话框中的"确定"按钮。最后,单击"顶杆"对话框中的✓按钮,完成如图 6-1-86 所示拉料杆的创建。

图 6-1-85 "基准点"对话框　　　　　　图 6-1-86 拉料杆

7. 添加紧固螺钉

① 依次选择菜单"EMX6.0"→"螺钉"→"定义"命令或直接单击"螺钉定义"按钮，系统弹出如图 6-1-87 所示的"螺钉"对话框。

② 在对话框中选取 HASCO 类型标准件，修改螺钉直径为 4、长度为 6。

③ 单击"点|轴"按钮，然后选择如图 6-1-88 所示定位圈端部点 PNT1，再单击"选取"对话框中的"确定"按钮。

④ 在对话框中单击"曲面"按钮，然后选择如图 6-1-88 所示定位圈上表面。再单击对话框中的"螺纹曲面"按钮，然后任意选取一个螺钉穿过的曲面。

⑤ 最后单击"螺钉"对话框中的 ✔ 按钮，系统自动添加如图 6-1-89 所示的螺钉。

⑥ 重复步骤①~⑤，完成主流道衬套、侧面锁模器等元件螺钉以及吊环的添加。

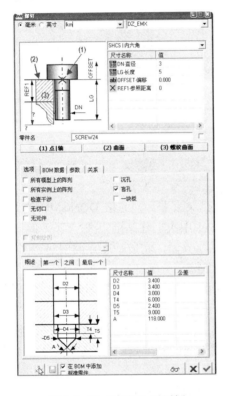

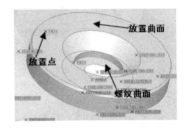

图 6-1-88 设置螺钉参数

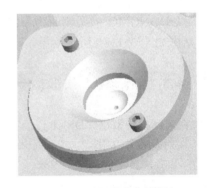

图 6-1-87 "螺钉"对话框

图 6-1-89 创建定位圈螺钉

8. 模具元件的后期处理

（1）修剪拉料杆。

① 在模型树中右击刚创建的拉料杆，在弹出的快捷菜单中选取"激活"命令。

② 单击"拉伸"按钮，系统弹出"拉伸"特征操控面板。在操控面板中单击"移除材料"按钮。在图形空白处右击，在弹出的快捷菜单中选取"定义内部草绘"命令，系统弹出"草绘"对话框。

③ 选取 MOLDBASE_Y_Z 基准平面为草绘平面，MOLDBASE_X_Y 基准平面为参照平面，方向为"顶"。单击对话框中的"草绘"按钮，进入草绘环境。

④ 在草绘环境下绘制如图 6-1-90 所示的截面草图。完成后，单击 ✔ 按钮退出。

⑤ 在操控面板中单击"对称"按钮，再在"长度"文本框中输入深度值 10，然后单击"完成"按钮，完成如图 6-1-91 所示拉伸特征的创建。

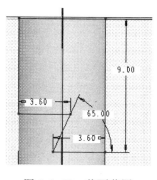

图 6-1-90 截面草图

图 6-1-91 拉料杆

（2）修剪主流道衬套。

① 在模型树中右击主流道衬套，在弹出的快捷菜单中选取"激活"命令。

② 单击"拉伸"按钮，系统弹出"拉伸"特征操控面板。在操控面板中单击"移除材料"按钮。在图形空白处右击，在弹出的快捷菜单中选取"定义内部草绘"命令，系统弹出"草绘"对话框。

③ 选取 MOLDBASE_Y_Z 基准平面为草绘平面，MOLDBASE_X_Y 基准平面为参照平面，方向为"顶"。单击对话框中的"草绘"按钮，进入草绘环境。

④ 在草绘环境下添加 DINGMO 元件上表面为参照，绘制如图 6-1-92 所示的截面草图。完成后，单击按钮退出。

⑤ 在操控面板中单击"对称"按钮，再在"长度"文本框中输入深度值 30，然后单击"完成"按钮，完成如图 6-1-93 所示拉伸特征的创建。

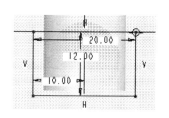

图 6-1-92 截面草图

图 6-1-93 主流道衬套

（3）修剪顶杆。

① 在模型树中右击一顶杆，在弹出的快捷菜单中选取"打开"命令，系统自动进入产品造型界面。

② 单击"拉伸"按钮，系统弹出"拉伸"特征操控面板。在操控面板中单击"移除材料"按钮。在图形空白处右击，在弹出的快捷菜单中选取"定义内部草绘"命令，系统弹出"草绘"对话框。

③ 选取顶杆端部平面为草绘平面，接受默认设置，单击对话框中的"草绘"按钮，进入草绘环境。

④ 在草绘环境下绘制如图 6-1-94 所示的截面草图。完成后，单击按钮退出。

⑤ 在操控面板中单击"盲孔"按钮，再在"长度"文本框中输入深度值 10，然后单击"完成"按钮，完成如图 6-1-95 所示拉伸特征的创建。系统自动完成其余顶杆的修剪工作。

图 6-1-94　截面草图　　　　　　　　　　图 6-1-95　顶杆

9．开模模拟

（1）选择菜单"EMX6.0"→"模架开模模拟"命令或直接单击"模架开模模拟"按钮，系统弹出如图 6-1-96 所示的"模架开模模拟"对话框。

（2）在对话框中的"步距宽度"文本框输入数值 5，清除"忽略螺钉检查"选项前的钩，再单击"计算新结果"按钮，系统经过计算后列出计算结果（参见图 6-1-96）。

（3）单击对话框中的"运动开模模拟"按钮，系统弹出如图 6-1-97 所示的"动画"对话框。

（4）单击对话框中的"播放"按钮，图形区的模具自动开始动画演示，如图 6-1-98 所示。

图 6-1-97　"动画"对话框

图 6-1-96　"模架开模模拟"对话框　　　图 6-1-98　开模模拟

拓展任务

在 Pro/E 5.0 模具设计模块中,完成如图 6-1-99 所示塑件注塑模具的设计。

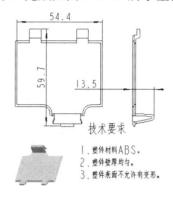

图 6-1-99 塑件

任务 6.2 塑料罩注塑模具设计

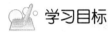 学习目标

1. 掌握斜导柱侧向抽芯机构的设计方法;
2. 掌握斜滑块内侧抽芯机构的设计方法;
3. 了解碰锁机构的定义方法;
4. 了解定位销的定义方法;
5. 了解模具元件的后期处理方法。

工作任务

在 Pro/E 5.0 软件中,利用 EMX 6.0 模块完成如图 6-2-1 所示塑料罩的注塑模具设计。

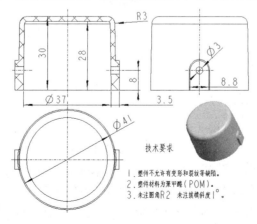

图 6-2-1 塑料罩

任务分析

该塑件外形为圆柱体,总体尺寸φ41mm×30mm,塑件精度不高,无特殊要求。塑件材料为POM,成型工艺性较好,可以注塑成型。

塑件外圆柱表面的下部分布有两个深3.5mm的φ3通孔,需要设置侧向侧向分型与抽芯机构。综合考虑,决定采用三板模结构形式、点浇口、一模两腔,两个斜导柱外侧抽芯机构,推件板推出,平衡浇道,动、定模上均开设冷却通道。表6-2-1所示为该塑件注塑模具的设计思路。

表6-2-1 塑料罩注塑模具的设计思路

任务	1. 创建新项目	2. 加载模架	3. 添加模具设备
应用功能	EMX6.0、项目、新建、装配、分类	模架、组件定义、模架定义、型腔	插入、设备、主流道衬套、定位环、坐标系、侧面锁模器、顶出杆、弹簧
完成结果			
任务	4. 添加侧向抽芯机构	5. 模具元件的后处理	6. 切割模具元件
应用功能	坐标系、定义滑块、滑块	元件创建、激活、打开、拉伸、草绘、模架定义	窗口、编辑、元件操作、切除
完成结果			
任务	7. 添加紧固螺钉	8. 模拟开模	
应用功能	EMX6.0、螺钉、定义、点、轴、曲面、螺纹曲面、点、草绘	模架开模模拟、运动开模模拟	
完成结果			

 知识准备

(一)侧向抽芯机构的设计

1. 添加斜导柱侧向抽芯机构(滑块机构)

选择"EMX6.0"→"滑块"命令,系统弹出如图6-2-2所示的"滑块"子菜单。该子菜单包含定义、修改、删除、重新装配和装配为副本等5个命令。

① 选择子菜单中的"定义"命令,系统将弹出如图6-2-3所示的"滑块"对话框,在该对话框中选取合适的参数并分别选择坐标系、斜导柱放置平面和分割平面后,单击对话框中的 ✓ 按钮即可完成滑块机构的添加。

图 6-2-2 "滑块"子菜单　　　　图 6-2-3 "滑块"对话框

② 选择子菜单中的"修改"命令，系统将弹出"选取"对话框并提示"选择 EMX 参照组的坐标系或点"。选取滑块的定位坐标系后，系统将弹出"滑块"对话框，可以修改相关参数。

③ 选择子菜单中的"删除"命令，系统将弹出"选取"对话框并提示"选择 EMX 参照组的坐标系或点"。选取滑块的定位坐标系后，系统将弹出如图 6-2-4 所示的"EMX 问题"对话框。单击对话框中的 ✓ 按钮即可完成滑块机构的删除。

④ 选择子菜单中的"重新装配"命令，系统将弹出"选取"对话框并提示"选择 EMX 参照组的坐标系或点"。选取滑块的定位坐标系后，系统将弹出"滑块"对话框，可以修改相关参数。

⑤ 选择子菜单中的"装配为副本"命令，系统将弹出"选取"对话框并提示"选择 EMX 参照组的坐标系或点"。选取滑块的定位坐标系后，系统将弹出"滑块"对话框，可以修改相关参数。

添加滑块机构的基本步骤如下：

（1）将工作目录设置至 D:\Proe5.0\work\original\ch6\ch6.2\hua_kuai，打开如图 6-2-5 所示的文件 hua_kuai.asm。

（2）单击"坐标系"按钮 ，系统弹出"坐标系"对话框。然后按住 Ctrl 键分别选取 ADTM4、ADTM1 和 ADTM2 等 3 个基准平面，再单击"坐标系"对话框中的"确定"按钮，完成如图 6-2-6 所示基准坐标系 ACS0 的创建。注意，应让坐标系的 X 轴方向指向滑块的抽芯方向。

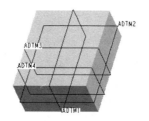

图 6-2-4 "EMX 问题"对话框　　图 6-2-5 HUA_KUAI　　图 6-2-6 基准坐标系 ACS0

（3）依次执行"EMX6.0"→"滑块"→"定义"命令或单击"定义滑块"按钮，系统弹出"滑块"对话框。

（4）在对话框中接受默认的 Single_Locking 类型，再在"尺寸名称"下的下拉列表中选取合适的参数，如选取尺寸的值为 32×100×63，然后单击"坐标系"按钮，系统弹出"选取"对话框。

（5）选取刚建立的坐标系 ACS0 作为滑块的定位坐标系，再单击"选取"对话框中的"确定"按钮。然后，在对话框中单击"平面斜导柱"按钮，系统弹出"选取"对话框，选取图 6-2-7 所示模型的上表面为斜导柱顶部放置平面，再单击"选取"对话框中的"确定"按钮。

（6）再在对话框中单击"分割平面"按钮，系统弹出"选取"对话框，选取图 6-2-7 所示模型的 ADTM2 基准平面为分割平面，再单击"选取"对话框中的"确定"按钮。

（7）最后，单击"滑块"对话框中的 按钮，完成如图 6-2-8 所示滑块机构的创建。

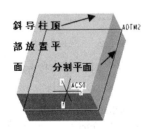
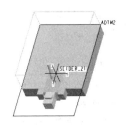

图 6-2-7　设置滑块放置参数　　　　6-2-8　添加滑块机构

2．添加斜滑块内侧抽芯机构（斜顶机构）

选择"EMX6.0"→"斜顶机构"命令，系统弹出如图 6-2-9 所示的"斜顶机构"子菜单。该子菜单包含定义、修改、删除、重新装配和装配为副本等五个命令。

① 选择子菜单中的"定义"命令，系统将弹出如图 6-2-10 所示的"斜顶机构"对话框，在该对话框中选取合适的参数并分别选择坐标系、平面导向件和平面限位器后，单击对话框中的 按钮即可完成斜顶机构的添加。

图 6-2-9　"斜顶机构"子菜单　　　　图 6-2-10　"斜顶机构"对话框

② 选择子菜单中的"修改"命令，系统将弹出"选取"对话框并提示"选择 EMX 参照组的坐标系或点"。选取斜顶机构的定位坐标系后，系统将弹出"斜顶机构"对话框，可以修改相关参数。

③ 选择子菜单中的"删除"命令，系统将弹出"选取"对话框并提示"选择 EMX 参照组的坐标系或点"。选取斜顶机构的定位坐标系后，系统将弹出如图 6-2-11 所示的"EMX 问题"对话框。单击对话框中的 ✓ 按钮即可完成斜顶机构的删除。

图 6-2-11 "EMX 问题"对话框

④ 选择子菜单中的"重新装配"命令，系统弹出"选取"对话框并提示"选择 EMX 参照组的坐标系或点"。选取斜顶机构的定位坐标系后，系统将弹出"斜顶机构"对话框，可以修改相关参数。

⑤ 选择子菜单中的"装配为副本"命令，系统将弹出"选取"对话框并提示"选择 EMX 参照组的坐标系或点"。选取斜顶机构的定位坐标系后，系统将弹出"斜顶机构"对话框，可以修改相关参数。

添加斜顶机构的基本步骤如下：

（1）将工作目录设置至 D:\Proe5.0\work\original\ch6\ch6.2\xie_ding，打开如图 6-2-12 所示的文件 xie_ding.asm。

（2）单击"坐标系"按钮 ，系统弹出"坐标系"对话框。然后按住 Ctrl 键分别选取 ADTM5、ADTM1 和模型的上表面等 3 个基准平面，再单击"坐标系"对话框中的"确定"按钮，完成如图 6-2-13 所示基准坐标系 ACS0 的创建。注意，应让坐标系的 X 轴方向指向斜顶的抽芯方向。

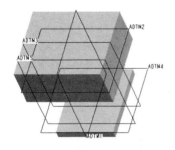

图 6-2-12 XIE_DING

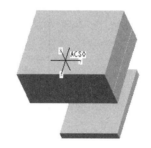

图 6-2-13 基准坐标系 ACS0

（3）依次执行"EMX6.0"→"斜顶机构"→"定义"命令或单击"定义斜顶机构"按钮 ，系统弹出"斜顶机构"对话框。

（4）在对话框中接受默认的 Round_Blade 类型，再在"尺寸名称"下的下拉列表中选取合适的参数，如选取尺寸的值为 15×10，然后单击"坐标系"按钮，系统弹出"选取"对话框。

（5）选取刚建立的坐标系 ACS0 作为斜顶机构的定位坐标系，再单击"选取"对话框中的"确定"按钮。然后，在对话框中单击"平面导向件"按钮，系统弹出"选取"对话框，选取图 6-2-14 所示元件 DONG_MO 下表面为斜顶机构的导向平面，再单击"选取"对话框中的"确定"按钮。

（6）再在对话框中单击"平面限位器"按钮，系统弹出"选取"对话框，选取图 6-2-14

所示元件 TUI_GAN_BAN 的下表面为限位平面，再单击"选取"对话框中的"确定"按钮。

（7）最后，单击"滑块"对话框中的 ✓ 按钮，完成如图 6-2-15 所示斜顶机构的创建。

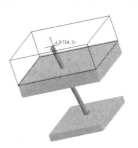

图 6-2-14　设置斜顶机构放置参数　　　　　图 6-2-15　添加斜顶机构

（二）碰锁机构的定义

选择"EMX6.0"→"碰锁"命令，系统弹出如图 6-2-16 所示的"碰锁"子菜单。该子菜单包含定义、修改、删除、重新装配和装配为副本等 5 个命令。

选择子菜单中的"定义"命令，系统将弹出如图 6-2-17 所示的"碰锁"对话框，在该对话框中选取合适的参数并分别选择坐标系、平面碰锁栓和平面控制板后，单击对话框中的 ✓ 按钮即可完成如图 6-2-18 所示碰锁机构的添加。

图 6-2-16　"碰锁"子菜单　　　图 6-2-17　"碰锁"对话框　　　图 6-2-18　碰锁机构

分别选择子菜单中的"修改"、"重新装配"和"装配为副本"等命令后，系统将弹出"选取"对话框并提示"选择 EMX 参照组的坐标系或点"。选取碰锁的定位坐标系后，系统将弹出"碰锁"对话框，可以完成相关编辑。

选择子菜单中的"删除"命令，系统将弹出"选取"对话框并提示"选择 EMX 参照组的坐标系或点"。选取碰锁的定位坐标系后，系统将弹出"EMX 问题"对话框。单击对话框中的 ✓ 按钮即可完成碰锁机构的删除。

（三）定位销的定义

选择"EMX6.0"→"定位销"命令，系统弹出如图 6-2-19 所示的"定位销"子菜单。该子菜单包含定义、修改、删除、重新装配和装配为副本等 5 个命令。

选择子菜单中的"定义"命令，系统将弹出如图 6-2-20 所示的"定位销"对话框。在该对话框中选取合适的参数并分别选择放置点和放置曲面后，单击对话框中的 ✓ 按钮即可完成如图 6-2-21 所示定位销孔洞的添加。再依次选择菜单"EMX6.0"→"模架"→"元件状态"命令，系统弹出"元件状态"对话框。勾选对话框中的"定位销"单选框后单击 ✓ 按钮，系统即自动生成定位销。需要注意的是，定义定位销之前应先创建好放置定位销的点。

分别选择子菜单中的"修改"、"重新装配"和"装配为副本"等命令后，系统将弹出"选取"对话框并提示"选择 EMX 参照组的坐标系或点"。选取定位销的定位点后，系统将弹出"定位销"对话框，可以完成相关编辑。

选择子菜单中的"删除"命令，系统将弹出"选取"对话框并提示"选择 EMX 参照组的坐标系或点"。选取定位销的定位点后，系统将弹出"EMX 问题"对话框。单击对话框中的 ✓ 按钮即可完成定位销的删除。

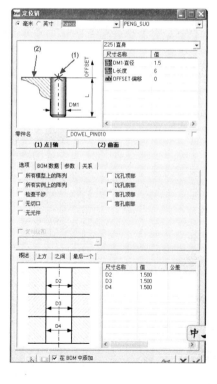

图 6-2-19 "定位销"子菜单　　　图 6-2-20 "定位销"对话框　　　图 6-2-21 添加定位销孔洞

（四）模具元件的后期处理

实质上，采用 EMX 添加的零部件不可能完全合乎设计者的要求，因此，基本模架添加好后，设计者应根据设计要求对不合理的零部件进行适当的手动修改。常用的方法有两种：一为右击该元件，在弹出的快捷菜单中选择激活命令，然后选择"拉伸"、"旋转"等特征命令进行创建。另一种方法是右击该元件，在弹出的快捷菜单中选择"打开"命令，然后进入零件设计模块对元件进行编辑。

任务实施

本实例完成文件：G:\Proe5.0\work\result\ch6\ch6.2\slz_emx\ shu_liao_zhao.asm。
本实例视频文件：G:\Proe5.0\video\ch6\6_2.exe。

1．定义新项目

（1）将工作目录设置至 D:\Proe5.0\work\original\ch6\ch6.2\slz_emx。

（2）依次执行"EMX6.0"→"项目"→"新建"命令或单击工具栏中的"新建"按钮 ，系统弹出"项目"对话框。在"数据"选项组的"项目名称"文本框中输入 slz_emx。删除"前缀"和"后缀"文本框中的内容。在"选项"组中点选"毫米"单选钮和"制造"单选钮。最后，单击对话框中的✔按钮，系统自动完成新项目的创建。

（3）单击工具栏中的"添加"按钮，系统弹出"打开"对话框。在对话框中选择 shu_liao_zhao.asm 文件，单击"打开"按钮，元件显示在图形区中。在"装配"操控面板上的"约束集"列表中选择"坐标系"方式装配元件，在图形区分别选取坐标系 ORIGIN_MOLDBASE 和 MOLD_DEF_CSYS。最后单击✔按钮，完成元件的装配。装配好的图形如图 6-2-22 所示。

（4）依次执行"EMX6.0"→"项目"→"分类"命令，系统弹出"分类"对话框。在对话框中，根据模具结构需要合理设置每一个加载元件的性质，设置完成的"分类"对话框如图 6-2-23 所示。最后，单击对话框中的✔按钮退出。

图 6-2-22 导入装配模型

图 6-2-23 "分类"对话框

2. 加载标准模架

（1）依次执行"EMX6.0"→"模架"→"组件定义"命令，系统弹出"模架定义"对话框。在厂商列表中选择 futaba_de，在尺寸列表中选择 300×300 选项，系统弹出"EMX 问题"对话框。单击对话框中的✓按钮，系统自动更新模型。

（2）在"模架定义"对话框左下角处单击"从文件载入组件定义"按钮，系统弹出"载入 EMX 组件"对话框。选择 futaba_de 的 DA_Type 模架，取消选择"保留尺寸和模型数据"复选框。

（3）单击"载入 EMX 组件"对话框右下方的"从文件载入组件定义"按钮，系统提示"正在读取模架定义，请稍候"，单击✓按钮，经过一段时间的更新后，系统在"模架定义"对话框中显示如图 6-2-24 所示的模架示意图。同时，图形区中也显示如图 6-2-25 所示的模型。

（4）在"模架定义"对话框中右击 A 板，打开"板"对话框。在"厚度"列表中选择尺寸 60 后，单击下方的✓按钮退出，系统自动更新模板。

（5）同理，分别修改定模座板、R 板（浇道板）、B 板、C 板、动模座板、E 板、F 板的厚度为 45、30、50、90、25、20、25，最终的模板尺寸如图 6-2-26 所示，完成后单击"模架定义"对话框中的✓按钮退出，系统自动更新模板。

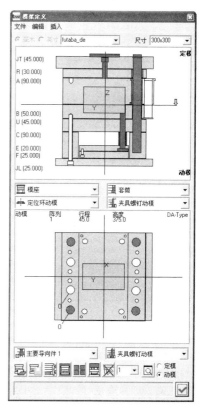

图 6-2-24 模架示意图

图 6-2-25 加载模架

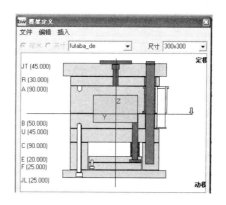

图 6-2-26 修改模板厚度

3. 添加型腔切口

（1）在"模架定义"对话框中执行菜单"编辑"→"型腔"命令，系统弹出"型腔"对话框。

（2）在对话框中设置如图 6-2-27 所示的型腔参数，选择第二种型腔切口类型，完成后单击✓按钮退出。系统自动创建型腔切口。图 6-2-28 所示为完成的动模板型腔切口。

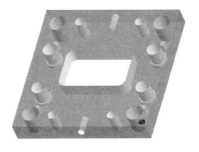

图 6-2-27 "型腔"对话框　　　　图 6-2-28 动模板型腔切口

4．添加模具设备

（1）添加主流道衬套和定位环。

① 在"模架定义"对话框中依次选择菜单"插入"→"设备"→"主流道衬套"命令，系统弹出"主流道衬套"对话框。

② 在对话框中选择 HASCO 的型号为 Z51 主流道衬套，然后按照图 6-2-29 所示设置参数，完成后单击 ✓ 按钮，系统自动添加如图 6-2-30 所示的主流道衬套。

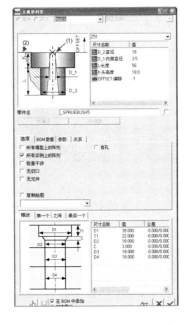

图 6-2-29 "主流道衬套"对话框　　　图 6-2-30 添加主流道衬套

③ 在"模架定义"对话框中依次选择菜单"插入"→"设备"→"定位环"→"定模"命令,系统弹出"定位环"对话框。

④ 在对话框中,选择 HASCO 的型号为 K100 的定位圈,然后按照图 6-2-31 所示设置参数,完成后单击✓按钮,系统自动添加如图 6-2-32 所示的定位环。

⑤ 在"模架定义"对话框中单击✓按钮,返回到图形界面。

(2) 添加侧面锁模装置。

① 单击□按钮,系统弹出"基准平面"对话框。选取 MOLDBASE_X_Z 基准平面并在"基准平面"对话框中选择"偏移"选项,然后在"平移"文本框中输入数值 85。单击对话框中的"确定"按钮完成辅助基准平面 ADTM63 的创建。

② 重复步骤①,在"平移"文本框中输入数值-85,在 MOLDBASE_X_Z 基准平面的左侧创建基准平面 ADTM64。完成的两个基准平面如图 6-2-33 所示。

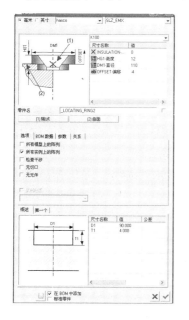

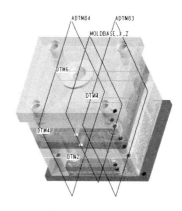

图 6-2-31 设置"定位环"参数　　图 6-2-32 添加定位环　　图 6-2-33 创建基准平面

③ 单击"坐标系"按钮※,系统弹出"坐标系"对话框。然后按住 Ctrl 键分别选取 ADTM84、MOLDBASE_X_Y 和定模板前侧面等 3 个平面,此时的"坐标系"对话框如图 6-2-34 所示。单击对话框中的"确定"按钮,在分型面处前侧创建基准坐标系 ACS0。注意:使 X 轴方向向右,Z 轴方向向上。

④ 重复步骤①,在分型面处后侧创建基准坐标系 ACS1。图 6-2-35 所示为创建完成的两个坐标系。

⑤ 依次选择菜单"EMX6.0"→"设备"→"定义"→"侧面锁模器"命令或直接单击"侧面锁模器"按钮,系统弹出"侧面锁模器"对话框。

⑥ 选取 HASCO 的型号为 Z07 的侧面锁模器,接受系统的默认设置。在对话框中单击"坐标系"按钮,然后选择如图 6-2-35 所示的基准坐标系 ACS0,再单击"选取"对话框中的"确定"按钮。

⑦ 再单击"侧面锁模器"对话框中的✓按钮,系统自动添加如图 6-2-36 所示的侧面

锁模装置。

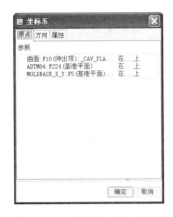
图 6-2-34 "坐标系"对话框

图 6-2-35 创建坐标系

图 6-2-36 添加侧面锁模装置

⑧ 重复步骤⑤~⑦，完成另一侧侧面锁模装置的添加。

（3）添加脱模装置。

① 在模型树中右击动模座板，在弹出的快捷菜单选择"打开"命令，系统自动进入产品建模界面。

② 单击"点"按钮，系统弹出"点"对话框。选取模板的两个侧面为参照平面，在模板上表面的中心创建如图 6-2-37 所示的基准点 PNT2。

③ 依次选择菜单"EMX6.0"→"设备"→"定义"→"顶出杆"命令，系统弹出"顶出杆"对话框。

④ 选取 HASCO 的型号为 Z07 的顶出杆，接受系统的默认设置。在对话框中单击"点轴"按钮，然后选取刚创建的基准点 PNT2，再单击"选取"对话框中的"确定"按钮。

⑤ 在对话框中单击"曲面"按钮，然后选择动模座板的底部平面。

⑥ 最后单击"顶出杆"对话框中的✓按钮，系统自动添加如图 6-2-38 所示的顶出杆（仅是示意图）。

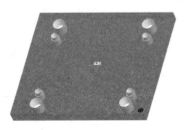
图 6-2-37 基准点 PNT2

图 6-2-38 添加顶出杆

（4）添加定位销。

① 在模型树中选中动模座板右击，在弹出的快捷菜单中选择"打开"命令，系统自动进入产品建模界面。

② 单击"草绘"按钮，系统弹出"草绘"对话框。选取动模座板上表面为草绘平面，然后单击对话框中的"草绘"按钮进入草绘模式。

③ 绘制如图 6-2-39 所示的截面草图后单击✓按钮退出草绘界面，完成如图 6-2-40 所

示 4 个基准点的创建。

④ 执行"窗口"→"关闭"命令返回到主界面。

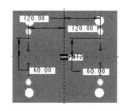
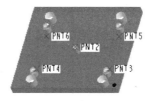

图 6-2-39　截面草图　　　　　图 6-2-40　4 个基准点

⑤ 执行"EMX6.0"→"定位销"→"定义"命令，系统弹出如图 6-2-41 所示的"定位销"对话框。

⑥ 在对话框中选取 HASCO 的型号为 Z25 的定位销，修改直径值为 10、长度为 100、偏移值为-1。在对话框中单击"点轴"按钮，然后选择刚创建的 4 个基准点，再单击"选取"对话框中的"确定"按钮。

⑦ 在对话框中单击"曲面"按钮，然后选择动模座板的底部平面。

⑧ 最后单击"顶出杆"对话框中的 ✔ 按钮，系统自动添加如图 6-2-42 所示的定位销孔。

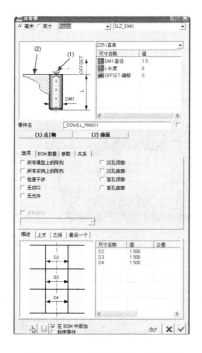

图 6-2-41　"定位销"对话框　　　　　图 6-2-42　定位销孔

5．元件处理

（1）单击"元件状态"按钮，系统弹出如图 6-2-43 所示的"元件状态"对话框。

（2）勾选对话框中的所有复选框后单击 ✔ 按钮，系统自动更新图形区的模型。完成后的模型如图 6-2-44 所示。模架上加载了导柱、导套、拉杆、螺钉、定位销和复位元件等。

图 6-2-43 "元件状态"对话框　　　　图 6-2-44 元件添加结果

6．添加侧向抽芯机构

（1）隐藏部分元件，再单击"坐标系"按钮，系统弹出"坐标系"对话框。按住 Ctrl 键分别选取 MOLDBASE_X_Z、MOLDBASE_X_Y 和 XING_QIANG 元件前侧面等 3 个平面，此时的"坐标系"对话框如图 6-2-45 所示。单击对话框中的"确定"按钮，在分型面处前侧创建基准坐标系 ACS2。注意应使 X 轴方向朝向抽芯方向，Z 轴向上。

（2）重复步骤（1），在分型面处后侧创建基准坐标系 ACS3。图 6-2-46 所示为创建完成的两个坐标系。

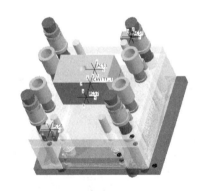

图 6-2-45 "坐标系"对话框　　　　图 6-2-46 创建坐标系

（3）单击"定义滑块"按钮，系统弹出如图 6-2-47 所示的"滑块"对话框。

（4）在对话框中接受默认的 single_locking 类型，再在"尺寸名称"下的下拉列表中选取尺寸类型为 40×100×80 的滑块。修改斜导柱直径 20、斜导柱长度 120、滑块宽度 70、滑块长度 70、Z 偏移值 30（参见图 6-2-42），然后单击"坐标系"按钮，系统弹出"选取"对话框，选取刚建立的坐标系 ACS2 作为滑块的定位坐标系，再单击"选取"对话框中的"确定"按钮。

（5）在对话框中单击"平面斜导柱"按钮，系统弹出"选取"对话框。选取定模板的上表面为斜导柱顶部放置平面，再单击"选取"对话框中的"确定"按钮。

（6）再在对话框中单击"分割平面"按钮，系统弹出"选取"对话框。选取 MOLDBASE_X_Y 基准平面为分割平面，再单击"选取"对话框中的"确定"按钮。

(7) 最后，单击 ✓ 按钮，完成滑块机构的创建。

(8) 重复步骤 (3) ~ (6)，选取坐标系 ACS3 作为滑块的定位坐标系，完成另一个滑块机构的创建。图 6-2-48 所示为添加的两个滑块机构。

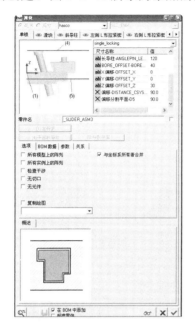

图 6-2-47 "滑块"对话框

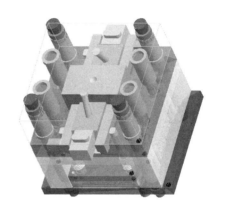

图 6-2-48 添加滑块机构

7. 模具元件的后期处理

(1) 修剪主流道衬套。

① 取消隐藏部分元件，在模型树中右击主流道衬套"SPRUEBUSH5"，在弹出的快捷菜单中选取"激活"命令。

② 单击"拉伸"按钮 ，系统弹出"拉伸"操控面板。在操控面板中单击"移除材料"按钮 。在图形空白处右击，在弹出的快捷菜单中选取"定义内部草绘"命令，系统弹出"草绘"对话框。

③ 选取 MOLDBASE_Y_Z 基准平面为草绘平面，MOLDBASE_X_Y 基准平面为参照平面，方向为"顶"。单击对话框中的"草绘"按钮，进入草绘环境。

④ 在草绘环境下添加 XING_QIANG 元件的切口表面为参照，绘制如图 6-2-49 所示的截面草图。完成后，单击 ✓ 按钮退出。

⑤ 在操控面板中单击"对称"按钮 ，再在"长度"文本框中输入深度值 30，然后单击"完成"按钮，完成如图 6-2-50 所示拉伸特征的创建。

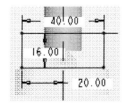

图 6-1-49 截面草图

图 6-2-50 主流道衬套

(2) 修改滑块机构。按住 Ctrl 键，在模型树中选取元件 S_LOCKING1、S_LOCKING2 和 S_WEARPLATE1、S_WEARPLATE2，然后右击鼠标，在弹出的快捷菜单中选择"删除"命令，删除这 4 个元件。

(3) 调整回程杆位置。

① 依次执行"EMX6.0"→"模架"→"组件定义"命令，系统弹出"模架定义"对话框。

② 在对话框下方图形中的复位杆位置处右击，系统弹出如图 6-2-51 所示的"回程杆"对话框。

③ 在对话框中修改 Y 方向的阵列尺寸为 150，然后单击"重新计算阵列"按钮，系统自动调整 Y 方向的尺寸。最后单击✓按钮，完成如图 6-2-52 所示回程杆位置的调整。

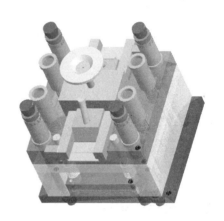

图 6-2-51 "回程杆"对话框　　　　　图 6-2-52　回程杆位置

(4) 创建压块。

① 单击"创建"按钮，系统弹出"元件创建"对话框。

② 在对话框中分别选择"零件"和"实体"单选项并在"名称"文本框中输入零件名称 YA_KUAI，单击"确定"按钮，系统弹出"创建选项"对话框。

③ 在对话框中选择"创建特征"单选项后单击"确定"按钮。单击"拉伸"按钮，系统弹出"拉伸"操控面板。

④ 在操控面板中依次单击"放置"→"定义"按钮，系统弹出"草绘"对话框。在绘图区选择滑块的前端面为草绘平面，选择 MOLDBASE_X_Y 基准平面为参照平面，方向为"顶"，然后单击"草绘"按钮进入草绘模式。

⑤ 在草绘环境下绘制如图 6-2-53 所示的截面草图。完成后，单击✓按钮退出。

⑥ 在操控面板中单击"盲孔"按钮，再在"长度"文本框中输入深度值 15，然后单击"完成"按钮，完成如图 6-2-54 所示 YA_KUAI 的创建。

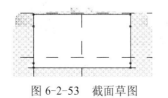

图 6-2-53　截面草图　　　　　图 6-2-54　YA_KUAI1

⑦ 同理，重复步骤①～⑥，完成元件 YA_KUAI2 的创建。

（5）修改小型芯。

① 在模型树中右击元件 CE_XING_XIN1，在弹出的快捷菜单中选择"激活"命令。

② 单击"拉伸"按钮，系统弹出"拉伸"操控面板。在图形空白处右击，在弹出的快捷菜单中选取"定义内部草绘"命令，系统弹出"草绘"对话框。

③ 选取 CE_XING_XIN1 端部平面为草绘平面，MOLDBASE_X_Z 基准平面为参照平面，方向为"顶"。单击对话框中的"草绘"按钮，进入草绘环境。

④ 在草绘环境下绘制如图 6-2-55 所示的截面草图。完成后，单击☑按钮退出。

⑤ 在操控面板中单击"盲孔"按钮，再在"长度"文本框中输入深度值 6，然后单击"完成"按钮，完成如图 6-2-56 所示 CE_XING_XIN1 的修改。

⑥ 同理，重复步骤①～⑤，完成其余三个侧型芯的修改。

（6）创建锁紧块。

① 单击"创建"按钮，系统弹出"元件创建"对话框。

② 在对话框中分别选择"零件"和"实体"单选项并在"名称"文本框中输入零件名称 SUO_JIN_KUAI1，单击"确定"按钮，系统弹出"创建选项"对话框。

③ 在对话框中选择"创建特征"单选项后单击"确定"按钮。单击"拉伸"按钮，系统弹出"拉伸"操控面板。

④ 在操控面板中依次单击"放置"→"定义"按钮，系统弹出"草绘"对话框。在绘图区选择 MOLDBASE_X_Z 基准平面为草绘平面，选择 MOLDBASE_X_Y 基准平面为参照平面，方向为"顶"，然后单击"草绘"按钮进入草绘模式。

⑤ 在草绘环境下绘制如图 6-2-57 所示的截面草图。完成后，单击☑按钮退出。

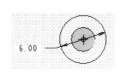  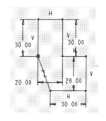

图 6-2-55　截面草图　　　图 6-2-56　CE_XING_XIN1　　　图 6-2-57　截面草图

⑥ 在操控面板中单击"对称"按钮，再在"长度"文本框中输入深度值 70，然后单击"完成"按钮，完成如图 6-2-58 所示 SUO_JIN_KUAI1 的创建。

⑦ 同理，重复步骤①～⑥，完成 SUO_JIN_KUAI2 的创建。

（7）创建限位块。

① 单击"创建"按钮，系统弹出"元件创建"对话框。

② 在对话框中分别选择"零件"和"实体"单选项并在"名称"文本框中输入零件名称 XIAN_WEI_KUAI1，单击"确定"按钮，系统弹出"创建选项"对话框。

③ 在对话框中选择"创建特征"单选项后单击"确定"按钮。单击"拉伸"按钮，系统弹出"拉伸"操控面板。

④ 在操控面板中依次单击"放置"→"定义"按钮，系统弹出"草绘"对话框。在绘图区选择耐磨板的上表面为草绘平面，选择 MOLDBASE_X_Y 基准平面为参照平面，方向

为"顶",然后单击"草绘"按钮进入草绘模式。

⑤ 在草绘环境下绘制如图 6-2-59 所示的截面草图。完成后,单击☑按钮退出。

⑥ 在操控面板中单击"盲孔"按钮 ,再在"长度"文本框中输入深度值 10,然后单击"完成"按钮,完成如图 6-2-60 所示 XIAN_WEI_KUAI1 的创建。

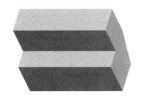
图 6-2-58　SUO_JIN_KUAI1

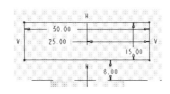
图 6-2-59　截面草图

图 6-2-60　XIAN_WEI_KUAI1

⑦ 同理,重复步骤①~⑥,完成 XIAN_WEI_KUAI2 的创建。

(8)修改压板。

① 在模型树中右击"_S_LGIB1",在弹出的快捷菜单中选择"打开"命令,系统自动进入产品建模界面。

② 执行"显示" →"层树"命令,系统进入层树界面。在层树操作界面中,右击层"00_BUW_CUTQUILTS",在弹出的快捷菜单中选择"隐藏"命令,隐藏曲面。再执行"设置" →"模型树"命令返回。

③ 在模型树中右击"第一特征　标识 1",在弹出的快捷菜单中选择"编辑定义"命令,系统弹出"拉伸"操控面板。

④ 在图形空白处右击,在弹出的快捷菜单中选取"编辑内部草绘"命令,系统自动进入"草绘"界面。在草绘环境下绘制如图 6-2-61 所示的截面草图。完成后,单击☑按钮退出。

⑤ 在操控面板中单击☑按钮完成如图 6-2-62 所示拉伸特征的修改。最后执行"窗口"→"关闭"命令返回到主界面。

⑥ 在模型树中右击"_S_LGIB1",在弹出的快捷菜单中选择"激活"命令,再执行"插入"→"拉伸"命令,系统弹出"拉伸"操控面板。在操控面板中单击"移除材料"按钮 。

⑦ 在操控面板中依次单击"放置"→"定义"按钮,系统弹出"草绘"对话框。在绘图区选择 MOLDBASE_X_Z 基准平面为草绘平面,选取 MOLDBASE_X_Y 基准平面为参照平面,方向为"顶",然后单击"草绘"按钮进入草绘模式。

⑧ 在草绘环境下绘制如图 6-2-63 所示的截面草图。完成后,单击☑按钮退出。在操控面板中单击"盲孔"按钮 ,再在"长度"文本框中输入深度值 70,调整拉伸方向后单击☑按钮。完成拉伸切剪特征的创建。

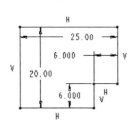
图 6-2-61　截面草图

图 6-2-62　压板

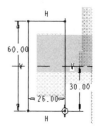
图 6-2-63　截面草图

⑨ 同理，重复步骤①～⑧，完成其余三块滑块压板的修改。

(9) 修改耐磨板。

① 在模型树中右击"_S_PLATE1"，在弹出的快捷菜单中选择"激活"命令，再执行"插入"→"拉伸"命令，系统弹出"拉伸"特征操控面板。在操控面板中单击"移除材料"按钮 。

② 在操控面板中依次单击"放置"→"定义"按钮，系统弹出"草绘"对话框。在绘图区选择 MOLDBASE_X_Z 基准平面为草绘平面，选取 MOLDBASE_X_Y 基准平面为参照平面，方向为"顶"，然后单击"草绘"按钮进入草绘模式。

③ 在草绘环境下绘制如图 6-2-64 所示的截面草图。完成后，单击 按钮退出。在操控面板中单击"对称"按钮 ，再在"长度"文本框中输入深度值 80，调整拉伸方向后单击 按钮。完成如图 6-2-65 所示拉伸切剪特征的创建。

图 6-2-64　截面草图

图 6-2-65　耐磨板

8．切剪模具元件

① 执行"窗口"→"激活"命令，再执行"编辑"→"元件操作"命令，系统弹出"元件"菜单。选择菜单中的"切除"命令，系统弹出"选取"对话框并提示"选取要对其执行切出处理的零件"。

② 在模型树中选取元件 CAV_PLATE_FH001（定模板）并单击"选取"对话框中的"确定"按钮。系统接着提示"为切出处理选取参照零件"，按住 Ctrl 键，分别选取模型 YA_KUAI1、YA_KUAI2、SUO_JIN_KUAI1、SUO_JIN_KUAI2、XIAN_WEI_KUAI1 和 XIAN_WEI_KUAI2，再次单击"选取"对话框中的"确定"按钮。最后选择"完成"命令，完成切除操作。图 6-2-66 为最终完成的 CAV_PLATE_FH001。

③ 执行"窗口"→"激活"命令，再执行"编辑"→"元件操作"命令，系统弹出"元件"菜单。选择菜单中的"切除"命令，系统弹出"选取"对话框并提示"选取要对其执行切出处理的零件"。

④ 在模型树中选取元件 YA_KUAI1 并单击"选取"对话框中的"确定"按钮。系统接着提示"为切出处理选取参照零件"，按住 Ctrl 键，分别选取模型 CE_XING_XIN1 和 CE_XING_XIN2，再次单击"选取"对话框中的"确定"按钮。最后选择"完成"命令，完成切除操作。图 6-2-67 所示为最终完成的 YA_KUAI1。

⑤ 执行"窗口"→"激活"命令，再执行"编辑"→"元件操作"命令，系统弹出"元件"菜单。选择菜单中的"切除"命令，系统弹出"选取"对话框并提示"选取要对其执行切出处理的零件"。

⑥ 在模型树中选取元件 XING_QIANG 并单击"选取"对话框中的"确定"按钮。系统接着提示"为切出处理选取参照零件"，按住 Ctrl 键，分别选取模型 YA_KUAI1、YA_KUAI2、CE_XING_XIN1、CE_XING_XIN2、CE_XING_XIN3 和 CE_XING_XIN4，再次单击"选取"对话框中的"确定"按钮。最后选择"完成"命令，完成切除操作。图 6-2-68

所示为最终完成的 XING_QIANG。

图 6-2-66　CAV_PLATE_FH001　　　图 6-2-67　YA_KUAI1　　　图 6-2-68　XING_QIANG

9. 添加紧固螺钉

（1）依次执行菜单"EMX6.0"→"螺钉"→"定义"命令或直接单击"螺钉定义"按钮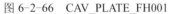，系统弹出如图 6-2-69 所示的"螺钉"对话框。

（2）在对话框中选取 HASCO 类型标准件，修改螺钉直径为 4、长度为 6。

（3）单击"点轴"按钮，然后选择如图 6-2-70 所示定位圈端部点 PNT1，再单击"选取"对话框中的"确定"按钮。

（4）在对话框中单击"曲面"按钮，然后选择如图 6-2-70 所示定位圈上表面。再单击对话框中的"螺纹曲面"按钮，然后任意选取一个螺钉穿过的曲面。

（5）最后单击"螺钉"对话框中的✔按钮，系统自动添加如图 6-1-71 所示的螺钉。

（6）同理，重复步骤（1）～（5），完成主流道衬套、侧面锁模器、滑块压板、限位块等元件螺钉以及吊环的添加。

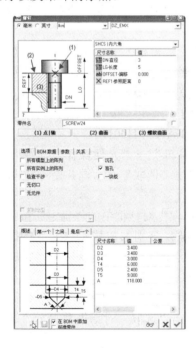

图 6-2-69　"螺钉"对话框

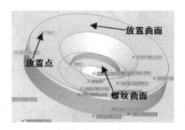

图 6-2-70　设置螺钉参数

图 6-2-71　创建定位圈螺钉

10. 开模模拟

（1）执行菜单"EMX6.0"→"模架开模模拟"命令或直接单击"模架开模模拟"按钮

，系统弹出如图 6-2-72 所示的"模架开模模拟"对话框

（2）在对话框中的"步距宽度"文本框输入数值 5，清除"忽略螺钉检查"选项前的钩，再单击"计算新结果"按钮，系统经过计算后列出计算结果（参见图 6-2-72）

（3）单击对话框中的"运动开模模拟"按钮，系统弹出如图 6-2-73 所示的"动画"对话框。

（4）单击对话框中的"播放"按钮，图形区的模具自动开始动画演示，如图 6-2-74 所示。

图 6-2-72 "模架开模模拟"对话框

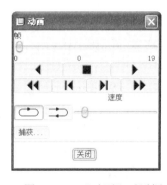

图 6-2-73 "动画"对话框

图 6-2-74 开模模拟

拓展任务

在 Pro/E 5.0 模具设计模块中，完成如图 6-2-75 所示塑件注塑模具的设计。

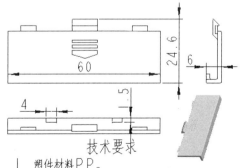

图 6-2-75 塑件

参 考 文 献

[1] 林清安. 完全精通 Pro/ENGINEER 野火 5.0 中文版入门教程与手机实例[M]. 北京：电子工业出版社，2010.

[2] 詹友刚. Pro/ENGINEER 中文野火版 5.0 快速入门教程[M]. 北京：机械工业出版社，2011.

[3] 二代龙震工作室. Pro/ENGINEER Wildfire 5.0 基础设计[M]. 北京：清华大学出版社，2010.

[4] 麓山文化. Pro/ENGINEER Wildfire 5.0 基础入门与范例精选[M]. 北京：机械工业出版社，2010.

[5] 何华妹，杜智敏. UG NX6 产品模具设计与数控加工入门一点通（中文版）[M]. 北京：清华大学出版社，2009.

[6] 陈晓勇. 塑料模设计[M]. 北京：机械工业出版社，2011.

[7] 孙玲. 塑料成型工艺与模具设计[M]. 北京：清华大学出版社，2008.

[8] 李锦标，易铃棋，郭雪梅等. 精通 Pro/ENGINEER3.0 注塑模具设计[M]. 北京：清华大学出版社，2008.

[9] 葛正浩，田普建. Pro/ENGINEER Wildfire 塑料模具设计与数控加工[M]. 北京：化学工业出版社，2009.

[10] 肖爱民，戴峰泽，袁铁军等. Pro/E 注塑模具设计与制造[M]. 北京：化学工业出版社，2008.

[11] 李翔鹏. 精通 Pro/ENGINEER 野火版 3.0 自学手册[M]. 北京：人民邮电出版社，2006.

[12] 覃鹏翱. 图标详解塑料模具设计技巧[M]. 北京：电子工业出版社，2010.

反侵权盗版声明

电子工业出版社依法对本作品享有专有出版权。任何未经权利人书面许可，复制、销售或通过信息网络传播本作品的行为；歪曲、篡改、剽窃本作品的行为，均违反《中华人民共和国著作权法》，其行为人应承担相应的民事责任和行政责任，构成犯罪的，将被依法追究刑事责任。

为了维护市场秩序，保护权利人的合法权益，本社将依法查处和打击侵权盗版的单位和个人。欢迎社会各界人士积极举报侵权盗版行为，本社将奖励举报有功人员，并保证举报人的信息不被泄露。

举报电话：（010）88254396；（010）88258888
传　　真：（010）88254397
E-mail：dbqq@phei.com.cn
通信地址：北京市海淀区万寿路173信箱
　　　　　电子工业出版社总编办公室
邮　　编：100036